机电类新技师培养规划教材

模具制造工艺学

中国机械工业教育协会
全国职业培训教学工作指导委员会机电专业委员会 组编
刘 明 主编

机 械 工 业 出 版 社

本套教材是根据中国机械工业教育协会、全国职业培训教学工作指导委员会机电专业委员会组织制定的技师教学计划和教学大纲编写的。本教材的主要内容包括：概论、模具制造工艺基础、模具的机械加工、模具的特种加工、模具装配工艺、典型模具设计实例。

本套教材的教学计划和大纲是依据《国家职业标准》中对技师的要求制定的，内容立足岗位，以必需、够用为度，符合职业教育的特点和规律。本套教材全部配有教学计划和大纲、电子教案，部分教材还有多媒体课件和习题及其解答，可供高级技校、技师学院、高等职业院校等教育培训机构使用。

图书在版编目(CIP)数据

模具制造工艺学/刘明主编；中国机械工业教育协会，全国职业培训教学工作指导委员会机电专业委员会组编. —北京：机械工业出版社，2008.7(2015.7 重印)

机电类新技师培养规划教材

ISBN 978-7-111-24539-1

Ⅰ. 模… Ⅱ. ①刘…②中…③全… Ⅲ. 模具—制造—工艺—技术培训—教材 Ⅳ. TG760.6

中国版本图书馆 CIP 数据核字（2008）第 096796 号

机械工业出版社(北京市百万庄大街 22 号 邮政编码 100037)
策划编辑：王英杰 邓振飞
责任编辑：赵磊磊 版式设计：霍永明 责任校对：程俊巧
封面设计：王伟光 责任印制：刘 岚
北京圣夫亚美印刷有限公司印刷
2015 年 7 月第 1 版 · 第 4 次印刷
184mm×260mm · 12.25 印张 · 303 千字
6501—7500 册
标准书号：ISBN 978-7-111-24539-1
定价：21.00 元

凡购本书，如有缺页、倒页、脱页，由本社发行部调换

电话服务	网络服务
社服务中心 ：(010)88361066	门户网：http://www.cmpbook.com
销 售 一 部 ：(010)68326294	教材网：http://www.cmpedu.com
销 售 二 部 ：(010)88379649	**封面无防伪标均为盗版**
读者购书热线：(010)88379203	

机电类新技师培养规划教材
编审委员会

本书主编　刘　明

本书参编　宋泽刚

本书主审　张正明

前　言

随着全球知识经济的快速发展，我国工业化建设也呈现迅猛发展之势，因而技术工人十分缺乏。为了顺应形势的发展要求，我国出台了一系列大力发展职业教育的政策：劳动和社会保障部颁布了最新《国家职业标准》，继续实行职业准入制度，并将国家职业资格由三级（初、中、高）改为五级（初、中、高、技师、高级技师），对技术工人的工作内容、技能要求和相关知识进行了重新界定；教育部根据国务院“大力开展职业教育”的精神进行了职业教育的改革，高职学院、中职学校相应地改制、扩招，以培养更多的技术工人。

经过几年的努力，技术工人在数量上的矛盾在一定程度上得到缓解，但在结构比例上的矛盾突显出来。高级工、技师、高级技师等高技能人才在技术工人中的比重远远低于发达国家，而且他们年龄普遍偏大，文化程度偏低，学习高新技能比较困难。为打破这一局面，加快数量充足、结构合理、素质优良的技术技能型、复合技能型和知识技能型高技能人才的培养，劳动和社会保障部提出的“新技师培养带动计划”，即在完成“3年50万”新技师培养计划的基础上，力争“十一五”期间在全国培养技师和高级技师190万名，培养高级技工700万名，使我国从“世界制造业大国”逐步转变为“世界制造业强国”。为此，劳动和社会保障部决定：除在企业中培养和评聘技师外，要探索出一条在技师学院中培养技师的道路来。中国机械工业教育协会和全国职业培训教学工作指导委员会经研究决定，制定机电行业的技师培养方案。

在上述原则的指导下，中国机械工业教育协会和全国职业培训教学工作指导委员会机电专业委员会组织30多所高级技校、技师学院和企业培训中心等单位，经过广泛的调研论证，决定首批选定五个工种（职业）——模具工、机修钳工、电气维修工、焊工、数控机床操作工作为在技师学院培养技师的试点。对学制、培养目标、教学原则、专业设置、教学计划、教学大纲、课程设置、学时安排、教材定位、编写方式等，参照《国家职业标准》中相关工种对技师和高级技师的要求，结合各校、各地区企业的实际，经过历时三年的充分论证，完成了教学计划和教学大纲的制定和审定工作，并明确了教材编写的思想。

使用本套“机电类新技师培养规划教材”在技师学院培养技师，招收的学员必须符合的条件是：已取得高级职业资格（国家职业资格三级）的高级技校的毕业生，或具有高级职业资格证书的本职业或相近职业的人员。本套教材的编写充分体现“教、学、做”合一的职教办学原则，其特点如下：

（1）教材内容新，贴合岗位实际，满足职业鉴定要求。当今国际经济大格局的进程加快了各类型企业的先进加工技术、先进设备和新材料的使用，作为技师必须适应这种要求，教材中也相应增加了新知识、新技术、新工艺、新设备等方面的内容。另外，教材的内容以《国家职业标准》中对技师和高级技师的知识技能要求为基础，设置的实训项目或实例从岗位的实际需要出发，是生产实践中的综合性、典型性的技术问题，既最大限度地体现学以致用的目的，又满足学生毕业考工取得职业资格证书的需要。

(2) 针对每个工种（职业），均编写一本《相关工种技能训练》。随着全球化进程的加快，我国的生产力发展水平和职业资格体系应与国际相适应，因此，技师应该是具有高超操作技能的复合型人才。例如，模具工技师不应仅是模具工方面的行家里手，还应懂得车、铣、数控、磨、刨、镗和线切割、电火花等加工，以适应现代制造业的发展趋势，故此《相关工种技能训练（模具工）》中，就包含上述内容。其他工种与此类似。

(3) 理论和技能有机结合。劳动和社会保障部颁布的“新技师培养带动计划”中明确指出“建立校企合作培养高技能人才”的制度，现在许多技师学院从企业中聘请具有丰富实践经验的工程技术人员作为技能课教师，各专题理论与实践融合在一起的编写方式，更适于这种教学制度。

(4) 单独编写了两本公共课教材——《实用数学》和《应用文写作》。新时代对技师的要求不仅是技术技能型人才，还应是知识技能型甚至是复合技能型的高技能人才，有一定的数学理论基础和写作能力是新技师必备的素质。《实用数学》运用微积分知识分析解决生产中的实际问题，少推理，重应用；《应用文写作》除介绍普通事务文书、经济文书、法律文书、日常事务文书的写法外，还教授科技文书的写法，其中科技论文的写法对于技师论文的写作会有很大裨益。

(5) 本套教材配有电子教案。电子教案包括教学计划、教学大纲、每章的培训目标、内容简介、重点难点，教师上课的板书，本章小结、配套习题及答案等。

(6) 练习题是国家题库及各地鉴定考题的综合归纳和提升。

本套教材的编写得到了各技师学院、高级技工学校领导的高度重视和大力支持，编写人员都是职业教育教学一线的优秀教师，保障了这套教材的质量。在此，对为这套教材出版给予帮助和支持的所有学校、领导、老师表示衷心的感谢！

本书由刘明统稿并任主编，宋泽刚参加编写，张正明任主审。

由于编写时间和编者水平所限，书中难免存在不足或错误，敬请广大读者不吝赐教！

中国机械工业教育协会

全国职业培训教学工作指导委员会机电专业委员会

目　　录

概　　论

本章应知

1. 模具制造技术在现代工业生产中的重要地位。
2. 模具制造的基本要求。

本章应会

1. 了解模具制造技术的发展现状。
2. 掌握本课程学习的基本要求。

一、模具制造在现代工业生产中的重要地位

模具是现代工业生产的重要工艺装备。国民经济的各个工业生产部门都越来越多地依靠模具来进行生产加工。目前，模具已成为衡量一个国家、一个地区、一家企业制造水平的重要标志之一。显然，如果模具设计及制造水平落后，产品质量低劣，制造周期长，必将影响产品更新换代，使产品失去竞争能力，阻碍生产和经济的发展。因此，模具设计及制造技术在现代工业生产中占有重要地位。

近年来，随着塑料工业的飞速发展和工程塑料件在强度和精度等方面的不断提高，塑料制品的应用范围也在不断扩大，如家用电器、仪器仪表、建筑器材、汽车工业、日用五金等众多领域，塑料制品所占的比例正迅猛增加。一个设计合理的塑料件往往能代替多个传统的金属件。工业产品和日用产品塑料化的趋势不断上升。

二、模具制造技术的现状与发展

随着社会经济的发展，工业产品的更新换代更为迅速，我国的模具制造技术从过去只能制造简单模具已发展到可以制造大型、精密、复杂、长寿命的模具。例如在冲压模具方面，我国设计和制造的电动机定转子硅钢片硬质合金多工位自动级进模，电子、电器行业用的余工位的硬质合金多工位自动级进模等，都达到了国际同类模具产品的先进水平。凹模镶件的重复定位精度小于 0.005mm，步距精度小于 0.005mm，模具成形表面粗糙度达 R_a 0.4 ~ 0.1μm。零件可以互换、模具寿命可达 1 亿冲次的级进冲裁和叠铆原理相结合的技术已在高速冲床上使用，具有自动冲切、叠压、铆合、扭角、记数分组、安全保护功能。在塑料模具方面，能设计制造汽车保险杠及整体仪表盘大开支的注射模，大型彩色电视机、洗衣机和电冰箱等精密、大型注射模。

模具制造技术随着制造设备水平的提高而提高。随着先进、精密和高自动化程度的模具加工设备的应用，数控仿形铣床、数控车床、数控加工中心、精密坐标磨床、连续轨迹数控坐标磨床、高精度低损耗数控电火花成形加工机床、慢走丝精密电火花线切割机床、精密电解加工机床、三坐标测量仪、挤压研磨机等模具加工和检测设备的应用，拓展了可进行机械加工模具的范围，提高了加工精度，降低了制件的表面粗糙度值，大大提高了加工效率，推进了模具设计制造一体化的发展。

模具制造技术随着标准化程度的提高而提高。模具标准化是代表模具工业与模具制造技

术发展的重要标志，模具的商业化程度是以标准化为前提的，标准的覆盖程度高，模具的商品化也大大提高，从而推动专业化生产，降低制造成本，缩短生产周期。提高标准化模具的内外质量，也促进了新材料的应用。

模具制造技术随着模具设计与制造技术的发展而提高。随着计算机技术的发展应用，我国的模具设计与制造朝着数字化方向发展，国内外一些通用或专用软件已经有了比较普遍的应用。特别是模具成形零件方面的软件，如 AutoCAD、MasterCAM、Pro/Engineer、Unigraphies、Moldflow 等，这些技术采用计算机辅助设计，进而将数据交换到加工制造设备，实现设计制造一体化。计算机辅助设计制造不仅提高了设计速度，还可以实现模具工作状况的初步模拟。不仅可以依据设计模型进行自动加工程序的编制，还可以实现加工结束后的自动检测。实践证明，采用计算机辅助设计与制造技术大大缩短了模具的制造周期，提高了模具成形零件的设计制造质量。今后，模具现代设计与制造技术必将大大推进模具的设计与制造水平。

三、模具制造的基本要求

在工业产品的生产中，应用模具的目的在于保证产品质量，提高生产率和降低成本等。为此，除了正确进行模具设计，采用合理的模具结构之外，还必须以先进的模具制造技术作为保证。制造模具时，不论采用哪一种方法都应满足以下几个基本要求：

1. 精度高

为了生产合格的产品和发挥模具的效能，所设计、制造的模具必须具有较高的精度。模具精度主要体现在模具工作零件的精度和相关部位的配合精度。模具工作部位的精度高于产品制件的精度，为了保证制品精度，模具的工作部分精度通常要比制品精度高 2～4 级；模具结构对上、下模之间配合有较高的要求，为此组成模具的零部件都必须有足够高的制造精度，否则将不可能生产出合格的制品。高精度的模具零件组成的模具，可以提高模具的使用寿命，提高生产率，降低使用成本。现实中产品零件对模具的精度和表面粗糙度要求越来越高，而加工精度主要取决于加工机床精度、加工工艺条件、测量手段和方法等。因此在模具生产中精密数控设备的使用越来越普遍，如数控铣床和加工中心、电火花和线切割机床、精密平面磨床和成形磨床、三坐标测量机等，使模具加工向高技术、精密性方向发展。

2. 模具寿命高

模具寿命是指模具在保证产品零件质量的前提下，所能加工的制件的总数量，它包括工作面的多次修磨和易损件更换后的寿命。

从使用角度来讲，要求模具的寿命越高越好，这不仅促进了模具新材料的涌现，也给模具生产带来了新的要求。除模具材料要求很高外，模具的硬度也要求很高。在实际生产中，热加工工艺的安排对保证模具质量、缩短制造周期影响很大。

3. 生产周期短

模具的生产周期是从接受模具订货任务开始到模具试模鉴定后交付合格模具所用的时间。

由于新产品更新换代的加快和市场竞争的日趋激烈，要求模具生产周期越来越短。因此，模具生产周期长短是衡量一个模具企业生产能力和技术水平的综合标志之一，也关系到一个模具企业在激烈的市场竞争中有无立足之地。模具的生产管理、设计和制造都应该适应这一要求，要提高模具的标准化水平，以缩短制造周期，提高质量，降低成本。

4. 模具成本低

模具生产成本是指企业为生产和销售模具支付费用的总和。模具成本与模具结构的复杂程度、模具材料、制造精度要求及加工方法等有关。模具技术人员必须根据制品的要求合理设计和制订其加工工艺，尽量降低加工成本。

综上所述，四个指标是相互关联、相互影响的。片面追求模具精度和使用寿命必然会导致制造成本的增加。当然，只顾降低成本和缩短制造周期而忽视模具精度和使用寿命的做法也是不可取的。在设计与制造模具时，应根据实际情况作全面的考虑，即在保证制品质量的情况下，选择与制品相适应的模具结构和制造方法，使模具成本降低到最低限度。

四、模具生产和制造工艺的特点

1. 模具的生产特点

模具作为一种高寿命的专用工艺装备有以下生产特点：

（1）模具生产的成套性　当某个制件需要多副模具来加工时，各副模具之间往往互相牵连和影响，只有最终的制件合格，这一系列模具才算合格，因此在生产和计划安排上必须充分考虑这一特点。

（2）制造质量要求高　模具制造不仅要求加工精度高，而且还要求表面质量要好。一般来说，模具工作部分的制造公差都应控制在0.01mm以内，有的甚至要求在微米范围内。模具加工后的表面不仅不允许有任何缺陷，而且工作部分的表面粗糙度值 R_a 都要小于0.8μm。

（3）属于单件、多品种生产　模具是高寿命专用工艺装备，每副模具只能生产某一特定形状、尺寸和精度的制件，这就决定了模具生产具有单件、多品种生产规程的性质。

（4）试模和试修　制件在模具成形时，其成形的形状和尺寸精度受到很多因素的影响，如材料的性能、成形的温度、制件的形状等。而这些影响因素，往往依据设计师的经验来确定。正是由于这些特点，模具在装配后必须通过试冲或试压，最后才能确定模具是否合格。同时，模具的有些部位需要通过试修才能最后确定。因此在生产进度安排上必须留有一定的试模周期。

（5）模具加工向机械化、精密化和自动化发展　目前产品零件对模具精度的要求越来越高，高精度、高寿命、高效率的模具越来越多。而加工精度主要取决于加工机床精度、加工工艺条件、测量手段和方法。目前精密成形磨床、CNC高精度平面磨床、精密数控电火花线切割机床、高精度连续轨迹坐标磨床以及三坐标测量机的使用越来越普遍。

2. 模具的工艺特点

由于我国模具加工的技术手段还普遍偏低，同时又有上述生产特点，所以当前我国模具制造上的工艺特点主要表现如下：

1）在模具设计和制造上较多地采用“实配法”、“同镗法”等，使得模具零件的互换性降低，但这是保证加工精度，减小加工难度的有效措施。今后随着加工技术手段的提高，互换性程度将会提高。

2）模具加工上尽量采用万能通用机床、通用刀具和仪器，尽可能地减少专用二类工具的数量。

3）在制造工序安排上，要使工序相对集中，以保证模具加工的质量和进度，简化管理和减少工序周转时间。

五、学习本课程的基本要求

模具制造工艺课程是为培养模具设计与制造专业人才而设置的专业课之一。通过对本课程的学习，并配合其他教学环节学生能够掌握模具制造所需的主要工艺方法，具有一定的分析、解决工艺技术问题的能力；能够安排一般零件的制造工艺，处理一般工艺问题，熟悉模具的工艺性分析，了解国内外先进的制模技术，尽量采用模具制造的新工艺、新技术；为进一步学习本专业新工艺、新技术打下必要的基础。

本课程具有很强的实践性和综合性，因此学生在学习本课时要善于进行深入地分析和思考，掌握工艺过程的内在联系和规律，并运用这些规律处理工艺技术问题。除了重视理论学习之外，还要重视实验、实习，注意理论与实践的结合，向具有丰富的实际经验的工程技术人员学习，注重实际应用。在冲压模具和塑料模设计完成之后，应安排一次模具制造工艺课的课程设计，以巩固和加深已经学过的理论知识，提高学生综合分析和解决工程实际问题的能力。

“模具制造工艺学”涉及的知识面广，是一门综合性较强的课程。制订任何模具零件的工艺路线，都需要具备较广泛的机械加工方面的专业知识和技术基础知识。因此在学习中善于综合应用相关课程的知识，对于学好“模具制造工艺学”是十分重要的。

复习思考题

1. 简述模具制造技术在现代工业生产中的地位。
2. 模具制造的基本要求是什么？

第一章　模具制造工艺基础

本章应知

1. 模具制造工艺过程。
2. 技术经济指标。
3. 机械加工的表面质量和振动的概念。

本章应会

1. 进行零件的工艺分析。
2. 能够分析加工表面的加工质量。
3. 拟订工艺路线。

第一节　模具的制造工艺过程

一、模具制造工艺基本概述

1. 工艺规程的性质和作用

模具零件加工工艺规程就是以规范的表格形式和必要的图文，将模具制造的工艺过程以及各工序的加工顺序、内容、方法和技术要求，所配置的设备和辅助工装，所需加工工时和加工余量等内容，按加工顺序，完整有序地编入其中所形成的模具制造过程的指导性技术文件。因此，模具制造工艺规程的作用是用以组织、指导、管理和控制模具制造的各个工序。与模具设计图一样，模具制造工艺规程一经编制者、审核和批准者确认无误并签字之后即具有企业法规的性质，任何人未经填报“更改通知单”，说明更改原因并证明更改的必要性和正确性，未经审核和批准者确认更改并签字，均不得进行任何改动。

2. 制订工艺规程的要点

制订工艺规程的目的就是为了能有效地指导并控制各工序的加工质量，使之能有序地按要求实施，最终能以先进而又可靠的技术和最低的生产成本、最短的时间制造出质量符合用户要求的模具。为达到此目的，制订工艺规程时必须做到：

1）技术上具有先进性，尽可能采用国内外的先进工艺技术和设备，取人之长，补己之短。

2）选择成本最低，即能源、物资消耗最低，最易于加工的方案。

3）既要选择机械化、自动化程度高的加工方法以减轻工人的体力劳动，又要适应环保的要求，为工人创造一个安全、良好的工作环境。

3. 制订工艺规程的步骤

1）首先应对模具的设计意图和整体结构、各零部件的相互关系和功能以及配合要求等有详尽透彻的了解。这样才能事先发现问题，进行修改使之便于加工和装配。只有这样方能制订出切合实际、正确无误、行之有效的工艺规程。

2）根据每个零件的数量确定其采用单件生产还是多件生产方式（多型腔模具）。

3）根据所采用的毛坯类型确定毛坯的下料尺寸。

4）根据图纸的技术要求，选定主要加工面的加工方法和定位基准，并确定该零件的加工顺序。

5）确定各工序的加工余量，即各工序的加工尺寸和公差以及技术要求。

6）配置相符的机床、刀具、夹具、工具、量具。

7）确定各工序的切削参数和工时定额。

8）填写并完成工艺过程综合卡的制订，经审批后下达实施。

二、模具制造周期和成本控制

1. 模具制造周期控制

模具交货期，即交模期，是在用户合同中明确规定的主要内容之一，也是反映模具企业模具生产能力和水平的主要指标。交模期取决于模具生产周期，即取决于模具设计时间和模具制造时间。而模具制造时间，即制造周期，是交模期中最关键、最重要的阶段。因此，在模具生产过程中，在保证模具制造精度和质量的基础上，控制与保证模具制造周期是企业最重要的任务。它取决于以下几方面：

（1）企业生产装备的先进性与配套性　它是保证制造周期和保证模具制造精度与质量的技术基础，是制订模具制造工艺规程必须具备的条件。

（2）生产计划性　模具为单件生产，为保证与控制模具制造周期，必须强调以单副模具为基础制订模具的生产计划。模具的生产计划包括：

1）大计划：即以季、半年或年限为期的计划。它是根据用户合同制订的计划。

2）小计划：即以月限为期的计划，又称月计划。它是依据大计划制订的计划。

3）作业计划：即根据模具月生产计划，以单副模具的制造工艺规程为依据制订的计划。

为保证模具生产计划的完成，必须强调每副模具的制造工艺规程的控制与管理，即强调其关键环节或各工序之质量和完成期限的控制和管理。

（3）制造周期控制与管理的格式化　格式化包括：规范化的文件和图表的应用。计算机控制与管理是指对模具生产过程、模具制造工艺规程和生产计划形成过程控制与管理的企业内部的数字信息系统。

2. 模具成本控制

模具生产属于单件小批量生产，时间定额一般都用经验估计法来确定。模具的报价与结算是模具估价后的延续和结果。从模具的估价到报价只是第一步，而最终目的是通过模具制造交付使用后的结算，形成模具最终的结算价。人们总是希望，模具估价 = 模具价格 = 模具结算价。而在实际过程中，很有可能会出现波动的误差值。当模具估价后，需要进行整理，制订模具的报价，为签订加工合同作为凭据。通过反复洽谈商讨，最后形成双方均认可的模具价格，签订加工合同后模具的加工才正式开始。

三、模具生产过程与工艺过程

1. 模具生产过程

模具生产过程，是指将用户提供的产品信息，制件的技术信息，通过结构分析、工艺性分析，设计成模具，并在此基础上，将原材料经过加工、装配，转变为具有使用性能的成形工具的全过程。

模具生产过程分以下六个阶段：

（1）模具方案策划　分析产品零件结构、尺寸精度、表面质量要求，以及成形工艺。

（2）模具结构技术设计　进行成形件造型、结构设计；系统结构设计，包括定位、导向、卸料以及相关参数设定等设计，即总成设计。

（3）生产准备　成形件材料、模块等坏料加工；标准零、部件配购；根据造型设计，编制 NC、CNC 加工代码组成的加工程序；以及准备刀具、工装等。

（4）模具成形件加工　根据加工工艺规程，采用 NC、CNC 加工程序进行成形加工、孔系加工；或采用电火花、成形磨削等传统工艺进行加工，以及相应的热处理工艺。

（5）装配与试模　根据模具设计要求，检查标准零、部件和成形零件的尺寸精度、位置精度，以及表面粗糙度要求；按装配工艺规程进行装配、试模。

（6）验收与试用　根据各类模具的验收技术条件标准和合同规定，对模具试冲制件（冲件、塑件等）和模具性能、工作参数等进行检查、试用，合格后则通过验收。

（7）整理和记录　模具投产后，制品质量状况和模具使用状况的信息反馈、记录、整理存档以及相应的售后服务工作（如对模具使用、维护保养、维修更新、库房管理的建议和指导）。

由上述生产过程可知，模具的标准零、部件，通用标准零件（如螺钉、销钉），以及水冷却、加温系统中的标准或通用的元件，都是在其他工厂生产、从市场配购的，模具厂只是按照模具设计要求，按一定顺序，将其与本厂加工完成的成形件等，装配成模具厂的产品，此生产过程之总和，也可定义为模具生产过程。

由此定义可知，对使用量最大的中小模具而言，在其构成中，标准零、部件则占有很大比例。因此，若使模具生产过程现代化，则必先致力于模具标准化，建立完善的模具标准件的生产、供应体系，这也是模具工业现代化建设的基础。

2. 模具制造工艺过程

模具制造工艺过程是模具生产过程的主要部分，即从生产准备到验收、试用合格之前，共五个阶段属于制造工艺过程。其装配、试模阶段之前，由成形件制造工艺过程和标准、通用件配购两个并行过程所组成。

模具制造工艺过程，是模具设计过程的延续；是使设计图样转变为具有使用功能、使用价值的模具实体的制造过程。因此，根据设计要求，正确、合理地确定其工艺内容、工艺性质和方法，尤其是正确地确定成形件型面加工的工艺组合，对优化模具制造工艺过程，使工艺过程技术先进、经济性好，能高精度、高效率地达到模具设计要求，具有非常重要的作用。

工艺组合，是设计、编制模具制造工艺过程的重要工艺内容，主要是指其中零件各加工面的加工工序、所采用的专业工艺的组合。

如型腔加工常采用的电火花成形加工工艺、数控成形铣削工艺，或采用成形铣削后，采用电火花精密成形加工的成形加工工艺的组合。

如冲模凸模、凹模拼块，常用电火花线切割成形加工工艺、成形磨削工艺，或采用线切割后，采用成形磨削作为精加工工序的工艺组合。

四、模具零件加工工艺过程的组成

模具零件主要有：标准、通用零件和成形件两大类。其中，模具零件基本上都是机械零件，只是模具成形件的型面较为复杂，常由二维、三维型面构成，所以需采用成形加工工艺。但从总体来说，基本上属于机械加工。因此，这些零件加工工艺过程的组成包括以下内容：

（1）工序　一个或一组工人，在一个工作地点对同一个或同时对几个工件所连续完成的那一部分工艺过程称为工序。工序是构成工艺过程的基本单位，判断加工内容是否属于同一个工序，关键在于是否连续加工同一零件。

（2）安装　工件（或装配单元）经一次装夹后所完成的那一部分工序称为安装。一个工序中可以只有一次安装，也可以有多次安装。多一次装夹，不单单增加了装卸工件的辅助时间，同时还会产生装夹误差。因此，在工序中应尽量减少装夹次数。

（3）工位　为了完成一定的工序部分，一次装夹工件后，工件（或装配单元）与夹具或设备的可动部分一起相对刀具或设备的固定部分所占据的每一个位置称为工位。例如在模具磨床上用万能夹具磨削的特点是：将几何形状复杂的型面分解成由直线、圆弧组成的若干简单型面，然后按各种型面的类别，依次地分别磨出。

（4）工步　在加工表面和加工工具不变的情况下，所连续完成的那一部分工序称为工步。加工表面与加工工具只要改变一个，就应算作不同工步，如对同一个孔进行钻孔、扩孔、铰孔，应作为三个工步。在工艺卡片中，按工序写出各加工工步，就规定了一个工序的具体操作方法及次序。

（5）进给　切削工具在加工表面上切削，每切去一层材料称为一次进给，一个工步可以进行一次进给，也可以进行多次进给。如外圆的余量较多，在粗车工步中可以进行多次进给。

五、模具成形件制造工艺与加工工序

（1）成形件制造工艺及其加工工艺类型　现代模具制造工艺已经非常简化。其中，模具标准零、部件不仅精度、质量已能满足装配要求，而且可以从市场配购；成形件的坯料，包括锻件、轧制模板，也可以从市场购置。因此，模具制造工艺过程中的主要工艺内容，仅为成形件的制造工艺和模具装配工艺。

其中成形件的制造工艺过程为：

1）成形件成形加工：包括孔系加工，沟槽和平面加工等。

2）成形件热处理工艺：包括淬火、渗氮工艺以及表面强化工艺等。

3）成形件型面的精饰加工：包括塑料模型腔皮纹加工、抛光与研磨加工工艺等。

可见，冲模、成形模成形件型面的成形加工已成为关键加工工艺。常用于成形件成形加工的工艺方法有以下几种：

1）数控成形铣削工艺：此为塑料注射模、压铸模等成形模成形件加工的主要工艺方法。特别是高速铣削工艺、五轴联动加工工艺的应用，已成为成形件现代加工工艺的主要方法。

2）电火花成形加工工艺：常用于一般精度成形模型腔的加工，成形件经成形铣削后的精密加工，用来降低型面的表面粗糙度参数 R_a，减少研磨、抛光等工作。

3）数控、精密坐标孔系加工工艺。

4）数控、精密电火花线切割工艺：常用于一般冲模成形件的最终加工工序，亦用于高精密模具成形件的预加工。

5）精密成形磨削工艺：主要用于冲模凸模与凹模拼块的精密成形加工。

6）成形模型腔的挤压成形工艺：包括精密铸造或实型铸造成形工艺等。前者主要用于形状简单、较浅型腔的加工；后者则主要用于汽车压延模凹模等中大型凹模成形加工。

（2）模具成形件的加工工序　上述模具成形件制造工艺过程中的工艺内容，包括成形件的型面成形加工、孔系加工，以及其他加工面的加工工艺内容；热处理工艺中的调质、淬火、渗氮或表面处理等工艺内容；精饰加工中研磨、抛光、皮纹加工等工艺内容，通常都可视为制造工艺过程中的工序及其内容。但是，由于数控加工工艺的普及和应用，提高了工艺集成度，即在一次装夹条件下，可完成工步、工序的数目增加了，或可完成的加工工艺内容提高了，而对每个加工面的加工工艺过程未变，都需进行粗加工、半精加工和精加工。

1）粗加工工序：粗加工为精加工的预加工工序，也可作为精度、表面粗糙度和质量要求不高的非配合面的最终加工。

粗加工是指：从工件加工面上去除大部分加工余量，使其形状和尺寸接近工件成品要求，仅保留精加工工序的加工余量。如在进行凹模型面成形加工时，其粗加工的成形加工精度仅需低于IT11级，表面粗糙度 $R_a>6.3\mu m$ 即可。其铸造成形凸模与凹模型腔的成形尺寸精度和表面粗糙度，亦需经加工后达粗加工要求。

2）精加工工序：一般可作为最终加工工序，如精密冲模中的凸模和凹模拼块的形状尺寸精度，经成形磨削后可达0.005～0.01mm，表面粗糙度可达 $R_a0.4\sim0.2\mu m$；塑料注射模凸模与凹模型腔的成形铣削精度可达IT8～IT10级、表面粗糙度可达 $R_a1.6\sim0.8\mu m$；电火花加工电极损耗可以达0.02%～0.1%、表面粗糙度可达 $R_a1.25\sim0.3\mu m$。

若冲模凹模拼块成形精度要求达0.000x级超高精度，塑料注射模凹模型面表面粗糙度若要求达 $R_a<0.32\mu m$，则其精加工工序当作为精饰加工工序的预加工工序。

由此可说明精加工工序的作用为：通过精密加工，从工件上去除少量加工余量，使其完全达到工件形状、尺寸精度与表面粗糙度要求；或留有0.05～0.1mm加工余量，作为精饰加工余量。

3）精饰加工工序：一般在热处后进行，其工艺内容包括研磨、抛光、皮纹加工等。即从模具凸模、凹模型面上去除极小余量，使工件最终达到形状、尺寸精度和表面粗糙度要求。

第二节　模具的技术经济指标

在社会主义市场经济条件下，模具也是一种商品。客观条件对模具的共同要求，也就是模具的技术经济指标概括起来可以归纳为：模具的精度和刚度、模具的生产周期、模具的生产成本和模具的寿命四个基本方面。在模具生产过程的各个环节都应该根据客观生产对模具四个方面的要求考虑问题。同时模具的技术经济指标也是衡量一个国家、地区和企业模具生产技术水平的重要标志。

一、模具的精度和刚度

1. 模具的精度

机械产品的精度包括：尺寸精度、形状精度、位置精度和表面粗糙度。根据机械产品在工作状态和非工作状态的精度不同，又分为动态精度和静态精度。

模具的精度主要体现在模具工作零件的精度和相关部位的配合精度。模具工作部位的精度高于产品制件的精度，例如冲裁模刃口尺寸的精度要高于产品制件的精度，冲裁凸模和凹模间冲裁间隙的数值大小和均匀一致性也是主要精度参数之一。平时测量出的精度都是非工作状态下的，如冲裁间隙是静态精度。而在工作状态时，受到工作条件的影响，其静态精度数值都发生了变化，这时称为动态精度，这种动态冲裁间隙才是真正有实际意义的。一般模具的精度也应与产品制件的精度相协调，同时也受模具加工技术手段的制约。今后随着模具加工技术手段的提高，模具精度会有大的提高，模具工作零件的互换性生产将成为现实。

影响模具精度的主要因素有：

1）产品制件精度：产品制件的精度越高，模具工作零件的精度就越高。模具精度的高低不一对产品制件的精度有直接影响，而且对模具的生产周期、生产成本都有很大的影响。

2）模具加工技术手段的水平：模具加工设备的加工精度和设备的自动化程度，是保证模具精度的基本条件。今后模具精度将更大地依赖模具加工技术手段的高低。

3）模具装配钳工的技术水平：模具的最终精度要求很大程度上依赖装配调试来完成，模具光整表面的表面粗糙度要求主要依赖模具钳工来完成，因此模具钳工技术水平是影响模具精度的重要因素。

4）模具制造的生产方式和管理水平：在模具设计和生产时，采用“实配法”，还是“分别制造法”是影响模具精度的重要方面。对于高精度模具只有采用“分别制造法”才能满足高精度的要求和实现互换性生产。

2. 模具刚度

对于高速冲压模、大型件冲压成形模、精密塑料模和大型塑料模，不仅要求其精度高，还应有良好的刚度。这类模具工作负荷较大，当出现较大的弹性变形时，不仅要影响模具的动态精度，而且关系到模具能否继续正常工作。因此在模具设计中，在满足强度要求时，模具刚度也应得到保证，同时在制造时也要避免由于加工不当造成的附加变形。

二、模具的生产周期

模具的生产周期是从接受模具订货任务开始到模具试模鉴定后交付合格模具所用的时间。当前，模具使用单位要求模具的生产周期越短越好，以满足市场竞争和更新换代的需要。因此，模具生产周期长短是衡量一个模具企业生产能力和技术水平的综合标志之一，也关系到一个模具企业在激烈的市场竞争中有无立足之地。同时模具的生产周期长短也是衡量一个国家模具技术管理水平高低的标志。

影响模具生产周期的主要因素有：

（1）模具技术和生产的标准化程度　模具标准化程度是一个国家模具技术和生产发展到一定水平的产物。目前，我国模具技术的标准化已有良好的基础，有模具基础技术标准、各种模具设计标准、模具工艺标准、模具毛坯和半成品件标准以及模具检验和验收标准等。由于我国企业的小而全和大而全的状况，使得模具标准件的商品化程度还不高，这是影响模具生产周期的重要因素。

（2）模具企业的专门化程度　现代工业发展的趋势是企业分工越来越细，企业产品的专门化程度越高，越能提高产品质量和经济效益，并有利于缩短产品生产周期。目前，我国模具企业的专门化程度还较低，只有各模具工业生产自己最擅长的模具类型，有明确和固定的服务范围，同时各模具企业互相配合搞协作化生产，才能缩短模具生产周期。

（3）模具生产技术手段的现代化　模具设计、生产、检测手段的现代化也是影响模具生产周期的因素之一。要大力推广和普及模具 CAD/CAM 技术；使粗加工向高效率发展，毛坯材料采用高速锯床、阳极切割和砂轮切割等高效设备，粗加工要采用高速铣床、强力高速磨床；精密加工采用高精度的数控机床，如数控仿形铣床、数控光学曲线磨床、高精度数控电火花线切割机床、数控连续轨迹坐标磨床等；推广先进快速制模技术等。使模具生产技术手段提高到一个新水平。

（4）模具生产的经营和管理水平　在管理上要提高效率，研究模具企业生产的规律和特点，采用现代化的管理手段和制度管理企业，这也是影响模具生产周期的重要因素。

三、模具生产成本

模具生产成本是指企业为生产和销售模具支付费用的总和。模具生产成本包括原材料费、外购件费、外协件费、设备折旧费、经营开支等。从性质上可分为生产成本、非生产成本和生产外成本，模具生产成本是指与模具生产过程有直接关系的生产成本。影响模具生产成本的主要因素有：

（1）模具结构的复杂程度和模具功能的高低　现代科学技术的发展使得模具向高精度和多功能自动化方向发展，相应也提高了模具生产成本。

（2）模具精度的高低　模具的精度和刚度越高，模具生产成本也越高。模具的精度和刚度应该与客观需要的产品制件的要求、生产批量的要求相适应。

（3）模具材料的选择　模具费用中，材料费在模具生产成本中约占25%～30%，特别是因模具工作零件材料类别的不同而相差较大。所以应该正确地选择模具材料，使模具工作零件的材料类别应该和要求的模具寿命相协调，同时应采取各种措施充分发挥材料的效能。

（4）模具加工设备　模具加工设备向高效、高精度、高自动化、多功能发展，这使模具成本相应提高。但是，这些是维持和发展模具生产所必需的，应该充分发挥这些设备的效能，提高设备的使用效率。

（5）模具的标准化程度和企业生产的专门化程度　这些都是制约模具成本和生产周期的重要因素，应通过模具工业体系的改革有计划、有步骤地解决。

四、模具寿命

模具寿命是指在保证模具产品零件质量的前提下，所能加工的制件的总数量，它包括工作面的多次修磨和易损件更换后的寿命。

模具寿命＝工作面的一次寿命×修磨次数×易损件的更换次数。

一般在模具设计阶段就应明确该模具所适用的生产批量类型或者模具生产制件的总次数，即模具的设计寿命。不同类型的模具正常损坏的形式也不一样，但总的来说工作表面损坏的形式有摩擦损坏、塑性变形、开裂、疲劳损坏、啃伤等。

影响模具寿命的主要因素有：

（1）模具结构　合理的模具结构有助于提高模具的承载能力，减轻模具承受的机械负荷。例如，模具可靠的导向机构，对于避免凸模和凹模间的互相啃伤是有帮助的。因此，对截面尺寸变化处理是否合理，对模具寿命影响较大。

（2）模具材料　应根据产品零件生产批量的大小，选择模具材料。生产的批量越大，对模具的寿命要求也越高，应选择承载能力强、服役寿命长的高性能模具材料。另外应注意模具材料的冶金质量可能造成的工艺缺陷及工作时的承载能力的影响，应采取必要的措施来弥补冶金质量的不足，以提高模具寿命。

（3）模具加工质量　模具零件在机械加工、电火花加工，以及锻造、预处理、淬火硬化、表面处理时的缺陷都会对模具的耐磨性、抗咬合能力、抗断裂能力产生显著的影响。例如模具表面粗糙度、残存的刀痕、电火花加工的显微裂纹、热处理时的表层增碳和脱碳等缺陷都对模具的承载能力和寿命带来影响。

（4）模具工作状态　模具工作时，使用设备的精度与刚度，润滑条件，被加工材料的预处理状态，模具的预热和冷却条件等都对模具寿命产生影响。例如薄料的精密冲裁对压力机的精度、刚度尤为敏感，必须选择高精度、高刚度的压力机，才能获得良好的效果。

（5）产品零件状况　被加工零件材料的表面质量状态、材料硬度、伸长率等力学性能，被加工零件的尺寸精度都对模具寿命有直接的影响。如镍的质量分数为80%的特殊合金成形时极易和模具工作表面发生强烈的咬合现象，使工作表面咬合拉毛，直接影响模具能否正常工作。

模具的技术经济指标包括精度和刚度、生产周期、模具生产成本以及模具寿命，它们之间是互相影响和互相制约的，而且影响因素也是多方面的。在实际生产过程中要根据产品零件和客观需要综合平衡，抓住主要矛盾，求得最佳的经济效益，满足生产的需要。

第三节　零件的工艺分析

制定零件的机械加工工艺规程，首先要对零件进行工艺分析，以便从加工制造的角度出发分析零件结构的工艺性是否良好，技术要求是否恰当。并从中找出主要的技术要求和关键的技术问题，以便采取相应的工艺措施，为合理制定工艺规程作好必要的准备。

一、零件结构的工艺分析

机械零件都是根据使用需要而设计的，所以各个零件的形状、尺寸相差很大。任何零件从形体上分析都是由一些基本表面和特殊表面组成的。基本表面有内、外圆柱表面、圆锥表面和平面等，特殊表面主要有螺旋面、渐开线齿形表面及其他一些成形表面。如果从形体上都是由单一的表面所组成，这些表面大致可分为：

1）基本表面：属于一般常用的简单几何形状，如平面、圆柱面、圆球面以及由这些表面所派生的圆锥、圆台、棱台等。

2）特形表面：都由较为复杂的曲线、曲面所组成，如螺旋面、椭圆或椭球面、抛物面、双曲面及渐升线等。

研究零件结构，首先要分析该零件是由哪些表面所组成，因为表面形状是选择加工方法的基本因素之一。例如，对外圆柱面一般采用车削和外圆磨削进行加工；而内圆柱面（孔）则多通过钻、扩、铰、镗、内圆磨削和拉削等方法获得。除了表面形状外，表面尺寸大小对工艺也有重要影响。例如对直径很小的孔宜采用铰削加工，不宜采用磨削加工；深孔应采用深孔钻进行加工。它们在工艺上都有各自的特点。

分析零件结构，不仅要注意零件各构成表面的形状尺寸，还要注意这些表面的不同组合。机械制造中通常按照零件结构和工艺过程的相似性，将各种零件大致分为轴类零件、套类零件、盘环类零件、叉架类零件以及箱体等。正是这些不同组合形成了零件结构工艺上的特点，如圆柱套筒上的孔，可以采用钻、扩、铰、镗、拉、内圆磨削等方法进行加工。箱体零件上的孔则不宜采用拉削和内圆磨削加工。模具零件中的模柄、导柱等零件和一般机械零件的轴类零件在结构或工艺上有许多相同或相似之处。导套是一个典型的套类零件。整体结构的圆形凹模和一般机械零件的盘类零件相类似，但其上的型孔加工则比一般盘类零件要复杂得多，所以圆盘形凹模又具有不同于一般盘类零件的工艺特点。

许多功能、作用完全相同而结构不同的两个零件，它们的加工方法与制造成本常常有很大的差别。零件结构的工艺性，是指所设计的零件在满足使用要求的前提下制造的可行性和经济性。零件结构的工艺性好是指零件的结构形状在满足使用要求的前提下，按现有的生产条件能用较经济的方法方便地加工出来。在不同的生产条件下对零件结构的工艺性要求也不一样。

表 1-1 列出了几种零件的结构并对零件结构的工艺性进行了对比。

表 1-1　零件结构的工艺性比较

序号	结构的工艺性不好	结构的工艺性好	说　明
1	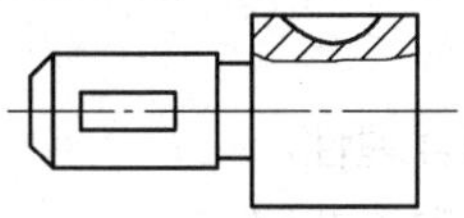	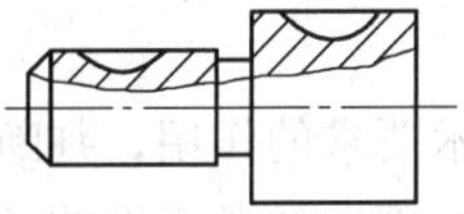	键槽的尺寸、方位相同，可在一次装夹中加工出全部键槽，提高加工效率
2	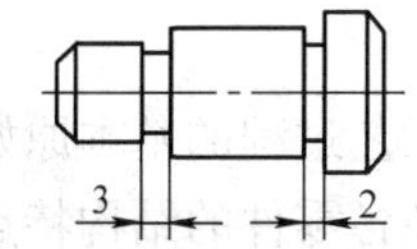 3　2	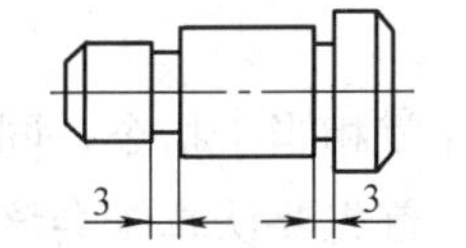 3　3	退刀槽尺寸相同，可减少刀具种类，减少换刀时间
3	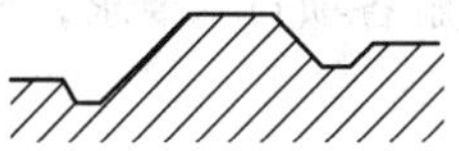	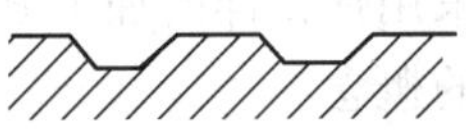	三个凸台表面在同一个平面上，可在一次进给中加工完成
4	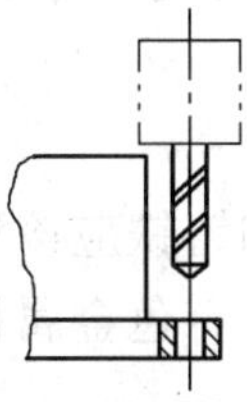	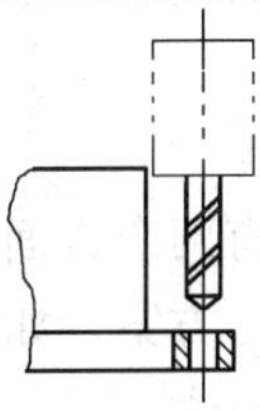	小孔与壁距离适当，便于引进刀具
5	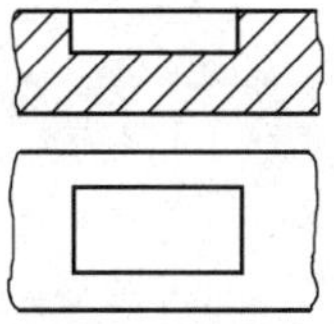	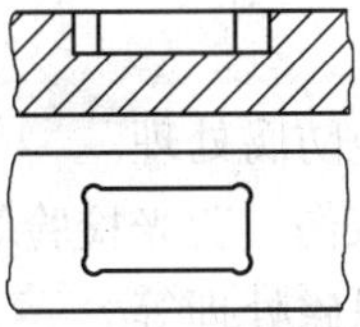	方形凹坑的四角加工时没有办法清角，影响配合
6	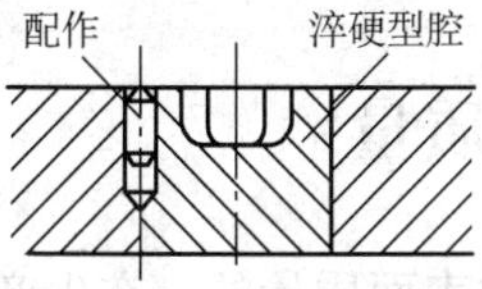 配作　淬硬型腔	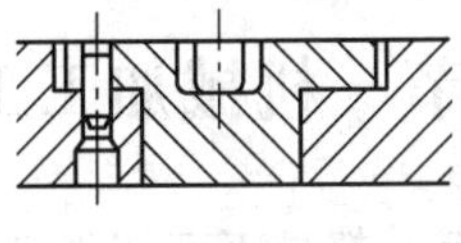	型腔淬硬后，骑缝销孔无法配作

（续）

序号	结构的工艺性不好	结构的工艺性好	说　明
7	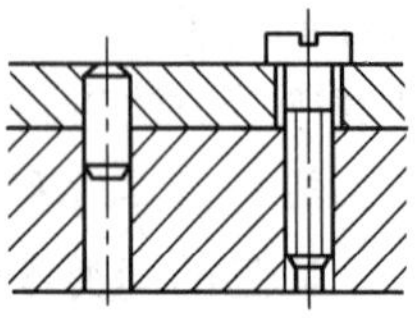	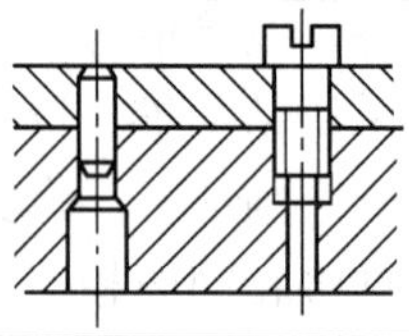	销孔太深，增加铰孔的难度，而且销孔没有必要太深
8	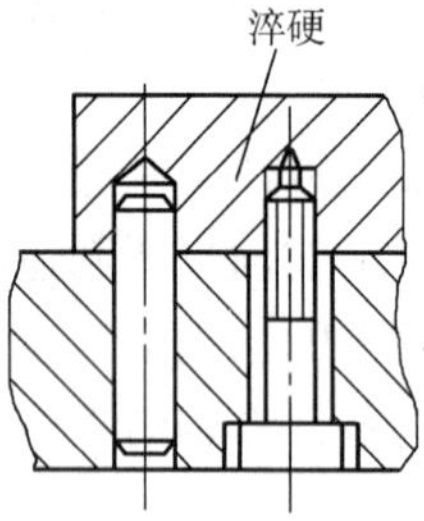 淬硬	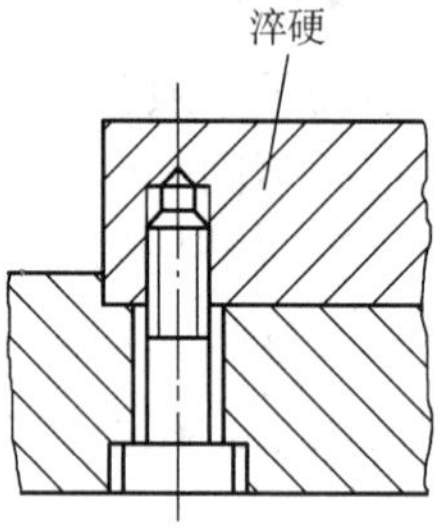 淬硬	将淬硬型芯安装在模板上时，定位销孔无法用钻铰方法配作。改用浅凹定位使加工更加容易

二、零件的技术要求分析

零件的技术要求，包括被加工表面的尺寸精度、几何形状精度、各表面之间的相互位置精度、表面质量、零件材料、热处理要求及其他要求，这些要求对制定工艺方案往往有重要影响。

通过分析，应明确有关技术要求的作用，判断其可行性和合理性。

综合上述分析结果，才能合理地选择零件的各种加工方法和工艺路线。

三、零件图的工艺分析

模具产品的生产，设计图样就相当于指令，同时也是设计工艺过程的基本原始资料。工艺人员在拟订工艺方案的时候，首先要认真领会该产品的功用和各零件的结构特点，分析它的工艺性、基准情况以及应该采用什么样的加工方法。然后了解各项技术要求，分析关键所在，建立起如何保证加工质量的概念。

必须在认真分析产品图样，尤其是各个零件图的基础上，才能考虑工序安排及其他各工艺内容。

四、各零件所用原材料

原材料对工艺设计的影响主要有两个方面。一是毛坯方案，如铸铁应该选择铸造毛坯，锻件应该选择锻造毛坯；二是精加工方案，如钢材精加工用磨削，有色金属精加工用车削、铣削。

五、其他技术要求

1）热处理、表面处理及其他防腐处理。

2）特殊检验方法，如磁力探伤、荧光检验等。

3）其他要求，如动平衡、退磁处理等。

第四节　机械加工工艺表面质量

经过机械加工过的零件表面，都是不可能得到完全理想的表面质量的。在生产中，我们经过大量的实践，分析并得出零件破坏一般都是从表面层开始的。另外，产品的一些其他性能，如可靠性和耐久性，也在很大程度上取决于零件表面层的质量。这一点就表明了零件表面的质量直接影响到产品的质量，因此，对零件表面质量的控制是至关重要的。掌握机械加工中各种工艺因素对表面质量的影响规律，就可以在实际加工中，运用这些规律控制整个加工过程，以解决零件的表面质量问题，从而达到提高产品使用性能的目的。

一、机械加工后的表面质量

表面质量是指机械零件加工后表面层的状态。其主要内容包括以下几个部分（图1-1）：

1）表面粗糙度：反映的是零件被加工表面上的微观几何形状误差。其波长与波高的比一般小于40。

2）表面波度：它是由机械加工中的振动引起的，介于几何形状误差与表面粗糙度之间的周期性几何形状误差。其波长与波高的比值在40~1000之间。

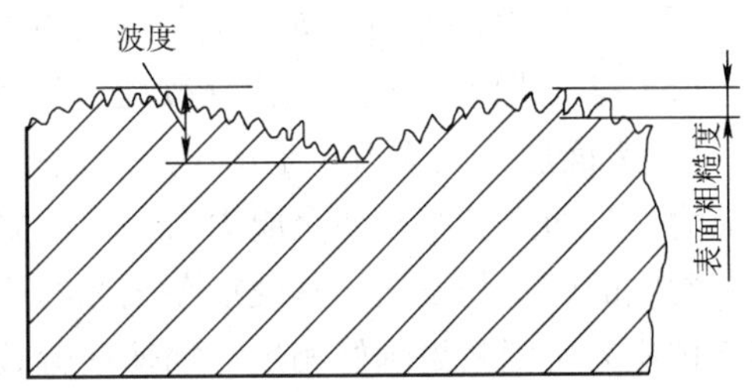

图1-1　表面层的几何形状特征

当波长与波高比值大于1000时，称为宏观几何形状误差。

纹理方向是指表面刀纹的方向，它取决于零件表面加工过程所使用的加工方法。

伤痕是加工表面上个别位置上出现的缺陷。例如：砂眼、气孔等。

二、机械加工表面质量对零件使用性能的影响

1. 表面质量对耐磨性的影响

表面粗糙度主要是由加工过程中刀具和零件表面件的摩擦、切削分离时表面金属层的塑性变形及工艺系统的高频振动等原因形成的，它是一种存在于工件表面的微观的几何性质误差。加工中，两个相互接触的表面之间，最初峰部相接触，随后接触面积有所变化，使实际接触面积处产生塑性变形、弹性变形和峰部之间的剪切破坏，引起严重磨损。零件磨损一般可分为三个阶段，初期磨损阶段、正常磨损阶段和剧烈磨损阶段。

表面粗糙度对零件表面磨损有很大的影响。一般来说，表面粗糙度值如果过小，润滑油不易储存，使磨损程度增加。表面粗糙度值过大，使实际接触的面积减小，单位应力大大增加，会引起更严重的磨损。因此，接触面在一定工作条件下通常存在一个最佳表面粗糙度（图1-2）。其值与零件的工作情况有关，工作载荷加大时，初期磨损量增大，表面粗糙度最佳值也加大。

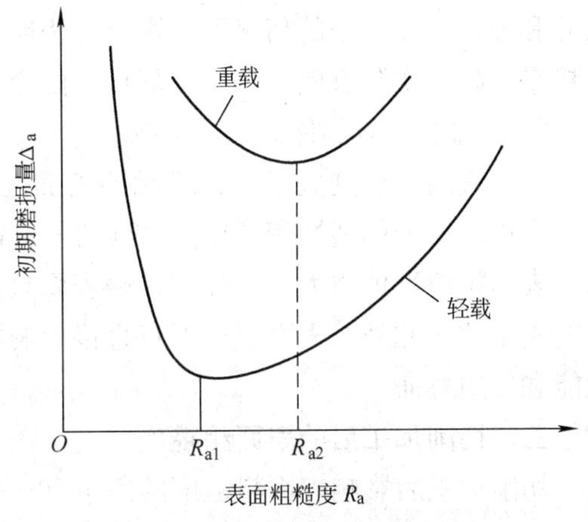

图1-2　表面粗糙度对初期磨损量的影响

另外，表面冷作硬化对耐磨性也有影响。加工表面的冷作硬化使零件表面层金属的硬度提高，一般可使耐磨性提高。但过分的冷作硬化将引起金属组织过度疏松，甚至出现裂纹和表层金属的剥落，反而使耐磨性下降。

2. 表面质量对疲劳强度的影响

金属受交变载荷作用后产生的疲劳破坏往往发生在零件表面和表面冷硬层下面，因此零件的表面质量对疲劳强度影响很大。

（1）表面粗糙度对疲劳强度的影响　在交变载荷的作用下，表面粗糙度的轮廓谷处容易引起应力集中，产生疲劳裂纹。表面越粗糙，产生疲劳裂纹的现象越严重，使零件表面的疲劳强度降低。

（2）加工纹理方向　如刀痕与受力方向垂直，则疲劳强度将显著降低。

（3）表面层残余应力、冷作硬化对疲劳强度的影响

1）表面层残余应力：是由于加工过程中切削变形和切削热的影响，工件表面层产生残余应力。表面层若存在残余应力会对零件疲劳强度有很大的影响。表面层残余压应力可阻碍疲劳裂纹的产生与发展，延缓疲劳破坏的产生，提高零件的疲劳强度。但是，当表面层存在残余拉应力时则效果刚好相反，加速疲劳破坏，导致疲劳强度下降。

2）表面层冷作硬化（简称冷硬）：在机械加工中，零件表面层产生强烈的冷态塑性变形后，引起的强度和硬度都有所提高的现象。一般情况下表面硬化层的深度可达0.05～0.30mm。适度的冷作硬化并伴有残余压应力时可提高疲劳强度。但冷硬过度或伴有残余拉应力时导致疲劳强度下降。

3. 表面质量对耐蚀性的影响

零件表面的耐蚀性很大程度上取决于表面粗糙度。零件的表面越粗糙，则表面上凹谷中聚积的腐蚀性物质就越多，然后逐渐渗透到金属材料的表层，形成表面锈蚀，使零件表面的抗蚀性下降。

零件表面层的残余压应力能防止应力腐蚀开裂；而残余拉应力则会产生应力腐蚀开裂，从而降低零件的耐磨性。

4. 表面质量对配合质量的影响

表面粗糙度值的大小将影响配合表面的配合质量。对于间隙配合，粗糙度值越大，则会使磨损越大，使间隙很快地增大，从而引起配合性质的改变。特别是在实际加工中一些零件尺寸和公差都比较小的情况下，影响更为明显。对于过盈配合，装配过程中一部分表面凸峰被挤平，减小实际有效过盈量，降低了配合件间的连接强度。

5. 表面质量对零件的其他影响

零件表面粗糙度值越大，接触的表面之间的实际接触面积就越小，单位面积受力就越大，会使凸峰处的塑性变形增大，使得零件的接触刚度降低。

表面粗糙度值越大，实际的接触表面只在局部有接触，形成中间有缝隙的现象，影响零件的密封性。此外，表面粗糙度将直接影响滑动件的摩擦系数和运动的灵活性，以及零件的性能和使用寿命。

三、切削加工后的表面粗糙度

切削加工后影响表面粗糙度的因素有三个方面：几何因素、物理因素和工艺系统振动。

1. 几何因素

刀具相对于工件作进给运动时，在加工表面留下了切削层残留面积，其形状是刀具几何形状的复映，见图1-3。其理论上的最大表面粗糙度 R_{max} 可由刀具形状、进给量 f 按几何关系求得，即

$$R_{max}=\frac{f}{\cot\kappa_r+\cot\kappa'_r}$$

当刀尖圆弧半径为 r_ε 时可得

$$R_{max}\approx\frac{f^2}{8r_\varepsilon}$$

当背吃刀量 a_p 和进给量 f 很小时，表面粗糙度主要由刀尖圆弧半径决定。

减小进给量 f、主偏角 κ_r、副偏角 κ_r' 以及增大刀尖圆弧半径 r_ε，均可减小残留面积的高度。

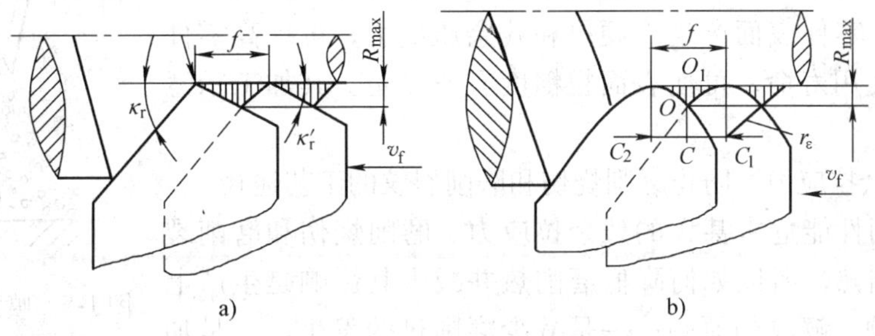

图 1-3　切削加工后的残留面积及其高度

a）$r_\varepsilon=0$　b）$r_\varepsilon>0$ 且进给量 f 较小时

2. 物理因素

切削加工后表面的实际粗糙度与理论粗糙度有比较大的差别，这是由于存在着与被加工材料的性能及切削机理有关的物理因素的缘故。加工后的实际轮廓与理论轮廓见图 1-4。

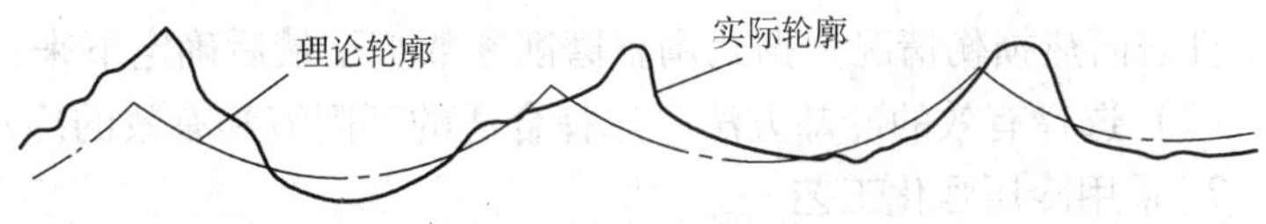

图 1-4　塑性材料切削加工后表面的实际轮廓与理论轮廓

（1）工件材料的性质　工件材料韧性越高、塑性变形越大，加工表面就越粗糙。加工塑性材料时，由于刀具对金属的挤压与摩擦产生了塑性变形，使理论残留面积挤歪或沟纹加深，加之刀具迫使切屑与工件分离的撕裂作用，使表面粗糙度值加大。如低碳钢工件加工后的表面粗糙度值高于中碳钢工件。

工件的金相组织的晶粒均匀度越高、粒度越低，加工后的表面粗糙度值越小。如：低碳钢正火处理后，细化晶粒，硬度提高，塑性降低，有利于减小刀具的黏结磨损，减小积屑瘤，改善工件表面粗糙度。

当切削速度较低时（如铰削、拉削、滚齿和插齿加工），工件材料硬度越大，加工后的表面粗糙度值载小。改进措施：进行调质处理。

（2）积屑瘤与鳞刺现象　金属在切削过程中出现的积屑瘤与鳞刺等现象，增大了工件的表面粗糙度。

（3）刀具打滑

（4）后刀面的挤压

（5）刀具材料影响　在相同切削条件下，硬质合金刀具加工所得的粗糙度值小于高速钢刀具加工所得的粗糙度值。

3. 工艺系统振动（详见振动部分的内容）

四、提高加工表面质量的工艺方法

目前，有很多种提高加工表面质量的工艺方法，下面简单介绍几种常见的方法。例如：研磨、珩磨、超精加工、滚压加工法、喷丸加工以及高精度磨削等。滚压加工就是利用工具钢淬硬制成的钢滚轮或钢珠在零件上进行滚压。喷丸加工是一种用压缩空气或离心力将大量直径细小（0.4～2mm）的丸粒（钢丸或是玻璃丸）以35～50m/s的速度向零件表面喷射的一种加工方法。这种加工在零件表面产生冷硬层和残余压应力，可提高零件抗疲劳强度和使用寿命，可使表面粗糙度有所改善。其加工示意图见图1-5。

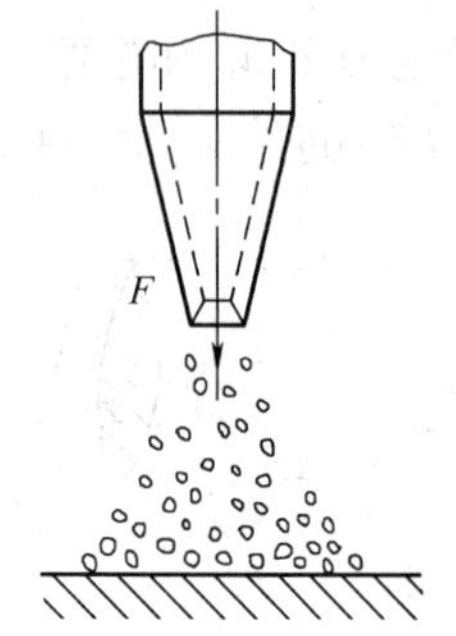

图1-5 喷丸加工示意图

1. 减小残余拉应力、防止磨削烧伤和磨削裂纹的工艺途径

对零件使用性能危害甚大的残余拉应力、磨削烧伤和磨削裂纹均起因于磨削热，所以如何降低磨削热并减少其影响是生产上的一项重要问题。解决的原则：一是减少磨削热的发生，二是加速磨削热的传出。

（1）合理的磨削参数　为了直接减少磨削热的发生，降低磨削区的温度，应合理选择磨削参数：减少砂轮速度和背吃刀量；适当提高进给量和工件速度。但这样会使表面粗糙度值增大而造成矛盾。

生产中比较可行的办法是通过试验来确定磨削参数。先按初步选定的磨削参数试磨，检查工件表面热损伤情况，据此调整磨削参数直至最后确定下来。

（2）选择有效的冷却方法　选择合适的磨削液和有效的冷却方法。

2. 采用冷压强化工艺

对于承受高应力、交变载荷的零件可以用喷丸、液压、挤压等表面强化工艺使表面层产生残余压应力和冷硬层并降低表面粗糙度值，从而提高耐疲劳强度及抗应力腐蚀性能。

（1）喷丸　喷丸是一种用压缩空气或离心力将大量直径细小（0.4～2mm）的丸粒（钢丸、玻璃丸）以35～50m/s的速度向零件表面喷射的方法。

（2）滚压　用工具钢淬硬制成的钢滚轮或钢珠在零件上进行滚压，使表层材料产生塑性流动，形成新的光洁表面。表面粗糙度可自1.6μm降至0.1μm，表面硬化深度达0.2～1.5mm，硬化程度为10%～40%。

3. 采用精密加工和光整加工工艺

（1）精密加工工艺　精密加工工艺方法包括高速精镗、高速精车、宽刃精刨削加工等。

（2）光整加工工艺　光整加工是用粒度很细的磨料对工件表面进行微量切削和挤压、擦光的过程。光整加工工艺的特点是：没有与磨削深度相对应的磨削用量参数，一般只规定加工时的很低的单位切削压力，因此加工过程中的切削力和切削热都很小，从而能获得很低的表面粗糙度值，表面层不会产生热损伤，并具有残余压应力。所使用的工具都是浮动连接，由加工面自身导向，而相对于工件的定位基准没有确定的位置，所使用的机床也不需要具有非常精确的成形运动。这些加工方法的主要作用是降低表面粗糙度，一般不能纠正形状和位置误差，加工精度主要由前面的工序保证。

1）珩磨：珩磨是利用珩磨头上的细粒度砂条对孔进行加工的方法，在大批量生产中的应用很普遍。

2）超精加工：超精加工是用细粒度的砂条以一定的压力压在作低速旋转运动的工件表面上，并在轴向作往复振动，工件或砂条还作轴向进给运动以进行微量切削的加工方法。

3）研磨：研磨是用研具以一定的相对滑动速度（粗研时取0.67～0.83m/s，精研时取0.1～0.2m/s）在0.12～0.4MPa压力下与被加工面作复杂相对运动的一种光整加工方法。

4）抛光：抛光是在布轮、布盘或砂带等软的研具上涂以抛光膏来加工工件的。抛光器具高速旋转，由抛光膏的机械刮擦和化学作用将粗糙表面的峰顶去掉，从而使表面获得光泽镜面（表面粗糙度为 R_a0.16～0.04μm）。

五、机械加工精度

1. 加工精度与加工误差

加工精度是指零件加工后的实际几何参数（尺寸、形状和表面间的相互位置）与理想几何参数的符合程度。符合程度越高，加工精度越高。

零件加工后，实际几何参数（尺寸、形状和表面间的相互位置）对理想几何参数的偏离程度，称为加工误差。

加工精度和加工误差是从两个不同的角度来评定加工零件的几何参数的，加工精度的低和高是通过加工误差的大和小来表示的。其实保证和提高加工精度，实际上就是限制和降低加工误差的过程。

2. 原始误差

由机床、夹具、刀具和工件构成了一个完整的系统，称为机械加工工艺系统（简称工艺系统）。工艺系统会有种种误差产生，这些误差在各种不同的具体工作条件下都会以不同的方式（或扩大、或缩小）反映，我们把这种工艺系统的误差称为原始误差。

工艺系统的原始误差主要有原理误差、定位误差、调整误差、工艺系统的受力变形引起的加工误差、工艺系统的受热变形引起的加工误差、机床传动误差、测量误差等。

3. 影响机械加工精度的部分因素

（1）工艺系统的受力变形对加工精度的影响　工艺系统中，机床、夹具、刀具和工件所带来的机械加工切削力、夹紧力、惯性力、重力、传动力等，会产生相应的变形，从而破坏了刀具和工件之间的正确的相对位置，使工件的加工精度下降。

1）工件刚度：工艺系统中如果工件刚度相对于机床、刀具、夹具来说比较低，在切削力的作用下，工件由于刚度不足而引起的变形对加工精度的影响就比较大，其最大变形量可按材料力学有关公式估算。

2）减小工艺系统受力变形对加工精度影响的措施：减小工艺系统受力变形是保证加工精度的有效途径之一。实际生产中，可用提高系统刚度和减小载荷及其变化的方法来控制和提高加工精度。

（2）工艺系统的热变形对加工精度的影响　机械加工中，工艺系统会受到各种热的影响而产生温度变形，一般也称为热变形。工艺系统的热变形对加工精度的影响比较大，特别是在精密加工和大件加工中，由热变形所引起的加工误差通常会占工件加工总误差的40%～70%。工艺系统中，机床、刀具和工件受热，温度逐渐升高而产生热变形，另外还有许多因素影响热变形。所以，控制和减小热变形对加工精度的影响是相当复杂的。

减小工艺系统热变形的途径主要有：减少发热源和隔热；改善散热条件；均衡温度场；

加快温度场的平衡；控制环境温度等。

4. 提高加工精度的途径

为了保证和提高机械加工精度，就必须找到影响加工精度的因素，而后采取适当的措施控制和减少这些因素带来的影响。从误差减少的技术上分可以分为两大类：一类是误差预防，即减少原始误差或减少原始误差的影响，可以采用减小原始误差、转移原始误差、均分原始误差、均化原始误差和就地加工法等方法；另一类则是误差补偿，即在现有的情况下，通过分析、测量等方法建立起数学模型，人为地造出一种新的原始误差来抵消当前影响加工精度的原始误差，以便减少或消除加工误差。

第五节　机械加工过程中的振动

在机械加工中，振动是一种十分有害的现象，对于产品的加工质量以及生产率都有很大影响，在加工过程中应注意控制振动现象，工艺系统的振动是造成零件表面质量下降的重要原因之一。在切削过程中，当振动发生时，加工表面将产生较明显的表面振痕。机械加工中存在的振动依据造成振动力的特点，可分为三种类型。强迫振动：由于工艺系统受到外界周期性激振力的作用而引起的振动。自激振动：机械加工过程中，在没有周期性外力作用下，由于工艺系统本身产生的交变力所激发和维持的周期性振动，称为自激振动，简称颤振。自由振动：会自动衰减的振动。

一、机械加工过程中的强迫振动

1. 机械加工过程中的强迫振动

（1）机械加工中的强迫振动　与一般机械中的强迫振动没有什么区别，强迫振动的频率与干扰力的频率相同或是干扰力的频率的倍数。

（2）强迫振动产生的原因　强迫振动产生的振源有两类，其中一类来自机床内部，称为机内振源；另外，则是来自机床外部的机外振源。机内振源主要有以下几种：

1）机床高速旋转件不平衡的离心力而引起的振动。

2）由于机床电机的转子运动不平衡或者电磁力不平衡而引起的振动。

3）在切削过程中，由于不连续的周期变化的切削力的冲击而引起的振动。

4）机床传动机构缺陷引起的振动，如液压系统冲击、皮带张紧力的变化等。

5）往复运动部件的惯性力引起的振动等。

机外振源有很多，但主要都是通过机床的地基传给机床的，可通过加设隔振地基来隔离。

强迫振动具有其频率等于干扰力的频率、在干扰力频率不变的情况下，干扰力的幅值变大，强迫振动的幅值将随之增大，以及只要干扰力存在，机械加工过程中的强迫振动就不会衰减等特征。

2. 机械加工过程中强迫振动振源的查找方法

在强迫振动特征中阐明，强迫振动的频率总是与干扰力的频率相等或者是它的倍数，可根据强迫振动的这个规律找到强迫振动的振源。当已经确认在机械加工过程中存在强迫振动，就应该及时地找出其振源，以便去除或是尽量地减小振源对整个机械加工过程带来的不利影响。

3. 防治强迫振动的主要途径

1）针对离心力问题，对工艺系统中的回转体零件进行相应的静、动平衡处理。

2）提高装配精度，减少激振力。

3）提高工艺系统的刚度。

4）采用消振与隔振措施，隔离机外振源对工艺系统的干扰。

5）提高工艺系统中传动件的精度，以减小冲击。

二、机械加工过程中的自激振动（颤振）

1. 机械加工过程中自激振动鉴别的简单方法

自激振动是由系统本身产生的交变力所激发和维持的振动，它是和切削过程紧密联系的。在加工过程中，自激振动频率与外激振源频率无关。当刀刃退出工件，自激振动就会马上停止。自激振动的振幅与振动周期内获得的能量有关。当切削宽度增加，切削力做功增加，输入能量增多时就可能引发自激振动；反之，当切削宽度减小，系统能量输入相应的减小时，振动就会自然的消失。当机械加工过程中出现的此种振动为自激振动。

2. 机床加工过程中产生自激振动的条件

如果在一个振动周期内，振动系统从电动机获得的能量大于振动系统对外界做功所消耗的能量，若两者之差刚好能克服振动时阻尼所消耗的能量，则振动系统将有等幅振动运动产生。也就是在工艺系统中，只有当正功大于负功时，或者说只有当系统获得的能量大于系统对外界释放的能量时，系统才有可能维持自激振动。若用$E_{吸收}$表示前者，$E_{消耗}$表示后者，则产生自激振动的条件可表示为$E_{吸收} > E_{消耗}$。

3. 机械加工过程中自激振动的激振机理

在金属切削加工过程中，大多数情况下，刀具总是完全地或部分地在带有波纹的表面上进行切削加工。我们用单刃车刀举例说明。车刀作径向切削的时候，此时车刀只作横向进给运动，刀具则完全地在带有上道切削时留有切削波纹的工件表面上进行加工。

此时，若是在机械加工的切削过程中，突然出现一个瞬时的扰动力F作用在刀具上，如图1-6所示。那么，刀具与工件之间就会发生相对的运动（自由振动），这种振动的幅值将因系统存在阻尼的作用而逐渐地衰减。但是，这种振动会在已加工的表面上留下一段振痕。此时切削厚度也将发生波动，因而产生交变的切削力。

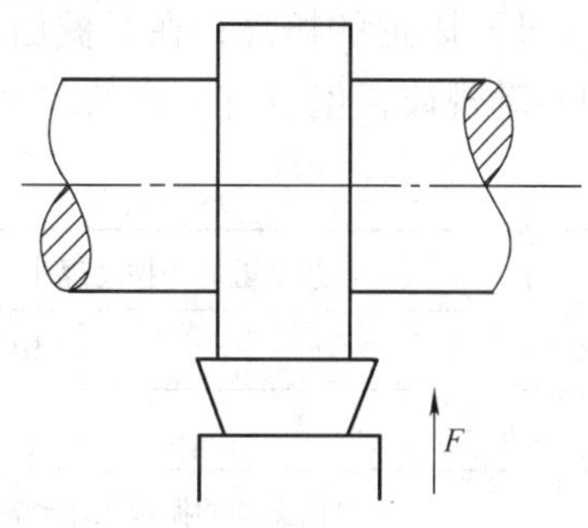

图1-6　扰动力F

如果机床加工过程此时满足产生自激振动的条件，振动便会进一步发展到持续的颤振状态。这种由于切削厚度变化效应而引起的机械加工过程中的自激振动，称为再生型颤振。

4. 自激振动的特征

1）强迫振动的频率取决于外界干扰力的频率，且总是与干扰力的频率相等或是它的倍数，而自激振动的频率取决于振动系统的固有特性，这一特征与强迫振动不同。

2）机械加工中的自激振动是由系统本身产生的交变力所激发和维持的振动，是在没有周期性外力作用下所产生的振动现象，这一点与强迫振动有着原则上的区别。维持自激振动的能量来自于机床的电动机，电动机除了作为动力源，还通过切削过程把能量输给振动系统，使机床系统产生振动。而且，自激振动不会因为有阻尼存在而衰减。

5. 抑制自激振动的措施

抑制自激振动的具体措施有：合理选择刀具的几何参数；合理选择切削用量；提高工艺系统的抗振能力；调整振型和方位角；采用各种减振措施等。

三、机械加工过程中的自由振动

（1）自由振动 振动物体在受到暂时性干扰后，仅在恢复力作用下引起的振动，称为自由振动。它是一种工艺系统受到最初的扰动力后，不再受外界激励时所引起的振动。

单自由度系统的无阻尼自由振动是一种简谐运动，其周期 T 和频率 f 的关系表达式为

$$T = 1/f = 2\pi \sqrt{m/k}$$

式中 T——周期；

f——频率；

k——弹性系数；

m——质量。

在无阻尼自由振动的过程中，系统中的势能和动能不断地相互转换，且遵循机械能守恒定律。该工艺系统在起振时所具有的能量决定了振幅，且大小保持不变。有阻尼的自由振动是一种衰减振动。

（2）自由振动特性

1）常力并不能影响自由振动的固有频率，只能改变系统中振动的平衡位置。

2）自由振动的频率 f 和圆频率 ω_n 只与振动系统的弹性 k 和惯性 m 有关，而与振动的初始条件无关。因此称 f 为系统的固有频率，称 ω_n 为系统的固有圆频率。

3）振幅是振动特性中重要的参数，它与初始条件有关，且与系统的弹性、惯性有关。

四、阻尼

1）阻尼的概念：在机械加工过程中，当忽略了阻尼影响时，所得结果基本上反映实际的振动规律，但也有一定的差别，见表 1-2。

表 1-2 阻尼对振动的影响

忽略阻尼的振动规律	考虑阻尼的振动规律
结构的自振频率是结构的固有特性，与外因无关	
简谐荷载作用下有可能出现共振	
自由振动的振幅永不衰减	自由振动的振幅逐渐衰减
共振时的振幅趋于无穷大	共振时的振幅较大但为有限值

2）产生阻尼的原因有结构与支承之间的外摩擦、材料之间的内摩擦和周围介质的阻力。阻尼力与质点速度成正比（比较常用，称为粘滞阻尼），与质点速度平方成正比（如质点在流体中运动受到的阻力），与质点速度无关（如摩擦力）。

3）阻尼对强迫振动以及自由振动都是有影响的。对于自由振动，当考虑阻尼时体系的自振频率减小，有阻尼体系的自由振动不再是简谐振动，但仍是周期运动，振幅随时间的增长而按指数规律衰减，成为一种衰减振动。应注意：无阻尼体系在简谐荷载作用下的稳态反

应是简谐振动，位移与荷载同时达到幅值；有阻尼体系在简谐荷载作用下的稳态反应仍是简谐振动，但位移滞后于动荷载达到幅值。

五、控制机械加工振动的途径

当机械加工过程中出现影响加工质量的振动时，应该首先判断这种振动是属于哪种类型的振动，是强迫振动还是自激振动，然后再采取相应的措施来消除或减小振动。

控制机械加工振动的途径包括：改善工艺系统的动态特性；消除或减弱产生振动的条件；采用消振或减振装置。

1. 改善工艺系统的动态特性

1）增大工艺系统的阻尼。

2）提高工艺系统的刚度。

2. 消除或减弱产生振动的条件

（1）消除或减弱产生强迫振动的条件

1）减小机内外干扰力。必须对机床上高速旋转的零部件进行平衡，其质量不平衡控制在允许范围内。

2）调整振源频率。由强迫振动的特征可知，当干扰力的频率接近系统某一固有频率时，就会发生共振。因此，可通过改变电机转速或传动比，使激振力的频率远离机床加工薄弱环节的固有频率，以免共振。

3）采取隔振措施。使振源产生的部分振动被隔振装置所隔离或吸收。隔振方法有两种：一种是主动隔振，阻止机内振源通过基地外传；另一种是被动隔振，阻止机外干扰力通过地基传给机床。

（2）消除或减弱产生自激振动的条件

1）减小重叠系数。再生型颤振是由于在有波纹的表面上进行切削引起的，如果本转（次）切削根本就不与前转（次）切削振纹相重叠，就不会发生再生型颤振。

2）减小切削刚度。

3）增加切消阻尼。

4）调整振动系统小刚度主轴的位置。

3. 采用各种消振或减振装置

例如：摩擦式减振器、动力式减振器、冲击式减振器等。

第六节　工艺路线的拟订

机械加工工艺规程的制订，大体可分为两个部分：拟订零件加工的工艺路线；确定各道工序的工序尺寸及公差、所用设备及工艺装备、切削规范和时间定额等。

制订机械加工工艺规程时，首先应拟订零件（或产品）加工的工艺路线。它是工艺设计的总体布局。其主要任务是选择零件表面的加工方法，确定加工顺序，划分工序。根据工艺路线，可以选择各工序的工艺基准，确定工序尺寸、设备、工装、切削用量和时间定额等。在拟订工艺路线时应从工厂的实际情况出发，充分考虑应用各种新工艺、新技术的可行性和经济性，多提几个方案，进行比较，最后择优确定一个最佳方案。

制订工艺路线时需要考虑的主要问题包括：怎样选择定位基准，怎样选择加工表面，怎样选择加工方法，工艺安排以及热处理等。

一、定位基准的选择

1. 基准及其分类

基准就是用来确定生产对象上几何要素之间的几何关系所依据的点、线、面。根据基准的作用不同，可以把基准分为两大类，即设计基准和工艺基准。

（1）设计基准　设计图样上所采用的基准，称为设计基准。设计基准可以是点、线或者面。

（2）工艺基准　在加工工艺过程中所采用的基准，称为工艺基准。工艺基准按用途又可以分为：工序基准、定位基准、测量基准和装配基准。

1）工序基准：是在工序图上用来确定工序所加工表面加工后的尺寸、形状、位置的基准。但是，由于模具是单件生产，所以一般不绘制工序图。

2）定位基准：在加工过程中，为了能够保证工件和机床、夹具之间的相对位置所使用的基准，称为定位基准。

定位基准分为：粗基准、精基准和辅助基准。其中，粗基准（毛基准）是未经过机械加工的定位基准，而经过机械加工的定位基准就是精基准。在装夹方便或容易实现基准统一的情况下，往往人为地制造一些定位基准，这些表面不是零件自身的工作表面，只是起到定位作用，这种基准被称为辅助基准。

3）测量基准：在测量时使用的基准，称为测量基准。

4）装配基准：在装配时，确定零件或部件在制件中的相对位置所使用的基准，称为装配基准。

2. 定位基准的选择

（1）粗基准的选择　粗基准的选择直接影响工件的加工。首先，加工时要保证各个被加工平面有足够的加工余量，并且保证各加工面与非加工面之间的相互位置关系。在选择粗基准时，应遵循以下几点原则：

1）保证各加工表面的加工余量合理分配，应选择余量较小的作为粗基准。

2）为了保证加工表面与不加工表面的位置尺寸要求，应选不加工表面作为基准。

3）若要保证某表面的余量均匀，就选择该表面作为粗基准，进行加工。

4）为了保证定位准确，夹紧可靠，应尽量选择平整、表面粗糙度小的、有足够大尺寸的表面作为粗基准。不允许有锻造飞边，铸造浇、冒口或其他缺陷。

5）一般情况下，粗基准不重复使用。

（2）精基准的选择　选择精基准时，要考虑如何提高加工精度、减小定位误差、保证设计要求的实现以及夹具的制造简单、定位安全可靠等方面。一般遵循以下原则：

1）基准重合原则：应尽可能选择被加工表面的设计基准为定位基准。

2）基准统一原则：当在被加工工件上存在一个表面，可以比较方便地加工出大多数，甚至剩余的全部表面时，应尽早地加工出该表面，并且达到精度要求，然后，把它作为该工件的精基准，这就是“基准统一”原则。采用统一基准可以进行夹具设计，可以减少工件搬动和翻转次数，在自动化生产中有广泛应用。

3）自为基准原则：有些精加工或光整加工工序要求加工余量小而均匀，这时应尽可能用加工表面自身为精基准，这被称为自为基准原则。

4）互为基准原则：为了获得均匀的加工余量或较高的位置精度，可采用互为基准、反复加工的原则。

5）方便装夹原则：保证工件定位准确、装夹可靠、便于操作。

二、表面加工方法的选择

对具有一定技术要求的零件表面，一般不是用一种工艺方法一次加工就能达到设计要求的。对于精度要求较高的表面，在选择加工方法时总是根据各种工艺方法所能达到的加工经济精度和表面粗糙度等因素来选定最后的加工方法，然后再确定一系列准备工序的加工办法和顺序，经过逐次加工达到其设计要求。以上因素中的加工经济精度是指在正常的条件下（采用符合质量标准的设备、工艺装备，选用标准技术等级工人，不延长加工时间）所能保证的加工精度。常见工艺方法见表1-3、表1-4、表1-5、表1-6。

表1-3　外圆柱表面的加工精度

直径/mm	车削					磨前				研磨	用钢球或滚柱工具滚压			
	粗车	半精车或一次加工		精车		一次加工	粗磨	精磨						
	$h_{12}h_{13}$	$h_{12}h_{13}$	h_{11}	h_{13}	h_8	h_7	h_8	h_7	h_6	h_5	h_{10}	h_8	h_7	h_6
1～3	120	120	60	40	14	10	14	10	6	4	40	14	10	6
>3～6	160	160	75	48	18	12	18	12	8	5	48	18	12	8
>6～10	200	200	90	58	22	15	22	15	9	6	58	22	15	9
>10～18	240	240	110	70	27	18	27	18	11	8	70	27	18	11
>18～30	280	280	130	84	33	21	33	21	13	9	84	33	21	13
>30～50	250～390	340	160	100	39	25	39	25	16	11	100	39	25	16
>50～80	300～460	400	190	120	46	30	46	30	19	13	120	46	30	19
>80～120	460～520	460	220	140	54	35	54	35	22	15	140	54	35	22
>120～180	530～680	530	250	160	63	40	63	40	25	18	160	63	40	25
>180～260	600～760	600	290	185	72	46	72	46	29	20	185	72	46	29
>260～360	680～1150	680	320	230	89	57	89	57	36	25	230	89	57	36
>360～500	760～1350	760	360	250	97	63	97	63	40	27	250	97	63	40

表1-4　孔加工方法

序　号	加 工 方 法	经济精度（公差等级表示）	经济表面粗糙度值 R_a/μm	适 用 范 围
1	钻	IT11～IT13	12.5	加工未淬火钢及铸铁的实心毛坯，也可用于加工有色金属，孔径小于15～20mm
2	钻——铰	IT8～IT10	1.6～6.3	
3	钻——粗铰——精铰	IT7～IT8	0.8～1.6	
4	钻——扩	IT10～IT11	6.3～12.5	加工未淬火钢及铸铁的实心毛坯，也可用于加工有色金属，孔径大于15～20mm
5	钻——扩——铰	IT8～IT9	1.6～3.2	
6	钻——扩——粗铰——精铰	IT7	0.8～1.6	
7	钻——扩——机——手铰	IT6～IT7	0.2～0.4	
8	钻——扩——拉	IT7～IT9	0.1～1.6	大批大量生产（精度由拉刀的精度而定）

（续）

序　号	加 工 方 法	经济精度（公差等级表示）	经济表面粗糙度值 R_a/μm	适 用 范 围
9	粗镗（或扩孔）	IT11 ~ IT13	6.3 ~ 12.5	除淬火钢外各种材料，毛坯有铸出孔或锻出孔
10	粗镗（粗扩）——半精镗（精扩）	IT9 ~ IT10	1.6 ~ 3.2	
11	粗镗（粗扩）——半精镗（精扩）——精镗（铰）	IT7 ~ IT8	0.8 ~ 1.6	
12	粗镗（粗扩）——半精镗（精扩）——精镗——浮动镗刀精镗	IT6 ~ IT7	0.4 ~ 0.8	
13	粗镗（扩）——半精镗——磨孔	IT7 ~ IT8	0.2 ~ 0.8	主要用于淬火钢，也可用于未淬火钢，但不宜用于非铁金属
14	粗镗（扩）——半精镗——粗磨——精磨	IT6 ~ IT7	0.1 ~ 0.2	
15	粗镗——半精镗——精镗——精细镗（金刚镗）	IT6 ~ IT7	0.05 ~ 0.4	主要用于精度要求高的非铁金属加工
16	钻——扩——粗铰——精铰——珩磨；钻——扩——拉——珩磨；粗镗——半精镗——精镗——珩磨	IT6 ~ IT7	0.025 ~ 0.2	精度要求很高的孔
17	以研磨代替上述方法中的珩磨	IT5 ~ IT6	0.006 ~ 0.1	

表 1-5　平面加工方法

序　号	加 工 方 法	经济精度（公差等级表示）	经济表面粗糙度值 R_a/μm	适 用 范 围
1	粗车	IT11 ~ IT13	12.5 ~ 6.3	端面
2	粗车——半精车	IT8 ~ IT10	3.2 ~ 6.3	
3	粗车——半精车——精车	IT7 ~ IT8	0.8 ~ 1.6	
4	粗车——半精车——磨削	IT6 ~ IT8	0.2 ~ 0.8	
5	粗刨（或粗铣）	IT11 ~ IT13	6.3 ~ 2.5	一般不淬硬平面（端铣表面粗糙度 R_a 值较小）
6	粗刨（或粗铣）——精刨（或精铣）	IT8 ~ IT10	1.6 ~ 6.3	
7	粗刨（或粗铣）——精刨（或精铣）——刮切	IT6 ~ IT7	0.1 ~ 0.8	精度要求较高的不淬硬平面，批量较大时宜采用宽刃精刨方案
8	以宽刃精刨代替上述削研	IT7	0.2 ~ 0.8	
9	粗刨（或粗铣）——精刨（或精铣）——磨削	IT7	0.2 ~ 0.8	精度要求高的淬硬平面或不淬硬平面
10	粗刨（或粗铣）——精刨（或精铣）——粗磨——精磨	IT6 ~ IT7	0.025 ~ 0.4	
11	粗铣——拉	IT7 ~ IT9	0.2 ~ 0.8	大量生产，较小的平面（精度视拉刀精度而定）
12	粗铣——精铣——磨削——研磨	IT5 以上	0.006 ~ 0.1	高精度平面

表 1-6　轴线平行的孔的位置精度　（单位：mm）

加工方法	工具的定位	两孔轴线间的距离误差或从孔轴线到平面的距离误差	加工方法	工具的定位	两孔轴线间的距离误差或从孔轴线到平面的距离误差
立钻或撑臂钻上钻孔	用钻模	0.1~0.2	卧式铣床上镗孔	用镗模	0.05~0.08
	按划线	1.0~3.0		按定位样板	0.08~0.2
立钻或摇臂钻上镗孔	用镗模	0.05~0.03		按定位器的指示读数	0.04~0.06
车床上镗孔	按划线	1.0~2.0		用块规	0.05~0.1
	用带有滑座的角尺	0.1~0.3		用内径规或用塞尺	0.05~0.25
坐标镗床上镗孔	用光学仪器	0.004~0.015		用程序控制的坐标装置	0.04~0.05
金刚镗床上镗孔		0.008~0.02		用游标尺	0.2~0.4
多轴组合机床上镗孔	用镗模	0.03~0.05		按划线	0.4~0.6

选择零件各表面加工方法的基本思路如下：

1. 被加工表面的精度和零件的结构形状

一般情况下所采用加工方法的经济精度，应能保证零件图样所要求的加工精度和表面质量。例如，材料为碳钢，尺寸精度为 IT7 级，表面粗糙度为 $R_a0.8\mu m$ 的外圆柱面，用车削、磨削加工都能达到要求，但因为上述加工精度是磨削的加工经济精度，而不是车削的加工经济精度，所以应该选用磨削加工方法作为达到工件加工精度的最终加工方法。当多种加工方法的加工经济精度都能满足被加工表面的精度和表面粗糙度要求时，选择何种加工方法则取决于零件的结构形状、尺寸大小、材料、热处理等因素。例如尺寸精度为 IT7 级的孔，采用镗、铰、磨、拉削加工均可达到精度要求，都符合加工经济精度。但是，如果是箱体上的孔，则不应选择拉削和内圆磨削加工。因为箱体采用拉削和内圆磨削加工，工艺复杂，甚至无法实施，所以宜采用镗削、铰削加工。对于位置精度要求较高的孔采用坐标镗或坐标磨加工，因为铰孔不能纠正孔的位置偏差。被加工表面的尺寸大小对选择加工方法也有一定的影响。对小孔进行镗削加工将导致镗杆直径过小，刚度差，不易保证孔的加工精度。

2. 零件材料的性质及热处理要求

对于加工质量要求高的有色金属零件，一般采用精细车、精细铣或金刚镗进行加工，应避免采用磨削加工，因为磨削有色金属易堵塞砂轮。淬火后的钢质零件宜采用磨削加工和特种加工。

3. 生产率和经济性要求

所选择的零件加工方法，除保证产品的质量和经济精度要求外，应有尽可能高的生产率。尤其在大批量生产时，应尽量采用高效率的先进加工方法和设备，以达到大幅度提高生产率的目的。

三、工艺阶段的划分

从保证加工质量、合理使用设备及人力等因素考虑，工艺路线按工序性质一般分为粗加工阶段、半精加工阶段和精加工阶段。对那些加工精度和表面质量要求特别高的表面，工艺过程中应在精加工阶段后安排光整加工阶段。

（1）粗加工阶段　主要任务是切除加工表面上的大部分余量，使毛坯的形状和尺寸达到要求。在该阶段过程中，对加工的精度要求不高，切削用量、切削力都比较大，所以粗加工阶段应考虑的主要是如何提高劳动生产率。

（2）半精加工阶段　为主要表面的精加工做好必要的精度和余量准备，并完成一些次要表面的加工（如钻孔、攻螺纹、切槽等）。对于加工精度要求不高的表面或零件，经半精加工后即可达到加工要求。

（3）精加工阶段　使对精度要求高的表面达到规定的质量要求，要求的加工精度较高，其表面的加工余量和切削用量都比较小。

（4）光整加工阶段　主要任务是提高被加工表面的尺寸精度和减小表面粗糙度，一般不能纠正形状和位置误差。对尺寸精度和表面粗糙度要求特别高的表面，才安排光整加工。

将工艺过程划分阶段有以下作用：

1）保证产品质量。在粗加工阶段切除的余量较多，产生的切削力和切削热较大，工件所需要的夹紧力也较大，因而使工件产生的内应力和由此引起的变形也变大，所以粗加工阶段不可能达到高的加工精度和较小的表面粗糙度。完成零件的粗加工后，再进行半精加工、精加工，逐步减小切削用量、切削力和切削热。可以逐步减小或消除先行工序的加工误差，减小表面粗糙度，最后达到设计图样所规定的加工要求。

由于工艺过程分阶段进行，在各加工阶段之间有一定的时间间隔，相当于自然时效，使工件有一定的变形时间，有利于减少或消除工件的内应力。由变形引起的误差，可由后继工序加以消除。

2）合理使用设备。由于工艺过程分阶段进行，粗加工阶段可以采用功率大、刚度好、精度低、效率高的机床进行加工，以提高生产率。精加工阶段可采用高精度机床和工艺装备，严格控制有关的工艺因素，以保证加工零件的质量要求。所以粗、精加工分开，可以充分发挥各类机床的性能、特点，做到合理使用，延长高精度机床的使用寿命。

3）便于热处理工序的安排，使热处理与切削加工工序配合更合理。机械加工工艺过程分阶段进行，便于在各加工阶段之间穿插安排必要的热处理工序，既可以充分发挥热处理的效果，也有利于切削加工和保证加工精度。对于精密度要求更高的零件，在各加工阶段之间可穿插进行多次时效处理，以消除内应力，最后再进行光整加工。

4）便于及时发现毛坯缺陷和保护已加工表面。由于工艺过程分阶段进行，在粗加工各表面之后，可及时发现毛坯缺陷（气孔、砂眼和加工余量不足等），以便发现或修补废品，以免将本应报废的工件继续进行精加工，浪费工时和制造费用。

应当指出，拟订工艺路线一般应遵循工艺过程划分加工阶段的原则，但是在具体运用时又不能绝对化。当加工质量要求不高，工件的刚性足够，毛坯质量高，加工余量小时可以不划分加工阶段。在自动机床上加工的零件以及某些运输、装夹困难的重型零件，也不划分加工阶段，而是在一次装夹下完成全部表面的粗、精加工。对重型零件可在粗加工之后将夹具松开以消除夹紧变形。然后再用较小的夹紧力重新夹紧，进行精加工，以利于保证重型零件的加工质量。但是，对于精度要求高的重型零件，仍要划分加工阶段，并适时进行时效处理以消除内应力。上述情况在生产中需按具体条件来决定。

工艺路线划分加工阶段是对零件加工的整个工艺过程而言，不是以某一表面的加工或某一工序的加工而论。

四、工序的划分

根据所选定的表面加工方法和各加工阶段中表面的加工要求，可以将同一阶段中各表面的加工组合成不同的工序。在划分工序时可以采用工序集中或分散的原则。如果在每道中安排的加工内容多，则一个零件的加工可集中在少数几道工序内完成，工序少，称为工序集中。在每道工序所安排的加工内容少，一个零件的加工分散在很多道工序内完成，工序多，称为工序分散。

工序集中具有以下特点：

1）工件在一次装夹后，可以加工多个表面，能较好地保证表面之间的相互位置精度；可以减少装夹工件的次数和辅助时间；减少工件在机床之间的搬运次数，有利于缩短生产周期。

2）可减少机床数量、操作工人，节省车间生产面积，简化生产计划和生产组织工作。

3）采用的设备和工装结构复杂、投资大，调整和维修的难度大，对工人的技术水平要求高。

工序分散具有以下特点：

1）机床设备及工装比较简单，调整方便，生产工人易于掌握。

2）可以采用最合理的切削用量，减少机动时间。

3）设备数量多，操作工人多，生产面积大。

在一般情况下，单件小批量生产采用工序集中，大批、大量生产采用工序集中或者工序分散。实际应用中需根据具体情况，通过技术经济方面的分析来决定。

五、加工顺序的安排

1. 切削加工工序的安排

零件的被加工表面不仅有自身的精度要求，而且各表面之间还常有一定的位置要求，在零件的加工过程中要注意基准的选择与转换。安排加工顺序应遵循以下原则：

1）当零件分阶段进行加工时一般应遵守“先粗后精”的加工顺序，即先进行粗加工，再进行半精加工，最后进行精加工和光整加工。

2）先加工基准表面，后加工其他表面。在零件加工的各阶段，应先把基准面加工出来，以便后继工序用它定位加工其他表面。

3）先加工主要表面，后加工次要表面。零件的工作表面、装配基面等应先加工。而键槽、螺孔等往往和主要表面之间有相互位置要求，一般应安排在主要表面之后加工。

4）先加工平面，后加工内孔。对于箱体、模板类零件平面轮廓尺寸较大，用它定位，稳定可靠，一般总是先加工出平面，以平面作精基准，然后加工内孔。

2. 热处理工序的安排

热处理工序在工艺路线中的安排，主要取决于零件热处理的目的。

1）为改善金属组织和加工性能的热处理工序，如退火、正火和调质等，一般安排在粗加工前后。

2）为提高零件硬度和耐磨性的热处理工序，如淬火、渗碳淬火等，一般安排在半精加工之后，精加工、光整加工之前。渗氮处理温度低、变形小，且渗氮层较薄，渗氮工序应尽量靠后，如安排在工件粗磨之后，精磨、光整加工之前。

3）时效处理工序，时效处理的目的在于减小或消除工件的内应力，一般在粗加工之后，精加工之前进行。对于高精度的零件，在加工过程中常进行多次时效处理。

3. 辅助工序安排

辅助工序主要包括检验、去毛刺、清洗、涂防锈油等。其中检验工序是主要的辅助工序。为了保证产品质量，及时去除废品，防止浪费工时，并使责任分明，检验工序应安排在：零件粗加工或半精加工结束之后；重要工序加工前后；零件送外车间（如热处理）加工之前；零件全部加工结束之后。

钳工去毛刺常安排在易产生毛刺的工序之后、检验及热处理工序之前。

复习思考题

1. 什么是模具制造周期？它由哪些方面决定？
2. 试述模具生产过程的六个阶段。
3. 简述强迫振动产生的原因。
4. 什么是模具精度，影响模具精度的主要因素有哪些？
5. 提高加工精度的途径有哪些？
6. 如何选择定位基准？

第二章　模具的机械加工

本章应知

1. 了解模具常用的加工设备。
2. 掌握快速成型加工方法。
3. 掌握模具中的数控加工方法，了解数控机床。

本章应会

1. 普通机床的加工范围、加工方法。
2. 数控机床的加工方法。
3. 冷挤压加工的加工工艺和加工方法。
4. 模具典型零件的加工工艺。

第一节　概　　述

模具中应用零件的种类、形式和材料都是多种多样的，因而在各零件加工过程中，应用到的加工手段也是五花八门，机械加工方法广泛用于制造模具零件。

模具零件按工作场合、精度要求等的不同，又可分为以下几种情况：普通精度模具零件，可以采用通用机床进行加工，如传统的加工机械车床、铣床、刨床、钻床、磨床、插床等，这些加工方法对操作工人的技术水平要求高，生产率低，不适合具有较高精度要求的零件加工，特别是生产成本较高，而且零件加工完成后，需要模具钳工进行必要的修配再装配，使模具制造周期相对地延长；精度要求较高的模具零件，用精密机床加工，如坐标镗床、坐标磨床等，这些设备多用于加工凸、凹模固定板上的固定孔，上、下模座的导柱和导套孔、刃口轮廓等；具有复杂形状的空间曲面模具零件，可采用数控机床进行加工，加工模具零件常用的数控机床有加工中心、数控铣床、数控车床、数控磨床、数控钻床等，数控机床加工对于操作工人的技能水平要求较低，零件加工精度高，生产率高，便于统一管理，适合设计中随时更改变化尺寸要求，易于实现机械加工自动化；对特种零件可考虑其他加工方法，如挤压成形、超塑成型加工、快速成型等。另外，还用到特种加工的技术，如用到电火花加工机床、电火花线切割机床以及精密磨床等设备。尤其是近些年来，随着模具技术向前飞速地发展，对于模具零件的质量要求越来越高，高新技术不断推出，使机械设备也有了明显的改进，出现了计算机在线控制数控机床等大批精密设备，这些加工新技术还在逐步完善，这也是今后模具发展的方向。然而，一般机械加工仍然是模具制造业中不可缺少的最基本的加工手段。

第二节 模具常用的切削加工

一、车削加工

1. 车床

车床是主要用车刀对旋转件进行车削加工的机床。CA6140 型卧式车床的结构如图 2-1 所示。

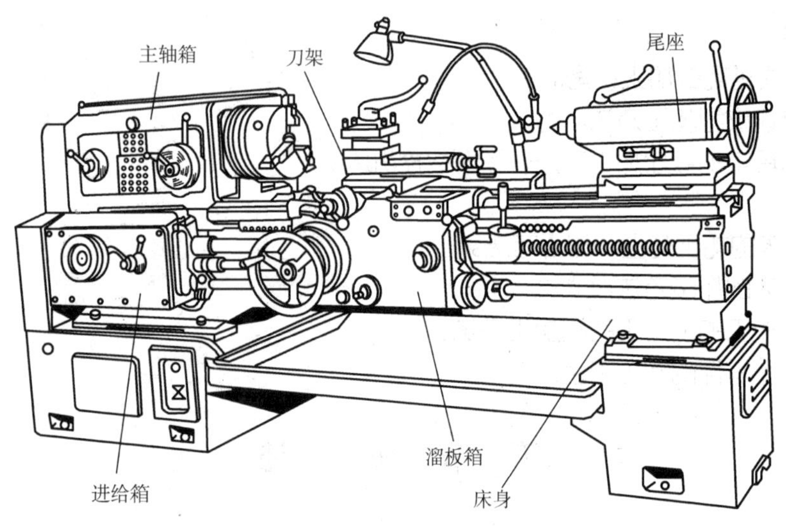

图 2-1 CA6140 型卧式车床简图

车床是机械制造业中使用最广泛的一类机床，主要组成部件有进给箱、溜板箱、主轴箱和尾座、床身以及刀架等。车床主要用于加工轴、盘、套和其他具有回转表面的工件，在车床上除使用车刀外，还可用钻头、扩孔钻、铰刀、丝锥、板牙和滚花等工具进行相应的加工。主轴转速和进给量的调整范围大，能加工工件的内外表面、端面和内外螺纹。这种车床主要由工人手工操作，生产率低，适用于单件、小批量生产。

根据车床的主轴位置、刀架形式、控制方式等划分，车床还有仿行车床、卧式车床、立式车床、转塔车床、回转车床、专门车床、半自动和自动车床以及数控车床等种类和形式。

仿形车床能仿照样板或样件的形状尺寸，自动完成工件的加工循环，适用于形状较复杂的工件的小批量和成批生产，生产率比卧式车床高 10 ~ 15 倍。有多刀架、多轴、卡盘式、立式等类型。靠板靠模仿形车床如图 2-2 所示。

另外，立式车床的主轴垂直于水平面，工件装夹在水平的回转工作台上，它和卧式车床相比较，在加工套类、壳体类零件时有较大的优势。适用于加工尺寸较大、难以在卧式车床上安装的工件。专门车床是用于加工某类工件的特定表面的车床，如曲轴车床、凸轮轴车床、车轮车床、车轴车床等。联合车床由于附加了一些特殊部件和附件，可进行镗、铣、钻、插、磨等多种机械加工工作，很适宜工程车或移动修理站的修配工作。

2. 车削加工应用

车削加工一般是作为回转体零件的内、外表面的中间加工过程，或是最终加工过程。精

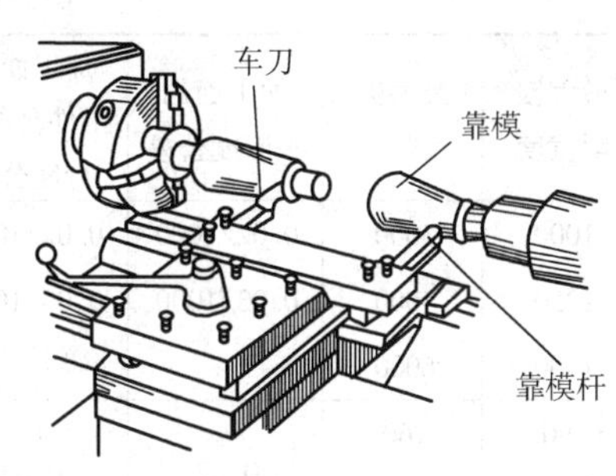

图 2-2 靠板靠模仿形车床示意图

车的尺寸精度可达到 IT6 ~ IT8 级，表面粗糙度为 R_a1.6 ~ 0.8μm。主要用于加工内、外圆表面，端面或是进行螺纹加工。车削加工除了作一些常规加工外，在模具制造中用于圆柱销、拉杆、定位销等零件，以及标准导柱和导套，圆形凸、凹模的加工，还经常进行特殊的车削加工。

二、刨削加工

1. 定义

刨床是指用刨刀加工工件表面的机床。机床在水平方向的运动是主运动。

2. 刨削的工艺特点

1）主要用于各种平面（窄小面、垂直面、斜面等）、纵向成形平面以及沟槽（燕尾槽、T 形槽等）等表面的加工。

2）由于刨刀属于单刃切削刀具，需要经过多次行程才能完成加工。工件随工作台相对于刀具作横向间歇直线运动。另外，刨床在工作中有空行程，延长了加工时间。刨削加工属于断续切削，惯性力大，切削进给速度不能过高，导致刨床的生产率较低，在成批生产中的应用就受到了一定的限制。

3）表面的加工精度可达到 IT10 级，表面粗糙度为 R_a1.6μm。

3. 刨床的应用范围

应用范围主要包括：单件小批量的生产；维修车间。特别是应用于宽刃刀具加工窄长平面和沟槽的时候，加工效率明显提高。

刨削的加工范围和表面粗糙度见表 2-1。

表 2-1 刨削加工的经济精度与表面粗糙度 （单位：mm）

刨床	最大刨削宽度	最大刨削长度	加工面的平面度公差	加工面对工件台的平行度公差	上、侧面的垂直度公差	尺寸精度	表面粗糙度 R_a/μm	适用范围
龙门刨床	1000	3000	0.02/1000	0.02/1000	0.02/300	IT7 ~ IT9	1.6	加工床身、机座、支架、箱体等尺寸较大的工件和大型模板
	1250	4000	0.03/1000	0.03/1000	0.02/300			
	1600	6000						
	2500	12000						
	3000	15000						

（续）

<table>
<tr><th>刨床</th><th>最大刨削宽度</th><th>最大刨削长度</th><th>加工面的平面度公差</th><th>加工面对工件台的平行度公差</th><th>上、侧面的垂直度公差</th><th>尺寸精度</th><th>表面粗糙度 $R_a/\mu m$</th><th>适用范围</th></tr>
<tr><td rowspan="3">悬臂刨床</td><td>1000</td><td>3000</td><td>0.02/1000</td><td>0.02/1000</td><td rowspan="3">0.02/300</td><td rowspan="6">IT7 ~ IT9</td><td rowspan="6">1.6</td><td rowspan="3">当工件宽度超出工作台宽度较多时，宜加辅助导轨和工作台</td></tr>
<tr><td>1250</td><td>4000</td><td>0.03/1000</td><td>0.03/1000</td></tr>
<tr><td>1500</td><td>6000</td><td></td><td></td></tr>
<tr><td rowspan="2">牛头刨床</td><td>190
350</td><td>160
350</td><td>0.02</td><td>0.02</td><td>0.01</td><td rowspan="3">加工中小型工件的平面和沟槽等</td></tr>
<tr><td>500
600</td><td>500
650</td><td>0.025</td><td>0.03</td><td>0.02</td></tr>
<tr><td>液压牛头刨床</td><td>750</td><td>900</td><td>0.03</td><td>0.04</td><td>0.03</td></tr>
<tr><td>移动式牛头刨床</td><td>1400</td><td>3000</td><td>0.03/300</td><td>0.06/300</td><td>0.03/300</td><td>IT8 ~ IT10</td><td>3.2</td><td>加工的工件尺寸较大，而加工面尺寸小，且较分散</td></tr>
</table>

4. 刨削加工的特点

1）刨床的结构简单，便于调整，刨刀制造和刃磨较容易。

2）刨削加工时，是直线往复运动，限制了切削速度的提高，而且空行程又明显地降低了刨床的切削速率。因此，刨削加工生产率较低。

3）生产成本较低。

4）加工制件的精度不高，加工质量中等。一般来说，刨削加工切削速度较低，有冲击和振动现象，导致其加工质量中等。

但刨床通用性好，换刀方便，可以在一次装夹中加工几个不同的表面，可以利用机床精度保证加工表面之间的位置精度。另外，刨削大平面时没有接刀痕，表面质量较好。

5. 仿形刨削

所谓的仿形刨削，是指在专门的仿形刨床上对模具的凸模进行的精加工，如图 2-3 所示。仿形加工之前，先对模具的凸模毛坯在车床、铣床或是刨床上进行预处理加工，然后，在凸模的半成品上按照加工图样进行划线，划出凸模的轮廓，将其置于铣床上加工凸模轮廓，单面留 0.2 ~ 0.3mm 的精加工余量，最后在仿形刨床上进行精加工。凸模加工完成后需要进行热处理，之后还需要研磨和抛光工作表面。

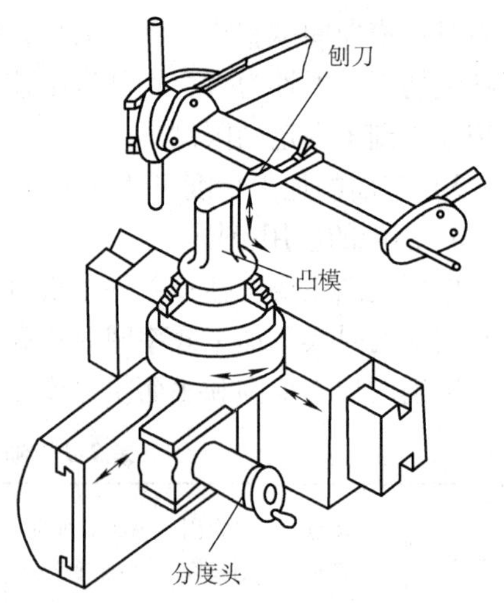

图 2-3　仿形刨削加工示意图

三、铣削加工

1. 定义

铣床是指用铣刀在工件上加工各种表面的机床。铣刀旋转是主运动，工件或是铣刀移动是进给运动。

2. 铣削加工特点

1）生产率较高。铣床的铣削速度较高，工作中没有空行程。而且，铣刀属于多刃刀具，多个刀齿都进行切削加工，所以铣床的生产率通常比刨床要高得多。

2）一般来说铣床的加工成本较高。铣床结构复杂，铣刀的制造和刃磨比较困难。

3）铣刀每个刀齿的切削过程是断续的，每个刀齿的切削厚度是在不断变化的，当切削刃切入与切出的瞬间，进行切削的刀齿齿数有增、减变化，如此周期性的变化容易引起机床振动，切削力发生波动，从而减低了机床加工的精度和工件表面的质量，使加工的制件加工质量中等。若此种振动的频率和工艺系统存在的固有频率相同而产生共振，还会导致机床或是刀具的损坏。

4）适用范围广。由于铣刀的类型多，铣床的附件也较多，特别是分度头和同转工作台的应用，使得其加工范围极为广泛。

3. 铣床的分类

卧式升降台铣床，主轴与水平面平行，用周铣法，主要用来铣平面、台阶面、沟槽以及多齿零件等；立升降台铣床，可用周铣亦可用端铣。

在模具零件的铣削加工中，应用最广泛的是立式铣床和万能升降台铣床（图 2-4）的立铣加工。主要加工对象是各种模具的型腔和型面表面，其加工精度可达 IT10 级，表面粗糙度为 $R_a1.6\mu m$。当选用高速、小用量的铣削方法时，工件精度还可达 IT8 级，表面粗糙度为 $R_a0.8\mu m$。铣削时，留 0.05mm 的后续加工余量，经过模具钳工修光修整，即可得到图样技术所要求的型腔。

当型腔或型面的精度要求高时，铣削加工仅作为中间的加工工序进行，铣削后，需要用成形磨削或应用特种加工方法，如电火花加工等方法进行表面的精加工。

4. 铣削加工方式

铣削工件平面的方式有顺铣和逆铣，周铣和端铣，对称铣和不对称铣。

5. 仿形铣床

仿形铣床加工模具型腔和型面表面的效率很高，其粗加工效率相当于电火花加工效率的 40 ~ 50 倍，尺寸精度可达到 0.05mm，表面粗糙度为 $R_a6.3 \sim 3.2\mu m$。图 2-5 所示为机械式立体仿形的工作原理，图 2-6 所示为数控仿形铣床。

四、磨削加工

1. 概述

磨床是指用磨具（砂轮、砂带、磨石、研磨料等）或是磨料（可分为天然和人工制造两种）加工工件各种表面的机床。磨削时，由于所采用的刀具（磨具）与一般金属切削所采用的刀具不同，且切削速度很高，因而磨削机理和切削机理就有很大的不同。通常，磨具的旋转为主运动，工件或磨具的移动为进给运动。

磨床广泛应用于工件的精加工中，随着对零件工作表面精度要求的不断提高，磨床在金属切削机床中所占的比例越来越大。磨削常用于加工淬硬钢、耐热钢及特殊合金材料等坚硬材料。一般用于半精加工和精加工，加工精度可达 IT5 ~ IT6 级，表面粗糙度可达到 $R_a1.25 \sim 0.01\mu m$，镜面磨削时可达 $R_a0.04 \sim 0.01\mu m$。

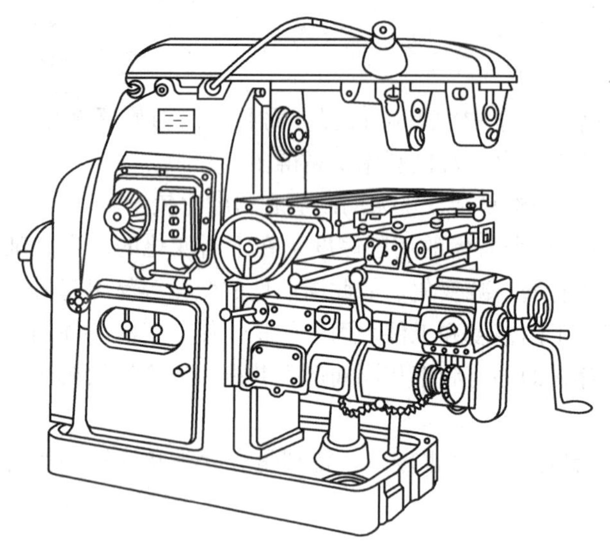

图 2-4　万能升降台铣床

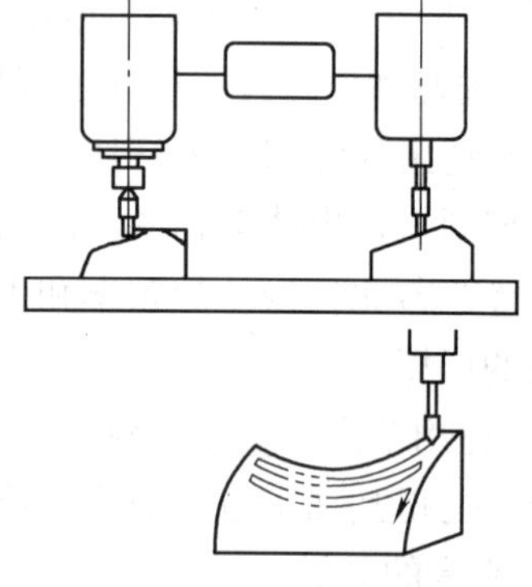

图 2-5　机械式立体仿形工作原理图

磨削的加工余量可以很小，在毛坯预加工工序如模锻、模冲压、精密铸造的精确度日益提高的情况下，磨削加工已经成为直接提高工件表面精度的一种重要的机械加工方法。由于各种各样的机械产品越来越多地采用成形表面，成形磨削和仿形磨削得到了越来越广泛的应用。

2. 磨床种类

磨床的种类很多，包括无心磨床、外圆磨床、端面外圆磨床、曲轴、凸轮轴磨床、内圆磨床、平面磨床、花键轴磨床、工具磨床、曲线仿形磨床、弹簧、活塞环端面磨床、导轨磨床，其他专用磨床包括拉刀刃磨床、车刀刃磨床、钻头刃磨床、滚刀刃磨床、铣刀盘刃磨床、锯片刃磨床、扳牙磨床、卡规磨床、硬质合金刀片刃磨床。

3. 坐标磨床加工

（1）加工工艺范围　坐标磨削是高精度磨削加工的一种方法，可以利用准确的坐标进行孔定位，实现精密加工，用高速旋转的砂轮为刀具对零件的表面进行加工，不仅能加工圆孔，还能加工非圆孔；不仅能加工内成形表面，也能加工外成形

a)

b)

图 2-6　数控仿形铣床

表面。主要用于对淬火件和高硬度零件的精加工。坐标磨床分为立式、卧式两种。有的具有大功率磨头，可以代替部分坐标镗床、加工中心等的工作。目前，坐标磨床已广泛地应用于模具加工中。

（2）磨削方法　利用坐标磨床加工，在磨削之前应先对工件进行定位并找正后，才能进行工作。坐标磨床可以进行多种加工，如内圆磨削、外圆磨削、平面磨削、锥孔磨削、沉孔磨削以及异型孔磨削等加工。

1）内孔磨削：利用砂轮高速回转、行星运动和轴向直线往复运动，即可进行内孔磨削，如图2-7所示。利用行星运动直径的增大实现径向进给，扩大磨孔的直径。

因为是磨削内孔，砂轮直径受到孔直径的限制，当磨削小孔时，砂轮直径取孔直径的3/4即可。但当孔直径大于50mm时，砂轮直径又要受到磨头允许安装砂轮最大直径（40mm）的限制，需要进行适当的调整。

砂轮高速回转主运动的线速度，一般比普通磨削的线速度低。行星运动的速度大约是主运动线速度的0.15倍。粗磨时往复运动速度可在0.5～0.8m/min范围内选取；精磨时，往复运动的速度可在0.05～0.25m/min范围内选取。尤其在精加工结束时，要用很低的行程速度。

2）外圆磨削：外圆磨削同样是利用砂轮的高速回转、行星运动和轴向往复运动实现，如图2-8所示。利用行星运动直径的缩小，实现径向进给。

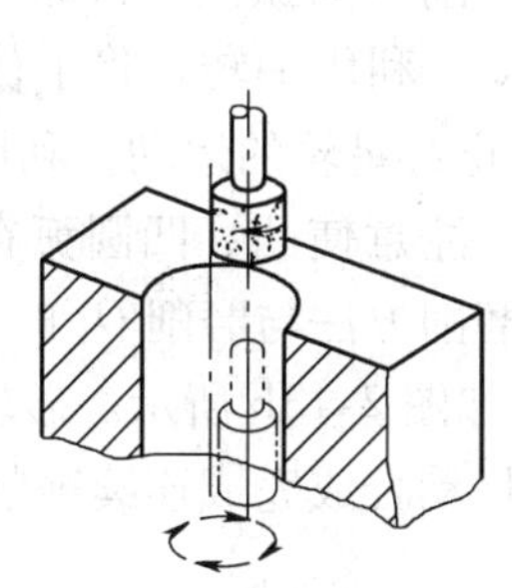

图2-7　内孔磨削

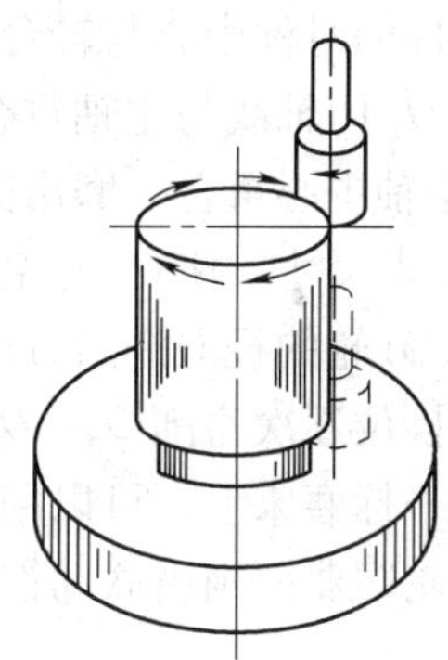

图2-8　外圆磨削

3）平面磨削：平面磨削时，砂轮仅自转而不作行星运动，工作台直线进给，如图2-9所示。平面磨削适合于直线或平面轮廓的精密加工。

4）锥孔磨削：磨削锥孔时，将砂轮修整成所需要的角度。当主轴垂直下降时，砂轮的行星偏心量随之增大，如图2-10所示。

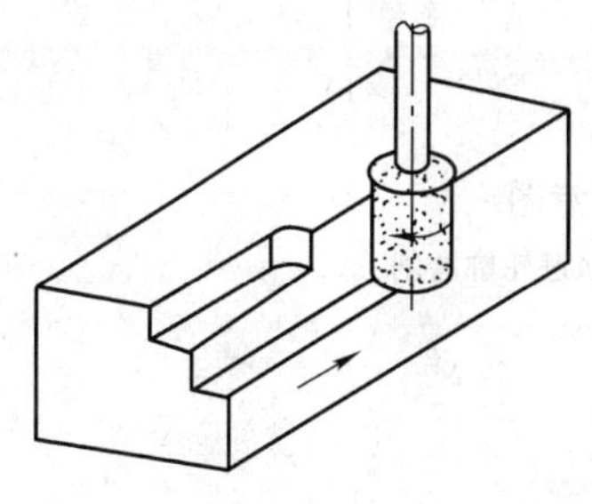

图2-9　平面磨削

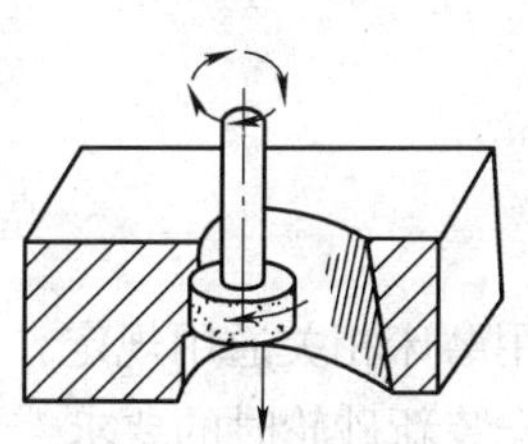

图2-10　锥孔磨削

5）插磨：插磨需要使用专门的磨槽机构，如图2-11所示。磨槽机构的主轴可由电动机单独驱动。砂轮作垂直运动，可磨削侧槽、带清角的内型腔和方孔等。

6）沉孔磨削：沉孔磨削如图2-12所示。按所需的孔径决定行星运动的直径，砂轮主轴旋转的同时，在向下作进给运动，利用砂轮底部的棱边进行磨削。

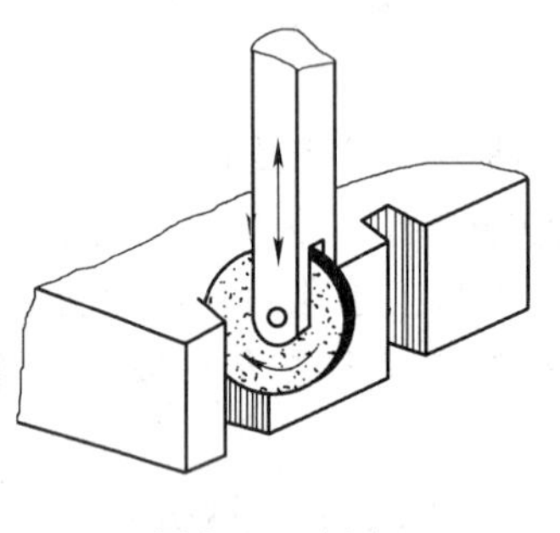

图2-11 插磨

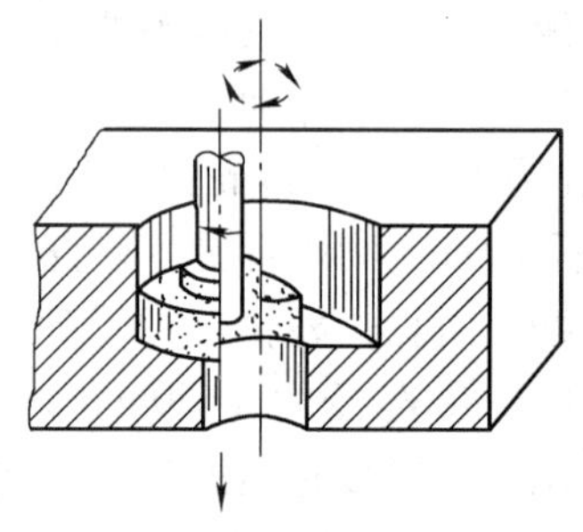

图2-12 沉孔磨削

7）异型孔磨削：对于复杂型孔的磨削加工，可以采用点位控制的方式进行。如图2-13a所示的点位控制轮廓磨削可以采用点位控制方式进行。在普通坐标磨床上加工形状复杂的型孔时，可以采取分段加工的方法。先将平转台固定在磨床工作台上，用平转台装卡工件，经找正使工件的对称中心与转台中心重合。

调整机床孔 O_1 的轴线与主轴重合，用孔磨削方法磨削该圆弧段。再通过调整工作台使工件上的 O_2 与主轴中心重合，磨出圆弧要求的尺寸精度。利用平转台将工件回转180°，磨削 O_3 的圆弧到要求尺寸。使 O_4 与主轴重合，磨削时停止行星轮的运动，利用磨头的摆动来磨削 O_4 的圆弧，砂轮的径向进给方向与磨削外圆相同。注意使凸、凹圆弧在连接处平整光滑。利用平转台换位逐次磨削 O_5、O_6、O_7 的圆弧，其磨削方法与磨削 O_4 时相同。

在连续轨迹坐标磨床上，可以用范成法进行磨削，如图2-13b所示。砂轮沿工件轮廓表面进行磨削，而轮廓曲面则由联动控制的 X、Y 轴向的移动合成完成连续磨削。

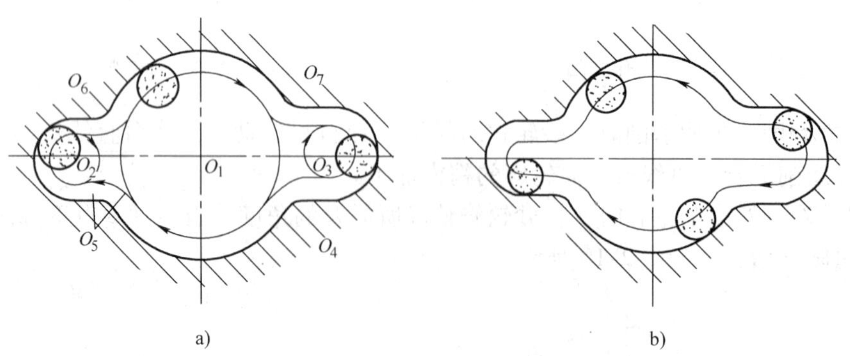

图2-13 异型孔磨削示意图

a）点位控制轮廓磨削 b）连续轨迹轮廓磨削

4. 使用磨床相关通用规定

（1）安装新砂轮时的要求

1）仔细检查新砂轮，如有裂纹、伤痕，严格禁止使用。

2）新砂轮要经过两次静平衡。在安装前平衡一次，装上主轴修正后再拆下，接着平衡一次。应在砂轮与法兰盘间衬入纸垫。均匀拧紧螺钉。

3）安装好新砂轮后，以工作转速进行不低于5min的空运转。

（2）工作前的注意事项　应认真检查砂轮及砂轮罩，确保其紧固可靠。不准开动无砂轮罩的机床。

（3）工作中应注意的问题：

1）每次起动砂轮前，应调整手柄到最低速位置，砂轮座快速进给时将手柄放在后退位置，将液压开停阀放在停止位置。先起动润滑泵或静压供油系统油泵，待砂轮主轴润滑正常、主轴浮起后，才能起动砂轮回转。

2）刚开始磨削时，进给量一定要小，切削速度要慢。

3）砂轮主轴温度超过60°C时必须停机，待温度恢复正常后再工作。

4）不准用磨床的砂轮当作普通的砂轮机一样磨东西。

（4）使用切削液的机床，工作后应将冷却泵关掉，砂轮空转几分钟甩净切削液后再停止砂轮回转。严格按照操作规程进行工作，以免发生意外。

第三节　冷挤压成型

一、冷挤压特点和应用

冷挤压加工是在常温下，将毛坯放入模具模腔内，利用工艺凸模在强大的压力和一定的速度作用下，迫使金属产生塑性变形，从而获得所需形状、尺寸以及一定力学性能的挤压件。型腔冷挤压成型如图2-14所示。冷挤压可以加工各种断面的空心或者实心零件，可用来制造模具的型腔。型腔冷挤压充分利用了金属的塑性变形原理，实现了彻底的少、无切屑加工。它与热锻、粉末冶金、铸造及切削加工相比，主要具有以下优点：

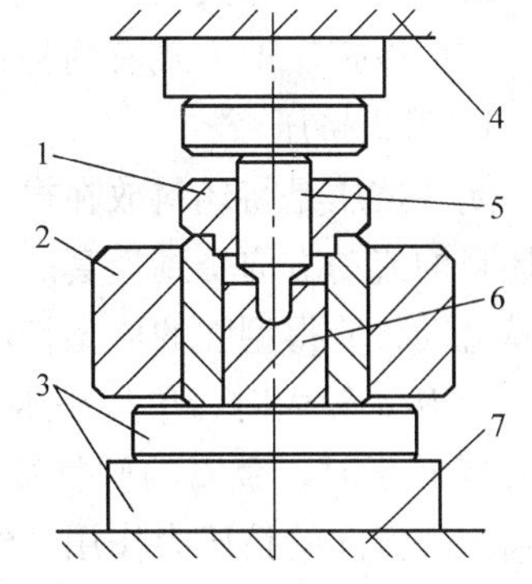

图2-14　型腔冷挤压成型
1—导向套　2—模套　3—垫板
4—压力机上座　5—挤压凸模　6—坯料
7—压力机下座

1. 因在常温下挤压成形，制件质量好、精度高，型腔具有较好的强度，其生产率也很高。

2. 冷挤压属于少、无切削加工，可以节省原材料。

3. 制造周期短，型腔精度高（IT7级），表面粗糙度为R_a0.025μm，强度高，寿命可达50万次，无环境污染。

4. 可以加工其他工艺难于加工的复杂型腔。

5. 一个工艺凸模可以多次使用，型腔一致性好。

二、冷挤压工艺分类

根据金属的挤压流动方向与加压方向（即工艺凸模运动方向）的关系可将冷挤压分为以下几种：

1. 正挤压

金属被挤出方向与加压方向相同。如图2-15a所示为实心件正挤压，图2-15b所示为空心件正挤压。挤压件的断面形状可以是圆形，也可以是非圆形。

2. 反挤压

金属被挤出方向与加压方向相反，如图 2-15c 所示为反挤压形式之一。反挤压法适用于制造断面是圆形、矩形、“山”形、多层圆形、多格盒形的空心件等。

3. 复合挤压

一部分金属的挤出方向与加压方向相同，而另一部分金属的挤出方向与加压方向相反，是正挤和反挤的复合。图 2-15d 所示为其中一种形式。

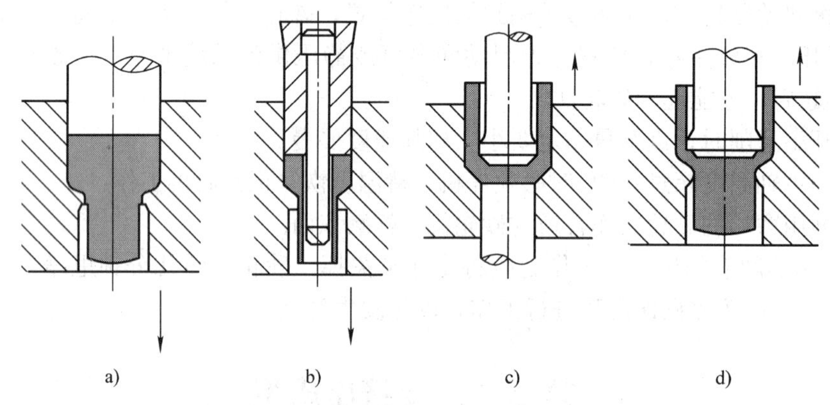

图 2-15　冷挤压方法

a)、b) 正挤压　c) 反挤压　d) 复合挤压

三、冷挤压方式

型腔冷挤压的方式有两种：闭式挤压和开式挤压。

1. 闭式挤压

闭式挤压是将坯料放在模套内，将工艺凸模压入进行挤压加工的，如图 2-16 所示。由于坯料的流动方向受到模套的限制，只能往反方向流动。在工作过程中，金属被迫紧贴工艺凸模流动，使得型腔的成型精度较高。

当 D/d 较大时，单位挤压力降低，主要适用于精度要求较高、深度较大的型腔的制造。当 D/d 较小时，金属的塑性变形程度较大，坯料的高度增加，并同时在模套的反作用下，受到三个方向的挤压力作用，致使工艺凸模与坯料紧密贴合，型腔的精度大大提高。当 $D/d \geqslant 5$ 时，闭式挤压和开式挤压后的形状没有太大的差异。

由于闭式挤压是将工艺凸模和坯料约束在导向套与模套内进行挤压，除使工艺凸模获得良好的导向外，还能防止凸模断裂或坯料开裂飞出。但是，由于金属的塑性变形受到限制，所以工作时需要较大的挤压力。

2. 开式挤压

开式挤压前的准备工作比闭式挤压简单。开式挤压不加模套，坯料在挤压时四周未受限制，如图 2-17 所示。

当 D/d 越小时，这种变形越严重。当 $D/d<2$ 时，金属变形，坯料开裂得无法使用。当 D/d 较大，单位挤压力较大，同时也浪费材料。

被挤压金属的塑性流动，不仅沿工艺凸模的轴线方向，也沿着半径方向，因此，开式挤压只适用于形状简单、加工精度要求不高、型腔较浅的模具型腔。

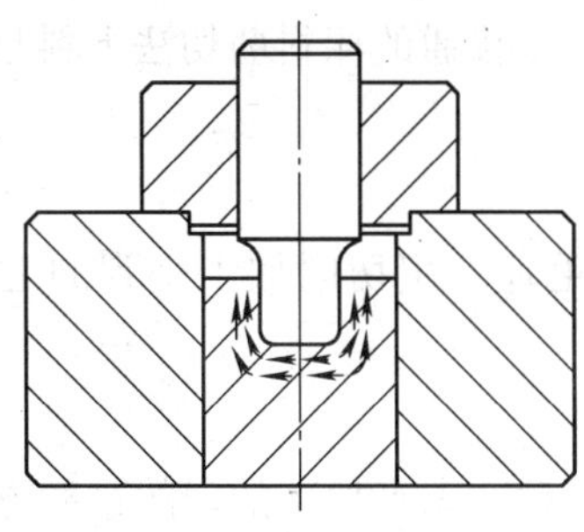

图 2-16　闭式挤压示意图

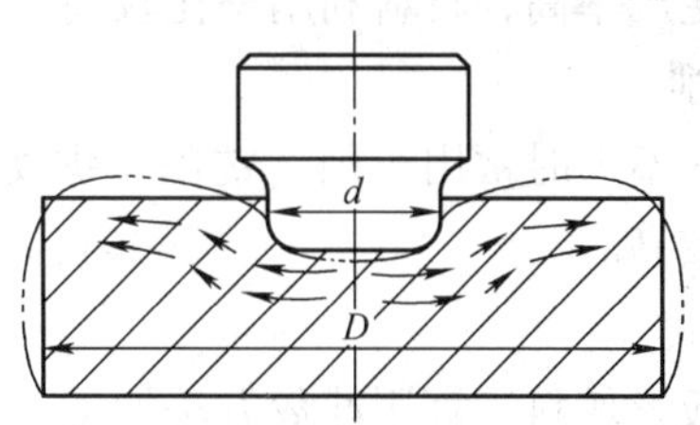

图 2-17　开式挤压示意图

四、冷挤压工艺计算

1. 冷挤压对毛坯的要求

（1）冷挤压毛坯的质量　毛坯表面一般要求表面粗糙度 R_a 在 6.3μm 以下，应保持光洁，不能有裂纹、折叠等缺陷。以免挤压后造成缺陷导致挤压件报废。

（2）冷挤压毛坯的几何形状　毛坯的几何形状应保持对称、规则，两端面保持平行。正挤压采用的毛坯形状如图 2-18所示。实心毛坯用于挤压实心件；空心环状毛坯用于挤压空心制件。如图 2-18c、d 所示两种毛坯是经反挤压预成形制成的，主要用于空心件的正挤压。

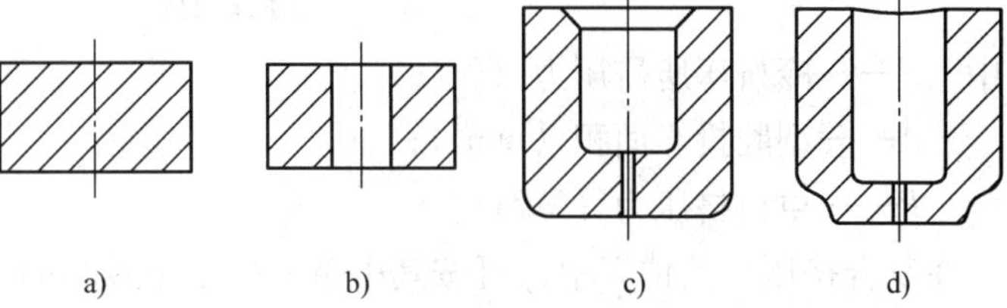

图 2-18　正挤压毛坯形状

a）实心毛坯　b）、c）、d）空心毛坯

2. 毛坯尺寸计算

毛坯尺寸是根据体积不变的条件计算的。如果冷挤压后还要进行切削加工，则计算毛坯体积还应加上修边量，即

$$V_{坯} = V_{件} + V_{修}$$

式中　$V_{坯}$——坯料体积（mm^3）；

$V_{件}$——挤压件体积（mm^3）；

$V_{修}$——修边余量体积（mm^3），一般冷挤压时 $V_{修} = (3\% \sim 5\%)V_{件}$。

毛坯的体积确定后，其高度为

$$H_0 = V_{坯}/F_0$$

式中　F_0——毛坯的横断面积（mm^2）；

H_0——毛坯的高度（mm）；

$V_{坯}$——坯料体积（mm^3）。

五、冷挤压毛坯的加工方法

毛坯的下料方法有很多种，应该根据坯料的工况、尺寸形状、精度要求，材料利用率等因素进行选择。棒料主要用剪切方法，板形坯料主要用冲压分离方法来切割下料。

1. 剪切

剪切下料是在专用的棒料剪切机或冲剪机上进行的。普通的棒料剪切法下料是在冲床上进行的，生产率高，材料利用率比较高。

2. 切削

在批量不大时常用车削、铣削、锯切法加工挤压毛坯。用切削加工得到的毛坯形状规则、质量较高。

3. 冲裁

对于板形坯料，宜用冲裁方法加工。因它是用模具和冲床来加工的，故这种方法生产率高，毛坯平直，但原材料的利用率较低，因为冲裁时有“搭边”浪费。普通冲裁落料有缺陷，要求落料后滚光毛刺和断面，否则会影响到挤压件的表面质量。

六、挤压设备的选择

1. 挤压力的计算

由于冷挤压力很大，确定挤压力是非常重要的。所需压力和挤压的方法、挤压的深度、坯料的性质、尺寸大小等因素都有关系。其计算公式为

$$F = AP$$

式中 F——冷挤压所需压力（N）；

A——型腔投影面积（mm^2）；

P——单位挤压力（MPa）。

在复合挤压力的估算中，可按其中单一挤压中较小的一方进行计算。若复合挤压的某一方挤出的金属受到约束，则挤压力随即向另外一方单一挤压的挤压力过渡，一般采取估算方法进行计算，以选择压力足够的挤压设备。

2. 挤压设备的选用

冷挤压工艺由于所需要的工作运动简单、行程短、单位挤压力大、挤压速度低，所以一般选用结构不太复杂的小型专用油压机作为挤压设备。

选择压力机时要注意以下几点：

1）冷挤压工艺所需的压力应当低于所选择压力机的名义吨位。

2）要求油压机有较好的刚性与导向精度，保证在运动时导向准确。

3）要求工作平稳，可方便地观测到挤压的过程。

4）最好有超载保险装置及顶出装置。

七、冷挤压模的结构

冷挤压模按照其工作性质可以分为正挤压模、反挤压模、复合挤压模等。如图 2-19 所示为导柱式冷挤压模的结构。

冷挤压成形还有一些特殊的要求，具体如下：

1）由于模具在工作时冷挤压力较大，有时可能出现抗压强度超过模具材料的要求，因此，为了使模具能达到设计要求的寿命，对模具材料的要求较高。

2）毛坯一般要进行软化退火和表面磷化处理等。

3）由于冷挤压加工中一般不进行精加工，且加工时坯料发生的变形很大等原因，因此要选用精度高、组织致密、杂质少的坯料。

4）要求设备吨位较大。冷挤压的变形抗力大，单位挤压力可能高达 2500～3000MPa。

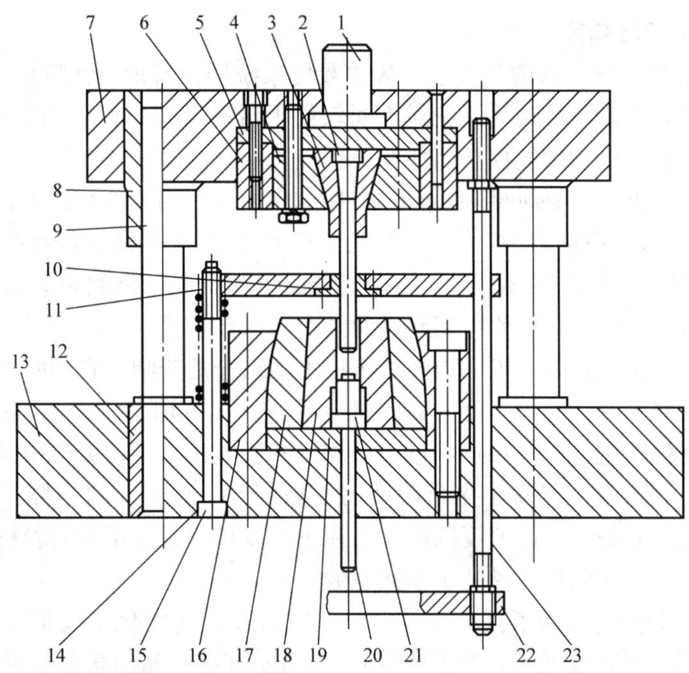

图 2-19　导柱式冷挤压模

1—模柄　2—凸模　3—凸模固定圈　4—压环　5—上压力板　6—固定环　7—上底板　8—导套　9—导柱　10—卸件环　11—卸件板　12—衬套　13—下底板　14—拉杆衬套　15—拉杆　16—外加强圈　17—中加强圈　18—内层凹模　19—*F* 压力板　20—顶杆　21—顶出杆　22—顶板　23—反拉杆

第四节　模具的数控加工

一、数控技术简述

1. 数控技术的基本概念

数控是数字控制的简称，即用数字信息表示机床或刀具的运动参数，将这些数字送入计算机，通过计算机控制机床，使被加工的零件和刀具之间产生符合要求的相对运动，从而实现对零件的加工。

数控技术是用数字信息对机械运动和工作过程进行控制的技术，数控装备是以数控技术为代表的新技术对传统制造产业和新兴制造业的渗透形成的机电一体化产品，即所谓的数字化装备，其技术范围覆盖很多领域：机械制造技术；信息处理、加工、传输技术；自动控制技术；伺服驱动技术；传感器技术；软件技术等。

数控机床是用计算机控制的高效自动化机床，它综合应用了自动控制、计算机技术、精密测量和机床结构等方面的最新成就。数控机床一般由数控系统（计算机和接口电路）、驱动装置（伺服电路和伺服电动机）、主机（床身、立柱、主轴、进给机构等）和辅助装置（液压装置、气压装置、交换工作台、刀具及检测装置等）几部分组成。

2. 数控机床的发展趋势

（1）开放式数控系统　目前，关于开放式数控系统还没有形成国际统一的定义和标准。开放式数控系统的开放性应体现为系统对不同软件平台的可移植性、系统功能的可伸缩性、系统功能模块的可替代性和功能模块间的互操作性。从目前的研究来看，实现开放式数控系统的方式有三种：将 PC（Personal Computer）板卡嵌入到专用数控系统中；将 NC（Numerical Control）板卡嵌入到通用 PC 机中；以及完全基于通用 PC 机的软件数控方式。

（2）并联机床　近年来全球制造业都在积极探索和研究新型制造装备，其中具有突破性进展的机床当属 20 世纪 90 年代中期问世的并联机床。

并联机床实质上是机器人技术和数控机床技术相结合的产物，它同时兼顾了机器人和机床的诸多特性，是集多种功能于一身的新型机电设备。具有加工能力强、环境适应能力强、集成化、便于进行模块化设计等特点。目前，部分并联机床已经在生产中得到应用。

（3）高精度、高速度　尽管十多年前就出现高精度、高速度的趋势，但是科学技术的发展是没有止境的，高精度、高速度的内涵也在不断变化。目前正在向着精度和速度的极限发展，其中进给速度已达到每分钟几十米甚至数百米。

（4）智能化　智能化是为了提高生产的自动化程度。智能化不仅贯穿在生产加工的全过程（如智能编程、智能数据库、智能监控），而且贯穿在产品的售后服务和维修中。即不仅在控制机床加工时数控系统是智能的，而且在系统出了故障时，诊断、维修也都是智能的，对操作维修人员的要求降至最低。

（5）软硬件的进一步开放　数控系统在出厂时并没有完全决定其使用场合和控制加工的对象，更没有决定要加工的工艺，而是由用户根据自己的需要对软件进行再开发，以满足用户的特殊需要。数控系统生产商不应制约用户的生产工艺和使用范围。

（6）PC-NC　PC-NC 正在被更多的数控系统生产商采用。它不仅有开放的特点，而且结构简单、可靠性高，但是作为发展方向似乎并未被普遍认同。此外，由于将来向着超精密和超高速的极限发展，对动态实时检测和动态实时误差补偿要求很高，因此它也不一定是发展方向。不过，目前作为一个发展分支还是一种趋势。

（7）柔性制造系统（Flexible Manufacturing System，缩写为 FMS）　柔性制造系统是以数控机床为基础发展起来的一种高效率、多品种、小批量生产的制造系统，如图 2-20 所示。随着经济的发展和人们消费水平的提高，中、小批量和多品种的工业生产已成为近几年来机械制造业的一个特征，同时也是一个发展的趋势。

柔性制造系统其实是一种高效率、高精度、高柔性的加工系统。所谓柔性，就是指没有一种固定的加工顺序，能够实现自动在线完成各种生产加工任务的功能。柔性制造系统是由计算机中心管理系统和输送系统连接起来的一组加工设备。它不但能实现信息流、物料流和加工过程的自动化，还能在一定范围内完成由一种零件加工到另一种零件加工的自动转换。简单地讲，柔性制造系统就是一种可利用计算机网络工程来实现机械自动化加工生产的流水线系统。

综上所述，机床的数控化是从 20 世纪 80 年代以来形成的机床发展的主流。近几十年来，机床借助于微电子、计算机技术的迅速发展，正向着高精度、多功能、高速化、高效率、复合加工、智能化加工等方向不断推进。

3. 数控机床加工的特点

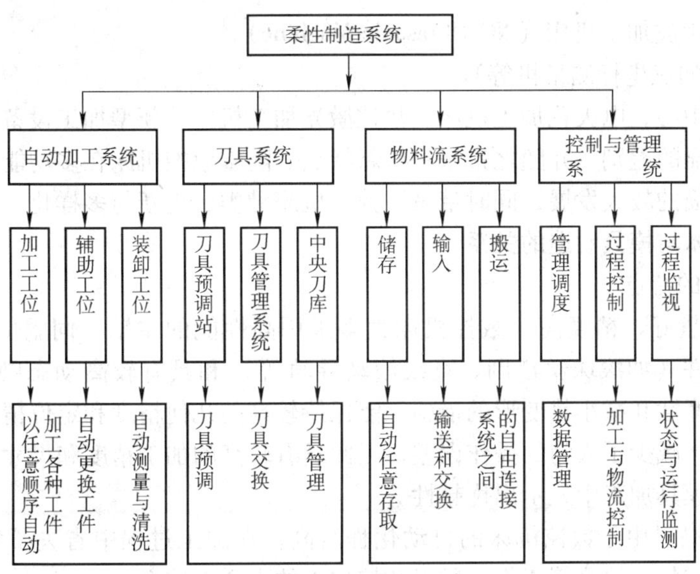

图 2-20　柔性制造系统

1）生产率和加工精度高，加工质量稳定。

2）能适应不同零件的自动加工。

3）能高效优质地完成复杂型面零件的加工。

4）数控机床是一种高技术的设备。虽然数控机床的价格较高，而且要求具有较高技术水平的工人来操作和维修，但是使用数控机床的经济效益还是很可观的。

4. 数控机床的种类

数控机床是在普通机床的基础上发展起来的。各种类型的数控机床基本上起源于同类型的普通机床。数控机床按工艺用途的分类大致如下：

1）数控车床（NC Lathe）。

2）数控铣床（NC Milling Machine）。

3）加工中心（Machine Center）。

4）数控钻床（NC Drill Press）。

5）数控镗床（NC Boring Machine）。

6）数控齿轮加工机床（NC Gear Cutting Machine）。

7）数控平面磨床（NC Surface Grinding Machine）。

8）数控外圆磨床（NC External Cylindrical Grinder Machine）。

9）数控轮廓磨床（NC Contour Grinding Machine）。

10）数控工具磨床（NC Tool Grinding Machine）。

11）数控坐标磨床（NC Jig Grinding Machine）。

12）数控电火花加工机床（NC Die Sinking Electric Discharge Machine）。

13）数控线切割机床（NC Linear Cutting Machine）。

14）数控激光加工机床（NC Beam Machining）。

15）数控冲床（NC Punching Press）。

16）数控超声波加工机床（NC Ultrasonic Machine）。

17）其他（如三坐标测量机等）。

其中，加工中心、电火花加工机床、数控激光加工机床等新型加工设备，与传统上的普通机床有着很明显的差别，并随之带来一些新特点。随着数控机床在多功能、高精度、良好的加工能力等方面的较大发展，同时带来了数控机床种类的更新与多样化。

二、数控技术与模具制造的关系

1. 数控加工的特点

（1）加工质量好、精度高　数控机床大多采用高性能的主轴、伺服传动系统，高效、高精度的传动部件（如滚珠丝杠副、直线滚动导轨等）和具有较高动态刚度的机床结构，采取提高机床耐磨性和减小热变形的措施，能保持较高的几何精度和定位精度。由于数控机床采用自动加工，减少了人为的操作误差，因此具有较高的加工精度和尺寸一致性，尤其在复杂成形表面的模具加工中显示出优越性。

（2）生产率高　由于数控机床的自动化程度高，在加工过程中省去了划线、夹具设计制造、多次装夹定位、检测等工作，所以数控加工的生产率较高。

（3）便于实现生产管理和加工的现代化　用数控机床加工，能准确计划零件加工工时，简化检验工作，减轻工夹具管理，加工质量易保证。数控机床加工使用数字信号和标准代码输入，最宜与计算机连接，因此数控加工是实现计算机控制与管理的基础，也是实现模具CAD/CAM不可缺少的重要环节。

（4）自动化程度高　在数控机床上加工零件，整个加工过程都是由数控系统按照加工程序控制机床的运动部件自动完成，操作者只需要按操作按钮和观察加工过程是否正常。

（5）适应性强　数控机床实现加工的过程是由程序控制的。当要加工某一零件时，先要按零件图上的尺寸、形状和技术要求编写出加工程序，然后送入数控系统的计算机中。当被加工对象发生变化时，在更换刀具和夹具后，只需按照新对象的要求编写新的加工程序即能实现加工。因此，数控机床的加工范围广，能节省很多的专用夹具，特别适用于单件小批量加工。

（6）易形成网络控制　可以用一台主计算机通过网络控制多台数控机床，也可以在多台数控机床之间建立通信网络，因而有利于形成计算机辅助设计、生产管理和制造一体化的集成制造系统。

2. 数控加工的经济性

（1）缩短模具生产周期、加快新产品开发　用传统方法加工模具，由于加工精度低，在模具装配中耗费较多的时间反复进行修正和调整。数控加工提高了零件的加工质量，就大大缩短了模具生产周期及试模后的调整时间。在数控加工中可以省去或减少了样板和模型的制作，在加工中实现自动化而节省了辅助生产时间，这都有利于模具生产和新产品的开发。

（2）为生产高质量的模具奠定了基础　采用数控机床为加工高精度、高效率、高寿命的模具提供了物质保证，同时减少了对手工加工的依赖性。从而大大改善了我国模具工业的现状，使其更好地为国家经济建设服务。

当然，应用数控加工方法也存在着数控机床价格高、技术复杂、对机床的维护与编程技术要求高等缺点。为了充分利用数控机床的高性能和高效率的优点，必须切实解决好零件加工程序的编制、刀具的供应和调整、维护维修人员的培训等一系列问题。此外，数控机床不适合加工形状简单、技术要求低、毛坯余量不均匀的零件。

数控加工技术作为先进生产力的代表，在汽车、模具、航空航天、机械电子等制造领域发挥着重要的作用，在科研和生产上极大地促进了生产力的发展。数控加工技术的应用从整体上改善了传统制造业的发展面貌。数控技术作为引进多年的先进制造技术，其技术含量很高，涉及多方面的内容，包括数控加工编程的快速高效化、空间自由曲面多轴联动加工、难加工材料的切削、高速切削的应用、数控工艺程序编制的规范化与标准化等方面。

三、模具的数控加工

1. 冲模中典型零件的数控加工

冲模的种类很多，我们仅以冲裁模为例。冲模按单件、多品种方式生产，特别适合于数控加工，当零件不同时可仅仅改变加工程序就能够完成加工，大大减少了辅助时间，对专业化模具生产厂家来说，可以大大提高生产率。当然，冲裁模中一些并不复杂的零件，可以在一般机床上加工。冲裁模的加工经常采用“配作”的方法，即以加工好的其中的一个零件作为基准件，配作加工另一个零件来保证零件之间相对位置或配合精度要求。同时，为了降低加工成本，加工过程中一般采用通用夹具和刀具，由划线和试切法来保证尺寸精度。模具零件的毛坯一般采用铸造、锻造或购买标准模板。另外，同一工序的加工往往集中的内容较多，工艺编制时也往往只编制简单的综合工艺过程卡片。

（1）冲模生产具有成套性　冲模生产的成套性包括两个方面：一方面是冲模零件的成套性；另一方面是冲压工序的成套性。冲模零件的成套性，就是根据冲模的标准化、系列化设计，使冲模坯料成套供应，这一点对于专业化模具生产厂家来说，又具有成批生产的性质，如果采用数控加工是可以大大提高生产率的。目前对于较复杂的零件来说，数控加工是最理想的加工方式。冲模各零部件的备料、锻、车、铣、刨、磨等初次及二次加工成套地制造和交付使用，并由生产管理部门专人负责管理，最后由钳工修整并按装配图进行装配、试冲、调整，直至冲出合格的冲压件来。冲压工序的成套性是指一个冲压件需要多工序、多套冲模来成形时，在加工和调整中必须保持工序的成套性，即各道工序的冲模应由一个调整工或调整组负责按工序顺序进行调整，直至冲出合格冲压件为止。

（2）典型零件的数控加工　冲模中最重要的零件是凸模和凹模。冲裁模凸模的机械加工主要采用车削和磨削。对于专业化生产厂家来说，采用数控车削加工和磨削加工的情况较多。对于结构比较复杂的，经常采用多轴联动的方式进行数控加工。

如果采用数控加工，首先要分析加工工艺路线，确定工艺参数等，然后编制出数控加工程序，将程序输入数控装置，进行调试，调试好后就可以加工出合格的零件。

图2-21所示是落料凹模，其形状由两段圆弧和两段直线组成。如果采用一般机械加工方式，是很难达到要求的，如果采用数控加工，那么就比较方便了。它可以把凹模型孔的直线和圆弧部分一次性加工完成，从而保证型孔的形状精度。对于这种型面的加工，可以采用数控铣削加工的方式完成。同样，首先还是要分析加工工艺路线，确定工艺参数等，然后编制出数控加工程序。将程序输入数控装置，进行调试，调试好后就可以加工出合格的零件。

2. 塑料成型模具及其典型零件的数控加工

（1）塑料成型模具的结构简介　注射模是塑料成型模具的一种，我们以它为例来研究塑料成型模具的加工问题。注射模主要用来成型热塑性塑料，它包括定模和动模两部分。定模安装在注射机的一定模板上，动模安装在注射机的动模板上，动模可随动模板的移动实现模具的开合。闭合后，注射机即向模具注射熔融塑料，待制品冷却定型后模具打开，顶出机

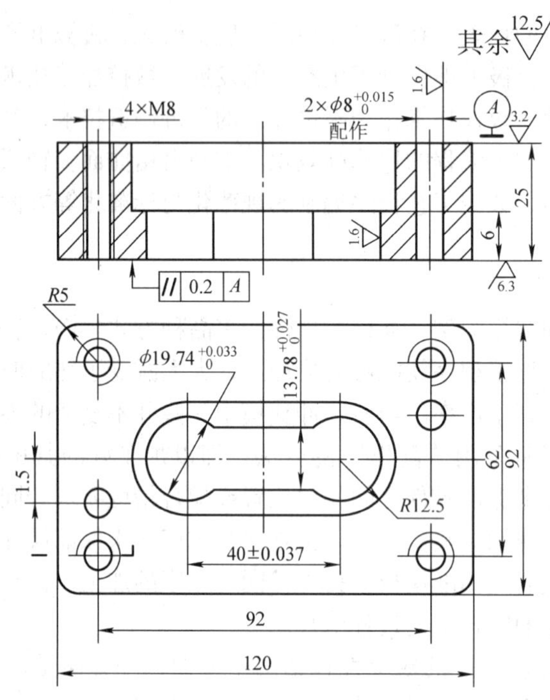

图 2-21　落料凹模

构将制品推出，即完成一个生产周期。

注射模一般由成型零件、浇注系统、分型与抽芯机构、导向零件、顶出机构、加热和冷却装置、排气系统及支承与紧固零件组成，因此它的结构比较复杂。

图 2-22 所示是一副单分型面注射模。注射模型腔结构比较复杂，构成模具型腔的零（部）件往往是由若干空间曲面构成的。因此，采用一般的机械加工方式来制造塑料成型模具的型腔零件，很难保证其型面精度。目前，一般加工复杂的空间型面大多采用数控加工的方式来完成。

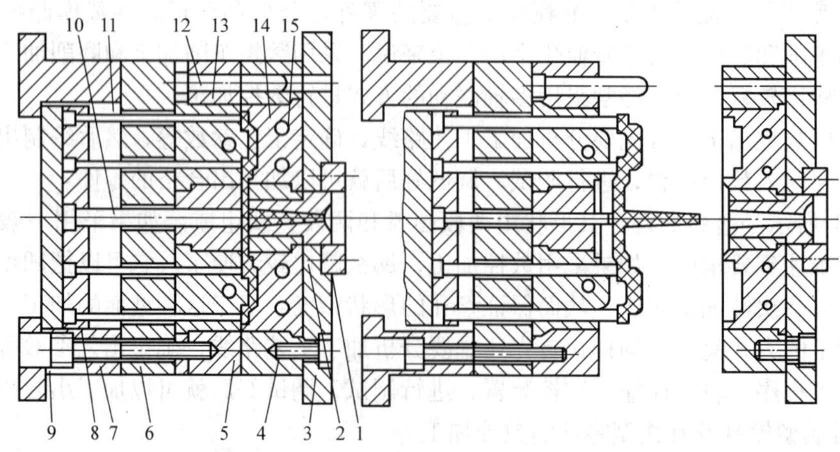

图 2-22　单分型面注射模

1—定位环　2—浇注套　3—定模座板　4—定模板　5—动模板　6—支承板　7—支架　8—推杆固定板　9—推板　10—拉料杆　11—推杆　12—导柱　13—型芯　14—凹模　15—冷却水通道

塑料模具的工作条件是比较差的。热固性塑料模具的工作温度一般在160～250℃，模腔承受的压力为30～200MPa，工作中型腔面与流动粉料间发生摩擦，使型腔面易磨损，并承受一定的冲击负荷和腐蚀作用。热塑性塑料模具的工作温度一般在150℃以下，承受的工作压力和摩擦力较热固性塑料模小，当成型聚氧乙烯、氟塑料及阻燃的ABS塑料制品时，会分解出HCl、SO_2、HF等腐蚀性气体，对模具型腔面产生较大的腐蚀。

（2）典型零件的数控加工　上面已经讲过，由于塑料模具的型腔面大多是由空间曲面组成的，其结构复杂，模具材料的加工较一般材料的加工难度较大，且对机械加工精度要求高。首先，为了减小加工难度，有些模具的型腔采用镶块式结构，有些采用整体式结构，但不管采用哪种结构，为了保证型腔的型面精度，加工出空间轮廓，大多情况下采用数控加工的方式。对于复杂的型腔零件往往要采用多轴联动的数控机床来完成机械加工。同时，在确定工艺参数和选择加工刀具时，应充分地考虑模具材料的切削加工性能。

3. 压铸模及其典型零件的数控加工

（1）压铸模结构简介　压铸模的结构取决于所选压铸机的种类、压铸件的结构要求和生产批量等因素。压铸机的种类有热室压铸机、立式冷室压铸机和卧式冷室压铸机等，因此有热室压铸机用压铸模、立式冷室压铸机用压铸模和卧式冷室压铸机用压铸模之分，但任何一副压铸模都是由定模和动模两个部分组成。定模固定在压铸机的固定模板上，与压铸机的压射部分相连接，动模固定在压铸机的移动模板上，可随移动模板移动，从而完成开模与合模动作。

（2）压铸模典型零件的数控加工　压铸模与塑料成型模的结构相似，它的型腔形状也比较复杂，在加工中常采用数控加工。对于圆形型芯，一般采用车削和磨削的加工方法；对于精度要求高、内部结构形状复杂的型腔，常采用数控电火花加工，其工艺路线为毛坯加工→淬火处理→用成形电极电火花加工→低温处理→研磨抛光；对于组合镶块和型孔镶块以和非圆形型芯的加工，一般采用数控线切割加工，其加工工艺路线为毛坯加工→淬火→磨定位面、安装面→线切割加工直通镶孔或镶块。

四、数控加工机床

1. 数控车床

（1）数控车床的用途及其分类

1）数控车床的用途：数控车床与车床一样，也是用来加工轴类或盘类的回转体零件。由于数控车床可以自动完成零件各道工序的切削加工，因此数控车床特别适合于加工形状复杂的轴类或盘类零件。

2）数控车床的分类：

① 按数控系统的功能分类：可分为经济型数控车床、全功能数控车床、车削中心和FMC车床。

② 按主轴的配置形式分类：可分为卧式数控车床和立式数控车床。卧式数控车床的主轴轴线处于水平位置；立式数控车床的主轴轴线处于垂直位置，并有一个直径很大的圆形工作台，供装夹工件用。

③ 按加工零件的基本类型分类：可分为卡盘式数控车床和顶尖式数控车床。卡盘式数控车床没有尾座，适于车削盘类零件。而顶尖式数控车床装有普通尾座或者数控尾座，适合车削较长的轴类零件及直径不太大的盘、套类零件。

（2）数控车床的组成　数控车床如图 2-23 所示。数控车床的组成和布局直接影响它的使用性能。

图 2-23　数控车床

数控车床一般由主机、数控装置、伺服驱动系统、辅助装置等几个部分组成。其中，主机包括床身、主轴箱、刀架、尾座、进给机构等，属于数控车床的机械部分；数控装置控制数控车床系统的运行，它是数控机床控制的核心部分；伺服驱动系统是数控车床切削工作的动力部分，主要包括主轴电动机和进给伺服驱动装置；辅助装置是数控车床的一些配套部件，包括液压、气压装置及冷却系统、润滑系统和排屑装置等。数控车床刀架位置如图2-24所示。

图 2-24　数控车床刀架位置示意图

（3）数控车削加工工艺流程

1）分析零件图样，确定加工工艺路线。

① 分析零件形状的几何要素、位置精度、表面粗糙度要求等。

② 分析零件的尺寸精度要求，以确定控制尺寸精度的车削工艺手段。

2）确定毛坯。考虑被加工零件的结构性质和外形尺寸要求，选择最合理的毛坯。

3）装夹刀具。

4）编写程序。

5）模拟试运行，确定程序正确。

6）安装工件（工件伸长10～15mm）。

7）对刀（确定几何补偿和磨损补偿）。

8）调出程序，光标在程序前端。

9）检查各按钮位置是否正确，主轴倍率应在100%处。

10）执行程序，进行加工。

（4）典型代码指令的解释

1）G00：快速点定位。

① 格式：G00 X_ Z_ 。

这个命令把刀具从当前位置移动到命令指定的位置（在绝对坐标方式下），或者移动到某个距离处（在增量坐标方式下），如图2-25所示。

② 举例：N10 G0 X110 Z40。

2）G01：直线插补。

① 格式：G01 X（U）_ Z（W）_ F_ 。

X，Z——要求移动到的位置的绝对坐标值；

U，W——要求移动到的位置的增量坐标值。

直线插补以直线方式和命令给定的移动速率，从当前位置移动到命令位置，如图2-26所示。

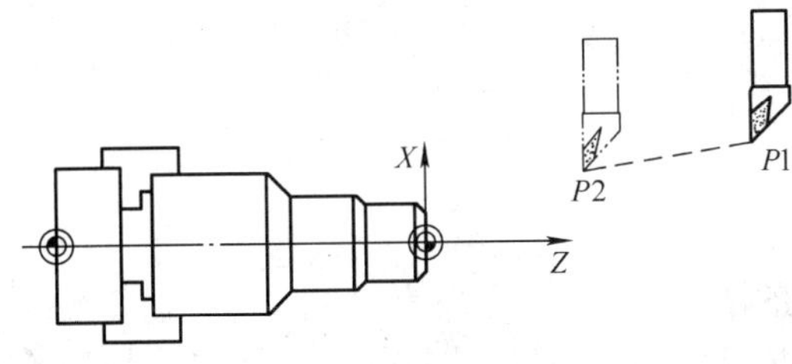

图2-25 快速点定位

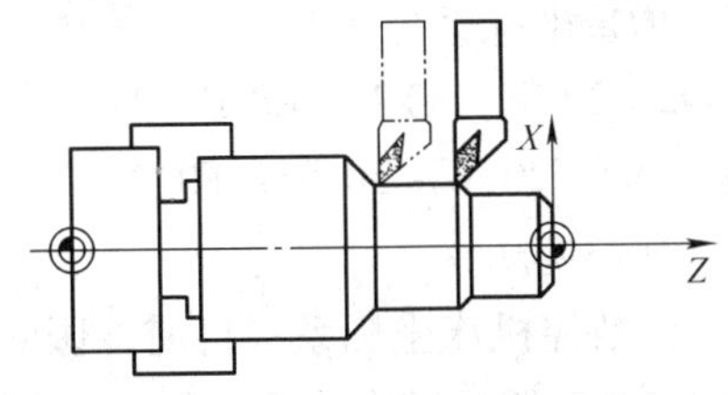

图2-26 直线插补

② 举例：以图2-27所示结构为例。

a. 绝对坐标程序：

G01 X50 Z75 F0.2;

X100;

b. 增量坐标程序：

G01 U0 W-75 F0.2;

U50;

3）G02、G03：圆弧插补。

①格式：

G02（G03）X(U) __ Z(W) __ I __ K __ F __；

G02（G03）X(U) __ Z(W) __ R __ F __；

G02——顺时钟（CW）；

G03——逆时钟（CCW）；

X，Z——在坐标系里的终点；

U，W——起点与终点之间的距离；

I，K——从起点到中心点的矢量（半径值）；

R——圆弧范围（最大为180°）。

② 举例：以图2-28所示结构为例。

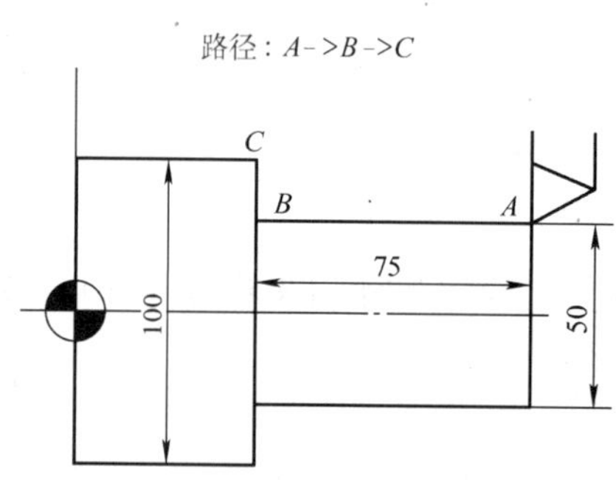

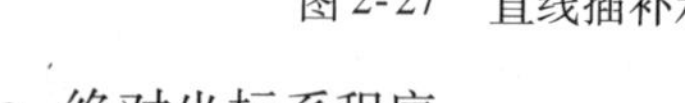

图2-27 直线插补示例图

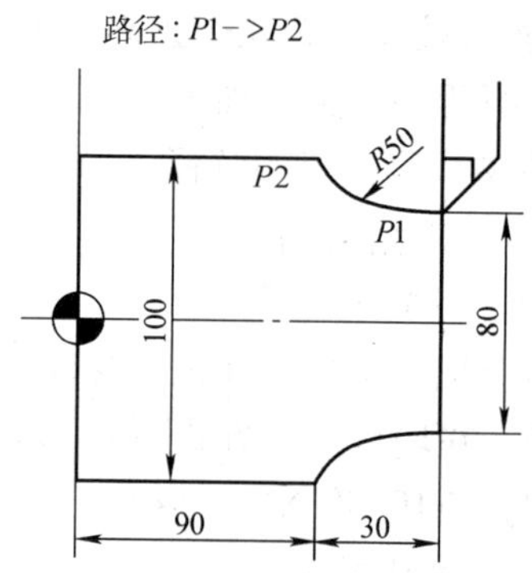

图2-28 圆弧插补示例图

a. 绝对坐标系程序：

G02 X100 Z90 I50 K0 F0.2；

或 G02 X100 Z90 R50 F02；

b. 增量坐标系程序：

G02 U20 W－30 I50 K0 F0.2；

或 G02 U20 W－30 R50 F0.2；

2. 数控铣床

（1）数控机床坐标系 目前，国际上已经规定了数控机床的标准坐标系，统一使用右手直角笛卡儿坐标系，规定了数控机床坐标系轴的名称及其运动的正、负方向，不但简便了编程，而且使得同一类机床间可实现程序的互换。

标准的坐标系采用右手直角笛卡儿坐标系，如图2-29所示。它规定了直角坐标系中的 X、Y、Z 三个方向上的相互关系，并且规定其正方向用右手定则进行判定。图2-30所示为数控车床的坐标系。

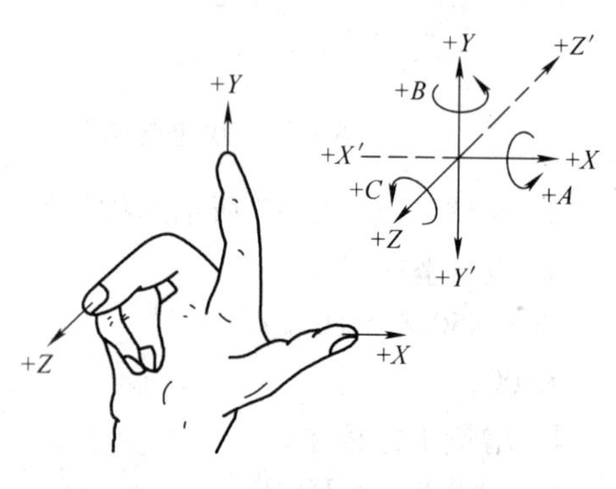

图2-29 右手直角笛卡儿坐标系

（2）数控铣床的分类及组成

1）数控铣床的分类如下。

① 立式数控铣床：立式数控铣床的主轴轴线与水平面垂直。规格较大的立式数控铣床，往往采用龙门架移动式，如图 2-31 所示。

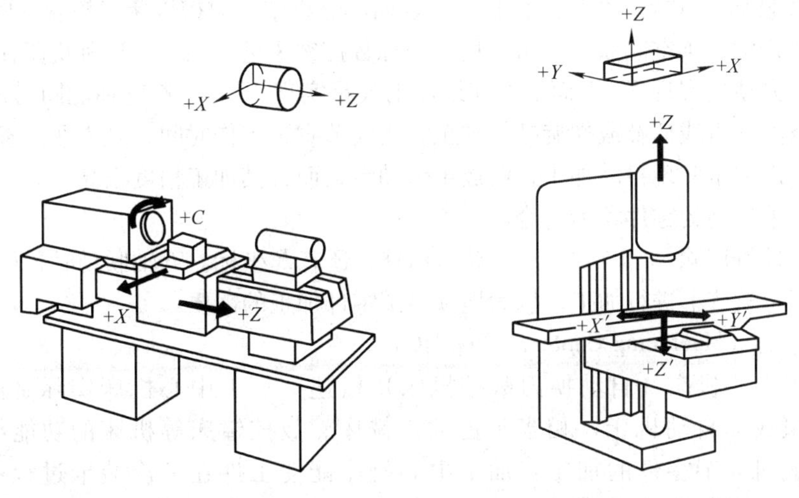

图 2-30　数控车床坐标系　　　图 2-31　立式数控铣床

② 卧式数控铣床：卧式数控铣床（图 2-32）的主轴轴线与水平面平行，再配以数控转盘或万能数控转盘可实现四轴或五轴坐标加工，适合于大型、箱体类零件的加工。五轴控制与三轴控制的不同之处在于五轴控制可实现复杂空间点的加工，如图 2-33 所示。

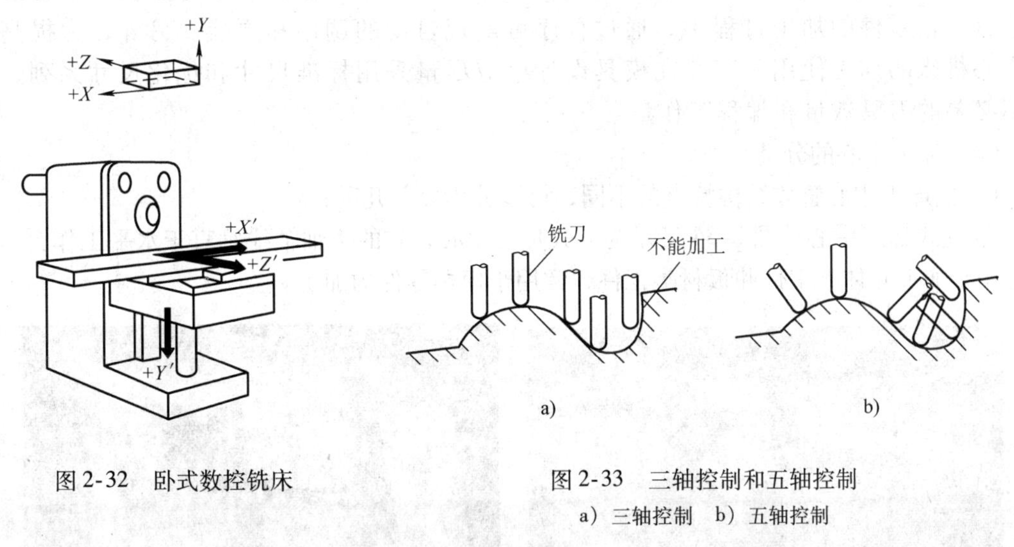

图 2-32　卧式数控铣床　　　图 2-33　三轴控制和五轴控制
a）三轴控制　b）五轴控制

③ 立卧两用数控铣床：立卧两用数控铣床的主轴轴线方向可以通过手动或是自动进行适当的转换，既能实现立式加工，又能实现卧式加工。

2）数控铣床的组成。数控铣床主要由机床本体、伺服系统、数控系统、辅助装置等几个主要部分组成。机床本体由床身、主轴箱、主运动部件、进给机构、工作台等组成，是数控机床的机械结构实体。数控系统发出的指令信号与位置检测反馈信号比较后作为位移指令，经伺服驱动系统功率放大后驱动电动机运转，从而控制铣床机械执行部件进行加工。另外，数控铣床的辅助装置与数控车床的近似，包括工件加紧放松机构、液压或气压装置、排屑装置、过载与限位保护装置、润滑系统、冷却系统等。由于机床的类型、功能的不同，辅助装置的种类也有所不同。

（3）数控铣床的功能　在加工模具成形表面的过程中，数控铣床发挥着重要作用。

常见的复杂的三维空间曲面，可利用三坐标数控铣床进行加工。这种机床在模具的型腔加工中，可以方便地实现 XY 平面上的连续加工或是实现 X、Y、Z 三轴能同时进行的加工，实现三坐标空间的直线插补或螺旋插补加工，大大节省了工作时间，既方便又省时省力。数控机床操作可以完全实现自动加工，解放了劳动者，而且其加工精度很高，对一些大批量生产、互换性要求较高的零件尤为适合。

五坐标数控铣床除 X、Y、Z、A 或 C 坐标外，还有 B 坐标。五轴联动时，可使刀具在空间按给定的任意轨迹上进行加工，极大地满足了零件加工的需要。

3. 加工中心（Machining Center，简称 MC）

（1）加工中心机床（自动换刀数控机床）概述　加工中心机床实际是由数控系统与机械设备组成的自动机床，相当于把数控铣床、数控镗床等机床的功能综合到一台机床上，完成对复杂零件的加工。加工中心机床能使工件在一次装卡过程中，完成多道工序的加工，根据数控系统发出的动作指令，按照程序自动完成工件各表面的自动加工，包括钻孔、扩孔、铰孔、镗削、铣削和螺纹孔的加工等，并可实现机床的自动操作。当程序传输进机床后，操作者可以离开操作场地，加工中心机床可以按预定的程序实现自动操作，在加工的过程中自动换刀，继续加工，完成后自动停止加工工作。加工中心与数控铣床的根本区别是设置有刀库。在刀库中存放有不等数量的各种刀具和检具，在零件的加工过程中，通过程序可实现自动的调用和更换。另外，为提高加工中心机床的加工使用效率，在模具设计中应尽量采用标准尺寸和优化尺寸系列，减少不必要的刀具数量和编程工作量。

（2）加工中心的分类

1）按加工中心整体结构特点的不同，可以分为以下几种：

① 立式加工中心：图 2-34 所示为立式加工中心，它的主轴轴线垂直于水平工作台，主要适用于加工壳体类工件和板材类工件，常用于模具零件的加工。

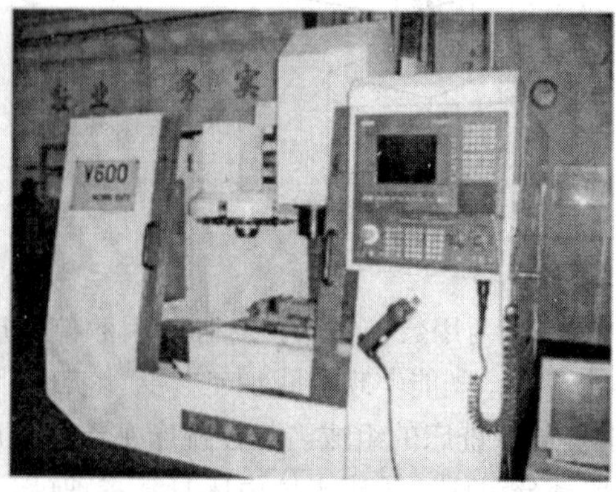

图 2-34　立式加工中心

图2-35所示为立式加工中心的斗笠式刀库外观。刀具被放置在刀库的指定位置上，换刀指令下达后，机床自动实现刀库中对应号数的刀具与主轴上刀具的更换。

图2-35　立式加工中心的斗笠式刀库

② 卧式加工中心：图2-36所示为卧式加工中心。它的主轴轴线与工作台的水平面平行。卧式加工中心的工作台绝大部分为可分度的回转台，工件在一次装夹过程中，可以利用回转工作台的多次回转，加工工件所要求加工的表面，减少了反复装夹定位带来的误差。卧式加工中心主要适用于箱体类工件的加工。卧式加工中心的主轴部分如图2-37所示。

图2-36　卧式加工中心

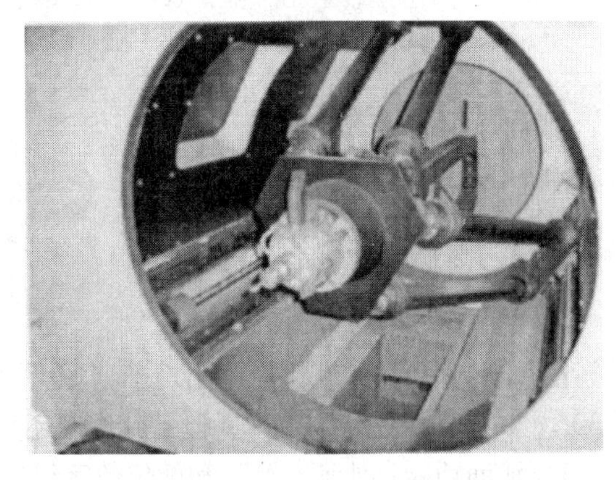

图2-37　加工中心主轴部分

③ 复合加工中心：主轴可作垂直和水平转换的加工中心，称为立卧式加工中心或五面加工中心，也称复合加工中心。该加工中心上设置有立、卧两个主轴或是其主轴可旋转一定角度。它适合于加工形状相当复杂的空间曲面零件。

④ 龙门加工中心：适合于加工体积较为庞大、形状复杂的零件，比数控龙门铣床的加工范围更广泛。

2）按加工中心加工的工艺范围，加工中心可分为车削加工中心、镗铣加工中心、钻削加工中心、磨削加工中心等。一般，镗铣加工中心简称加工中心，其余的加工中心要有定语修饰。

（3）数控指令格式　数控程序是若干个程序段的集合。每个程序段独占一行，由若干个字组成，每个字由地址和跟随其后的数字组成。地址是一个英文字母。一个程序段中对各个字的位置没有限制，但是，长期以来以下排列方式已经成为大家都认可的方式。数控指令内容如下：

在一个程序段中间如果有多个相同地址的字出现，或者同组的 G 功能，取最后一个有效。

1）行号：Nxxxx。程序的行号可以不要，但是如果有行号，在编辑时会方便些。行号可以不连续。行号最大为 9999，超过后再从 1 开始。

跳过符号“/”只能置于一程序的起始位置。如果有这个符号，但打开机床操作面板上“选择跳过”，本条程序不执行。这个符号多用在调试程序时，如在开切削液的程序前加上这个符号，在调试程序时可以使这条程序无效，而正式加工时使其有效。

2）准备功能：地址“G”和数字组成的字表示准备功能，也称为 G 功能。G 功能根据其功能不同分为若干个组。在同一条程序段中，如果出现多个同组的 G 功能，那么取最后一个有效。

G 功能分为模态与非模态两类。一个模态 G 功能被指令后，直到同组的另一个 G 功能被指令后才失效。而非模态的 G 功能仅在其被指令的程序段中有效。举例如下：

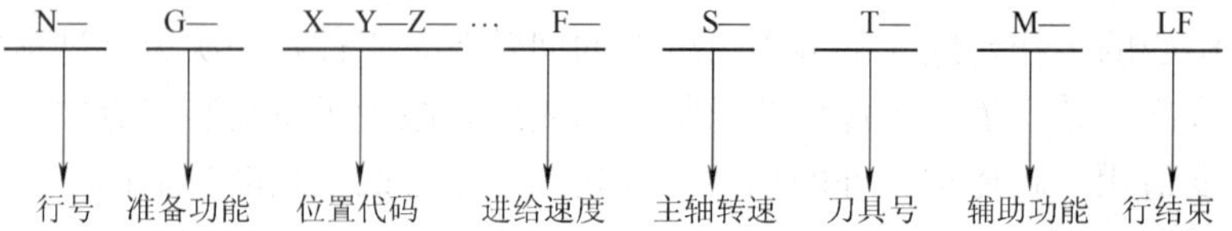


```
……
N100 G01 X100 Y200;
N110 G00 X50;
N120 G01 Z-10;
N130 X40 Y65;
……
```

在这个例子的 N120 程序中出现了“G01”功能，由于这个功能是模态的，所以尽管在 N130 这条程序中没有“G01”，但是其作用还是存在的。

3）辅助功能：地址“M”和两位数字组成的字表示辅助功能，也称为 M 功能。软件支持的 M 功能见相关的 M 功能代码表。

4）主轴转速：地址 S 后跟四位数字，单位为 r/min。格式：Sxxxx。

5）进给功能：地址 F 后跟四位数字，单位为 mm/min。格式：Fxxxx。尺寸字地址：X，Y，Z，I，J，K，R。数值范围：-999999.999 ~ +999999.999mm

（4）加工中心的加工对象　加工中心适宜于加工工序多、要求较高，需用多种类型的普通机床和众多的刀具、夹具，且需多次装夹和调整才能完成加工的零件。加工的主要对象有下列五类：

1）箱体类零件：箱体类零件一般是指内部具有一个以上的型腔，在长、宽、高方向有一定比例的零件。这类零件在机械及汽车、飞机制造等各个行业用得较多，如汽车的发动机缸体、变速箱体、机床的主轴箱、柴油机缸体、齿轮泵壳体等。

2）复杂曲面：复杂曲面在机械制造业，特别是航天工业中占有特别重要的地位。复杂曲面采用普通机加工方法是难以甚至无法完成的。在我国，传统的方法是采用精密铸造。现在，复杂曲面类零件，如各种叶轮、导风轮、球面、各种曲面成形模具、螺旋桨和水下航行器的推进器，以及一些其他形状的自由曲面，均可用加工中心进行加工，比较典型的有下面几种：

① 凸轮及凸轮机构。作为机械式信息储存与传递的基本元件，凸轮被广泛地运用于各种自动机械中。这类零件包括：盘形凸轮、圆柱凸轮、圆锥凸轮、桶形凸轮、端面凸轮等。加工这类零件可根据凸轮的复杂程度选用三轴、四轴联动或选用五轴联动的加工中心。

② 整体叶轮类零件。这类零件常见于航空发动机的压气机、制氧设备的膨胀机、单螺杆空气压缩机等。整体叶轮类零件除具有一般的曲面加工特点外，还存在许多特殊的加工难点，如通道狭窄、极易产生刀具对邻近曲面的干涉和加工面本身的干涉等。从结构形式看，它是一个典型的复杂型面，由于叶片呈螺旋扭曲状，用数学概念来描述属于三维空间曲面，对于这样的型面，只有采用四轴以上联动的加工中心才能完成。

③ 模具类。主要包括塑料注射模具、橡胶模具、真空成型吸塑模具、电冰箱发泡模具、压力铸造模具、精密铸造模具等。采用加工中心加工模具，由于工序高度集中，动模、定模等关键件的精加工基本上是在一次装夹中完成全部机加工内容，可减少尺寸累积误差，减少修配工作量，同时保证模具的可复制性强，互换性好。机械加工后留给钳工的工作量少，凡刀具可及之处，尽可能由机械加工完成，这样使模具钳工的工作量主要集中于抛光。

④ 球面。它可采用加工中心铣削，三轴铣削只能用球头铣刀作逼近加工，效率较低；五轴铣削可采用面铣刀作包络面来逼近球面。

复杂曲面用加工中心加工时，编程工作量较大，大多数要有自动编程技术。复杂曲面加工要考虑刀具过切问题。在平面加工中刀具半径补偿功能可以自动解决刀具补偿问题，但在曲面加工中会产生平面过切及空间过切。加工中心并没有空间刀具半径补偿功能，所以在编程时要人为地加以考虑。在三坐标加工中心上加工复杂曲面时，一般采用球头铣刀，而且球头铣刀往往是唯一可选择的刀具。计算时使刀端的球与工件的曲面相切，程序给出的是刀具头部球心运动的轨迹，在一般情况下，球与曲面只有一点接触，通常将这种方法称为点接触成形。点接触方式加工效率低，但加工精度较高。

用四轴或五轴联动的加工中心进行复杂曲面的加工，特别是在五坐标的场合下，刀具位置有了更大的灵活性，因此刀具可能不是与曲面接触于一个点，而是接触于一条线，不一定是一条理想的接触线，但从工程的角度来看允许这类误差的存在。以这样的方式进行铣削，称为线接触成形。很显然，线接触成形具有高效的优势，而且由这样的“线”扫出来的“面”在线方向上不存在残留高度问题，可大大减少铣削后的抛光工作量。线接触是一种近似成形的方式。

3）异形件：异形件的外形不规则，大都需要点、线、面多工位混合加工。异形件的刚性一般较差，装夹变形难以控制，加工精度也难以保证，甚至某些加工部位用普通机床难以加工完成。用加工中心加工时应采用合理的工艺措施，一次或二次装夹，利用加工中心多工位加工点、线、面混合加工的特点，完成多道工序或全部的工序内容。

4）盘、套、板类零件：包括带有键槽、径向孔或端面有分布的孔系、曲面的盘或轴类，如带法兰的轴套、带键槽或方头的轴类零件等，还包括具有较多孔的板类零件，如各种电动机盖等。端面有孔系、曲面的盘类宜选择立式加工中心，有径向孔的可选卧式加工中心。

5）特殊加工：在熟练掌握了加工中心的功能之后，配合一定的工装和专用工具，利用加工中心可完成一些特殊的工艺工作，如在金属表面上刻字、刻线、刻图案等。加工中心的主轴上装上高频电火花电源，可对表面进行线扫描表面淬火；加工中心装上高速磨头，可实现小模数渐开线锥齿轮磨削及各种曲线、曲面的磨削等。

（5）切削用量的确定　加工中心切削用量的选择原则与普通机床相同，在具体选择时要根据机床说明书的规定和要求，以及刀具的寿命去选择和计算，并结合实践确定。背吃刀量主要受机床刚度的限制，在机床刚度允许的情况下，尽可能使背吃刀量接近加工余量，这样可减少进给次数，提高加工效率。对精度要求高和表面粗糙度值要求小的，要留有足够的精加工余量。加工中心的加工余量可比普通机床的加工余量小。

4. 数控机床刀具

除数控磨床和数控电加工机床之外，其他数控机床（包括加工中心）都必须采用数控刀具。

（1）刀具的种类　数控加工刀具常见的分类方法与种类见表2-2。

表2-2　数控加工刀具常见的分类方法与种类

分类方法	种类	说明
按结构分类	整体式	
	镶嵌式	可分为焊接式和机夹式
	内冷式	切削液通过刀体内部，由喷孔喷射到刀具的切削刃
	减振式	当刀具的工作臂长与直径之比较大时，为了减少刀具的振动、提高加工精度，多采用此类刀具
	特殊式	例如复合刀具
按材料分类	高速钢刀具	
	硬质合金刀具	
	金刚石刀具	
	立方氮化硼刀具	
	陶瓷刀具	
按切削工艺分类	车削刀具	分为外孔、内孔、内外螺纹刀具等
	铣削刀具	分为立铣、面铣、三面刃铣刀具等
	镗削刀具	分为粗镗、精镗刀具等
	钻削刀具	分为深孔、小孔、铰孔刀具等

数控加工用刀具也可分为常规刀具和模块化刀具。现代的数控机床已经具有自动换刀的功能，可以实现“一机多刀”的加工。因此，“刀具”的含义也应理解成“数控工具系统”。图2-38、图2-39所示的两种典型的数控刀具系统，分别是链轮式自动换刀系统和转盘式自动换刀系统。

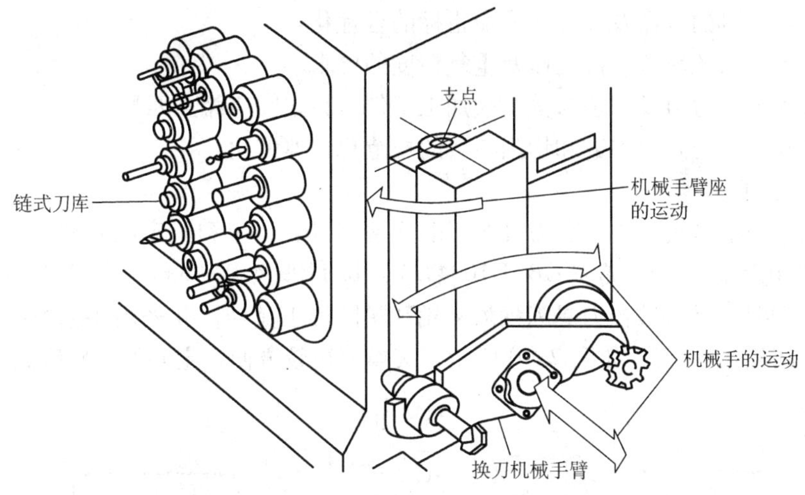

图 2-38　链轮式自动换刀系统

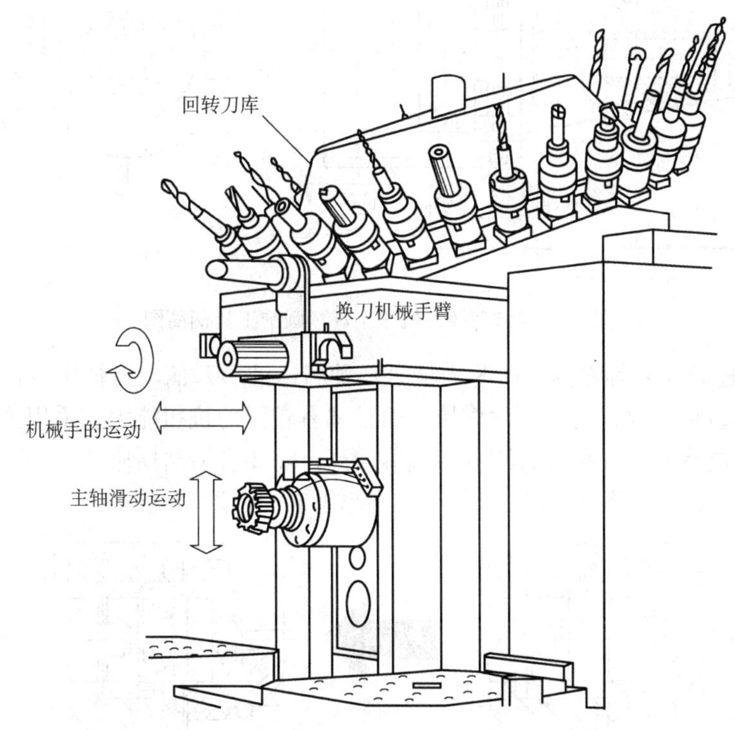

图 2-39　转盘式自动换刀系统

（2）刀具的要求　为了能够达到快速、高效、多功能和经济的目的，数控机床应用的刀具主要有以下要求：

1）数控刀具系统自动换刀系统可优化。

2）刀柄的强度和刚度都要高、耐磨性要好。

3）刀片和刀柄高度系列化、通用化和标准化。

4）刀片和刀柄切入的位置和方向的要求。

5）刀片和刀具的寿命及其经济寿命指标的合理化。

6）数控刀具系统转位、拆装以及重复精度的要求。

7）刀片和刀具材料及切削参数与被加工工件材料之间应相互匹配。

8）刀片和刀具的几何参数和切削参数的规范化、典型化。

（3）数控刀具刀柄

1）刀柄：刀柄是机床主轴和刀具之间的连接工具，为了和机床相匹配，刀柄已经系列化和标准化。我国制订的标准有GB/T 10944. 1、GB/T10944. 2—2006，广泛应用的国际标准有 ISO7388—1983。常规数控刀具刀柄均采用7∶24圆锥工具柄，并采用相应类型的拉钉拉紧结构，这类刀柄不能自锁，如图 2-40 所示，其换刀比较方便，定心好、刚度高。

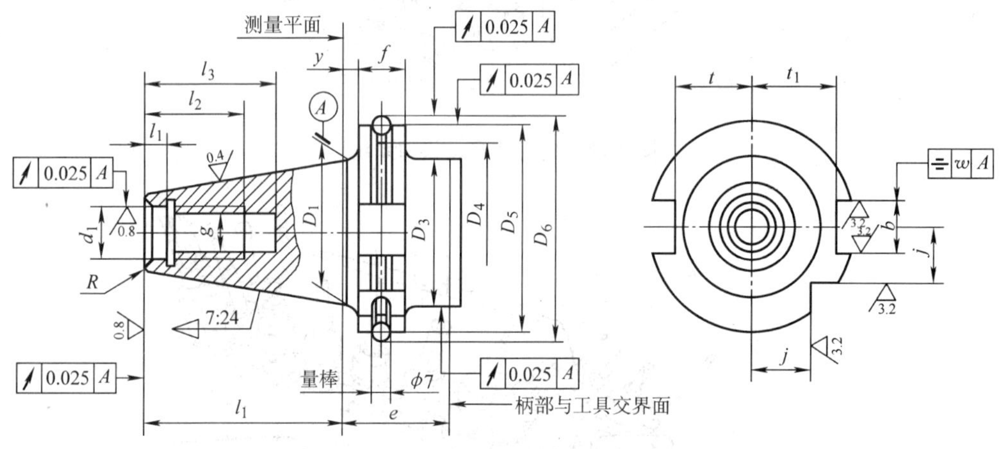

图 2-40　自动换刀机床用7∶24圆锥工具柄简图

2）HSK 高速数控刀具刀柄：HSK 刀柄是一种高速锥形刀柄，刀柄中空，采用1∶10的短锥结构。其特点包括：故自动换刀动作快，而且具有较强的抗扭能力；采用锥面、端面过定位的结合形式，能有效地提高结合刚度；成本较高；需要有清洁措施。这种刀柄被广泛地应用于高速加工中心上。HSK 刀柄与主轴连接的结构与工作原理见图 2-41。

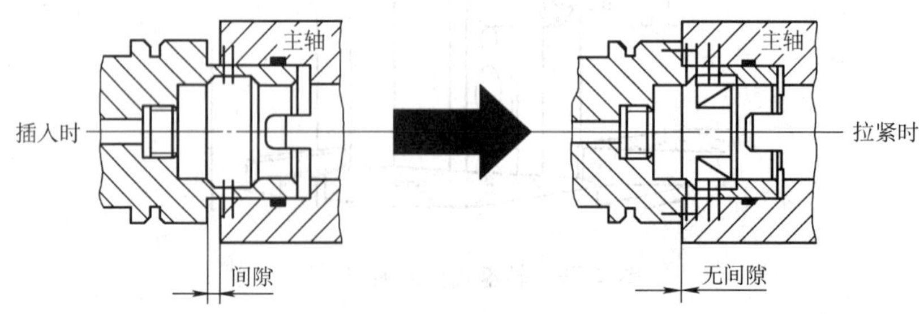

图 2-41　HSK 刀柄与主轴连接的结构与工作原理

3）数控刀具刀柄的选择方法：直柄刀具中，立铣刀刀柄能夹持相应规格的直柄立铣刀和其他直柄刀具，而小规格的直柄刀具则用弹簧夹头刀柄即可；莫氏锥柄立铣刀应选用无扁尾莫氏锥孔刀柄夹持；孔类加工刀具应使用钻孔工具刀柄；螺纹加工刀具应选择攻螺纹工具刀柄，如攻螺纹夹头等。

五、模具数控特种加工技术

1. 逆向工程技术

（1）逆向工程技术定义　逆向工程技术（Reverse Engineering），是利用一定的测量方法对实物或模型进行测量，然后根据测量数据通过三维几何建模方法，重新构建实物 CAD 模型的过程。

逆向工程技术与传统的产品正向设计方法不同。它是根据已存在的产品或零件原型构造产品或零件的工程设计模型，在此基础上对已有产品进行分析、理解和改动，可以说是对已有设计的再设计。它被广泛应用于产品及模具设计、自动化加工制造及管理维护等方面。

（2）逆向工程技术的内容及其应用范围

1）逆向工程技术的内容主要包括新零件的设计、现有零件的复制、数字化模型的检测等。

2）逆向工程技术的应用范围主要包括：

① 应用于模具行业，需反复修改原始设计的模具型面。通过实物的数据测量与处理产生与实际相符的产品数字化模型，对模型修改后再进行加工，将大大地提高生产率。

② 应用于对产品外形有特殊要求的领域，可以利用逆向工程技术重建产品数字化模型。

③ 应用于设计需经实验才能定型的工件模型的场合。通常这些产品由复杂的自由曲面拼接而成，如汽车、航天航空等领域的产品。

④ 逆向工程也广泛用于修复破损的文物、艺术品或缺乏供应的已损坏零件等。

（3）逆向工程分类　逆向工程在广义上可分为三类，即实物逆向、软件逆向和影像逆向。

1）实物逆向：是在已有实物的条件下，通过试验、测绘和分析，提出再创造的关键。其中包括功能逆向、性能逆向及结构、材质、精度、使用规范等多方面的逆向。

2）软件逆向：产品样本、技术文件、设计书、使用说明书、图样、有关规范和标准、管理规范和质量保证手册等均称为技术软件。软件逆向中又包括三种情况：有实物，又有全套技术软件的；没有实物，有技术软件的；有实物，没有技术软件的。

3）影像逆向：这是逆向对象中难度最大的。一般要通过透视变换和透视投影，形成不同的透视图，从外形、尺寸、比例和专业知识方面去琢磨其功能和性能，进而分析其内部可能的结构。

（4）逆向工程技术的流程　逆向工程以一个物理零件或模型作为开始，进而决定下游工程。其中，点处理过程主要包括点云过滤、点云的拼合和点云分块等。曲线处理过程决定所要创建的曲线类型。曲面处理过程决定所要创建的曲面类型。误差分析时应该考虑被测物对机构引起的综合轨迹误差、逆向工程设计所依据的数据值存在的测量误差、设计中的被测物存在的加工误差、设计中的曲线拟合存在的拟合误差等方面。

2. 虚拟制造技术（Virtual Manufacturing Technology，即 VMT）

（1）虚拟制造技术概述　随着经济全球化及市场竞争的日益激烈，企业必须利用最新的技术，在最短的时间内开发出高质量、低成本、高附加值的产品，以最快的速度响应并且投放市场。虚拟制造技术就是在这样的背景下，于 20 世纪 80 年代后期提出的一种新理念、新思想，随着计算机技术的迅速发展，在 20 世纪 90 年代得到人们的极大重视而获得迅速的发展。其本质就是以虚拟现实和仿真技术为基础，对产品的设计、生产过程统一建模，在计算机上实现产品从设计、加工和装配、检验到整个生命周期的模拟和仿真。

利用虚拟制造技术可以在产品的设计过程中将信息流有目的地集成，模拟出产品在使用过程中将要体现的种种性能，包括其制造的整个过程，以及产品制造全过程对产品设计的影响，从而使设计者能够做出正确的决策和提出更改设计的方案，以此来优化产品的设计质量，以达到产品开发周期和成本的最小化、产品设计质量的最优化和生产率的最高化，从而使企业在激烈的市场竞争中发挥出优势。

（2）模具虚拟产品设计及制造　模具产品设计同样正面临着严峻的考验。模具产品制造是典型的单件小批量、离散型生产。为能更好地适应市场，需要改变传统的模具设计方式，采用现代手段的设计技术。传统模具产品从设计、试制到产品上市的周期太长，另外存在着各种条件的限制，难以在短时间内与用户进行有效的交流。毕竟图样上的模具产品缺乏直观性，有时在制造模具产品之后才能发现诸多问题，因此造成模具产品不能符合用户的要求，而且影响交货期，增加成本，有时甚至影响客户关系及市场占有率。所以，采用模具虚拟产品设计技术是非常有必要的。模具虚拟产品设计技术是虚拟现实技术在模具产品制造中的应用或体现，它是基于知识的设计，综合利用了现代系统工程、仿真、信息建模、人工智能、数据库以及网络通信等技术，这样大大地提高了效率。

虚拟技术集成了计算机图形学、多媒体、人工智能、网络、并行处理等技术的最新研究成果，可以实现三维空间丰富的表现力，实现人机交互，给用户带来身临其境的感受。模具虚拟产品设计技术是以仿真技术、虚拟现实技术等为基础的，可以实现在模具的设计期对模具的设计、加工、装配、维护等，进行统一建模，从而形成虚拟的模具产品。随着互联网技术的普及，虚拟现实技术必将成为现代产品设计技术的主流和标准。

六、模具高速切削加工

1. 高速切削原理

（1）高速切削的提出　高速切削理论是德国物理学家 Carl . J . Salomon 于 1931 年 4 月提出的。它是一个相对的概念，到目前为止世界各国对高速切削的速度范围尚未作出明确的定义。我们通常把切削速度比常规速度高 5 ~ 10 倍以上的切削称为高速切削。自 20 世纪 80 年代中期以来，开发高速切削机床便成为国际机床工业技术发展的主流，模具制造业便成为高速加工应用的重要领域。

模具型腔加工过去一直被电加工所垄断，在高速切削加工出现后，利用高速铣削加工模具型腔有效地减少了电加工和抛光工作量，大大缩短了制造周期、降低了模具的生产成本，为高速、节能、方便的加工开辟了新的领域。

另外，高速切削的实现不仅要求有好的机床和刀具等硬件条件，还必须有优秀的 CAM 软件与之相匹配。目前，CimatronE、UGNX、MasterCAM 等 CAM 软件都具有适合高速切削的编程模块。

高速切削从被提出至今，一直都在切削领域中倍受关注。经过多年不懈的努力，随着数控技术的不断发展和进步，高速切削加工已经被广泛地应用于模具制造、汽车、航空航天等行业。高速切削不是简单意义上的高切削速度，而是用特定方法和生产设备进行加工的工艺。如果在高切削速度和高进给条件下对淬硬钢进行精加工，切削参数可为常规的 4 ~ 6 倍。零件形状变得越来越复杂，高速切削也就显得越来越重要。现在，高速切削主要应用于锥度为 40°的机床上。

（2）高速切削的目标　高速切削的一个主要目标是提高生产率，降低生产成本，常用于加工淬硬模具钢；另一个目标是通过缩短生产时间和交货时间提高整体竞争力。高速切削是一种先进的技术，它是零件加工的全新途径，集成了多种技术，不仅是高速主轴和快速精密进给在机床上的简单结合，它的发展和推广应用将会带动整个制造业的进步和发展。

2. 高速切削的优点

高速切削的优点包括：刀具和工件保持较低温度，延长了刀具的寿命；提高了生产率，降低了成本；由于高速切削中典型的切削深度较浅，降低了刀具和主轴上的径向力，所以就减少了主轴轴承、导轨和滚珠丝杠的磨损，同时也减少了冲击和弯曲；可获得较高的表面质量，表面粗糙度常低于 R_a 0.2μm；可通过 CAD/CAM 技术在短时间内改变设计，节省大量的时间；可以用高速切削代替电火花成形加工，模具的寿命和质量得到了提高。

3. 高速切削加工模具的特点

高速切削加工模具主要包括以下几个特点：

1）提高生产率。高速切削中机床主轴转速和进给速度大大提高，提高了材料的去除率，往往可省去电火花加工、手工修磨等多道工序，缩短了工艺路线，提高了加工效率。

2）减少切削热量。高速切削加工是浅切削，进给速度相当快，避免了传统加工时在刀具和工件接触处产生大量热量的缺点，延长了刀具的寿命。

3）提高产品表面质量。由于高速切削的切削力减小，工件热变形减少，刀具的变形也小，因此提高了高速切削的加工精度。切削深度较小而进给速度较快，加工表面的表面质量就得到相应的提高。

4）由于工序简化，尽管机床投资和刀具投资以及维护费用增加，但采用高速切削工艺将使综合经济效益显著提高。

5）有利于加工薄壁零件。高速切削的切削力小，有较高的稳定性，有利于加工薄壁的零件。

6）可部分替代某些工艺，如替代电火花加工、磨削加工等。

4. 模具高速铣削加工的工艺特点

高速铣削加工在模具制造中得到了广泛的应用。它能提高模具的尺寸精度、形状精度，降低表面粗糙度值，减少甚至可以省去手工修磨，从而降低生产成本和缩短模具的制造周期。

高速铣削加工与传统数控铣削加工的主要区别在于进给速度、切削速度和背吃刀量的工艺参数值不同。从切削用量的选择上看，高速铣削加工的工艺特点表现在以下几个方面：

1）主轴转速（切削速度）高。

2）进给速度快。

3）背吃刀量小。

4）切削行距小。高速铣削加工采用的刀具轨迹行距一般在 0.2mm 以下。一般来说，小的刀具轨迹行距可以降低加工过程中的表面粗糙度值，提高加工质量，减少后续的精加工过程。

综上所述，采用高速切削加工技术可以实现高效率、高品质的加工。今后研究高速切削加工时，要与高速切削工艺技术紧密结合起来，真正实现高精度和高可靠性。

第五节 快速成型加工

快速成型技术（Rapid Prototyping Manufacture，简称 RPM）在 20 世纪 80 年代后期源于美国，是近 20 年来世界零件制造工艺技术领域的一项重大突破。快速成型加工是随着机械技术、计算机控制原理、数控加工技术、激光加工技术等领域的发展而产生的，是一种全新的制造技术。它是根据零件 CAD 模型采用不同方法堆积材料，快速制造复杂形状三维物理实体的技术的总称。

由于 RPM 技术可以明显地缩短产品开发周期，提高产品开发的成功率，降低产品的成本，因此在产品开发的过程中得到了迅速的推广和应用。

一、快速成型技术的基本原理

快速成型加工在制造过程中不需要任何加工用刀具和夹具，可制造出形状复杂的各种零件，比传统的加工技术节省零件的制造时间，简单又方便。它是由计算机直接对所加工零件进行三维造型或者是实体造型，之后根据零件的技术要求，进行平面的分层处理，再对各层的轮廓信息进行分析，设置符合工艺要求的各项工艺参数，传给成型控制系统进行工作，逐层成型并固化材料，将各层自动联结成一个三维物理实体，最终完成零件的成型加工。

目前，快速成型技术逐渐成熟并且应用的领域也逐渐变广。

二、快速成型技术方法简介

快速成型技术在目前发展比较成熟的方法有几十种，主要有分层物体制造法（LOM）；立体平板印刷成形法（SLA）；选择性激光烧结法（SLS）；光掩膜法（SGC）；三维印刷（3D2P）法；熔丝沉积制造法（FDM）等。

1. 物体分层制造法（LOM）的基本原理

物体分层制造法（Laminated Object Manufacting，简称 LOM），是近些年来才刚刚发展起来的一种快速成型技术，它是通过把激光束切割技术和对原料纸进行黏结成型的方法相结合的制造任意复杂形状零件的一种加工技术。其原理如图 2-42 所示。

物体分层制造法又被称为叠层实体制造法。LOM 工艺是先通过计算机 CAD 技术制造出零件的三维实体造型，然后进行逐层的工艺分析，得到各层的二维轮廓形状工艺参数。然后将单面涂有热熔胶的薄层材料（一般可以是纸片、复合材料或是塑料薄膜等材料）通过加热辊加热加压，与先前已形成的实体黏结（层合）在一起。此时，激光束按规定的外形轮廓对材料进行切割加工，一层加工完毕后，再叠加单面涂有热熔胶的薄层材料通过加热辊加热加压，继续进行激光束加工。如此往复切割、黏结、再切割、再黏结，直到得到完整的零件。薄层材料的一般厚度为 0.07 ~ 0.15mm。由于 LOM 工艺无需激光扫描整个模型截面，只要切出内外轮廓即可，所以制模的时间取决于零件的尺寸和复杂程度，制模成型率比较高，制成模型后

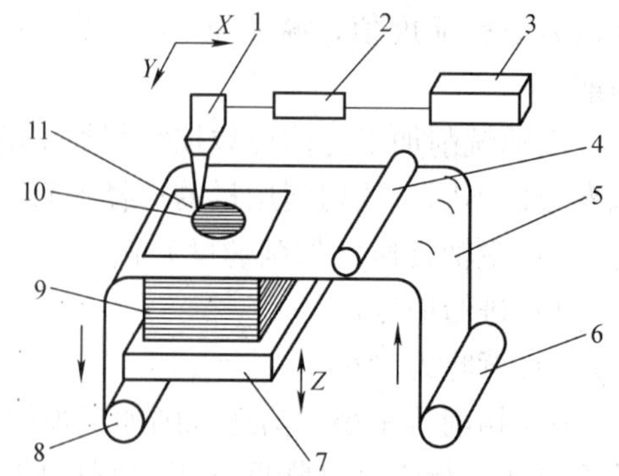

图 2-42 物体分层制造法原理图

1—X-Y 扫描系统 2—光路系统 3—激光器 4—加热辊 5—薄层材料 6—供料滚筒 7—工作平台 8—回收滚筒 9—制成件 10—制成层 11—边角料

用聚氨酯喷涂后即可使用。

采用物体分层制造法时利用金属薄箔为薄层材料可以制造铸模，可用于批量生产金属铸件。

2. 选择性激光烧结法（SLS）的基本原理

选择性激光烧结法（Selective Laser Sintering，简称SLS）是依靠CAD软件，在计算机中建立三维实体模型及其表面，采用微粒粉末（常用的材料有ABS塑料粉、石蜡粉、金属粉和陶瓷粉等）为原材料，将粉末铺成一薄层，利用高功率的二氧化碳激光器发出光束，在计算机的控制下，根据几何形体各层横截面的坐标数据对材料粉末层进行扫描，在激光照射的位置上，对粉末进行加热烧结，然后再铺一层进行烧结，一层层堆积最后成型，制造出所需零件。一般在烧结后进行打磨或是烘干加工。SLS法与立体平版印刷法生产过程相似，只是将液态激光固化树脂换成在激光照射下可烧结成型的粉末烧结材料，其原理如图2-43所示。

3. 光掩膜法（SGC）

光掩膜法采用高能紫外激光器，成型速度快，可以省去支撑结构。它是立体平版印刷法的扩展，与立体平版印刷法激光直接在树脂液面扫描成型不同，光掩膜法是让激光通过一个可编程的光掩膜照射树脂成型。如图2-44所示，光掩膜上的图形是掩膜机在模型片层参数的控制下，利用电传照相技术在平板玻璃上调色或静电喷涂而形成零件断面图形，零件截面部分可透过紫外光。

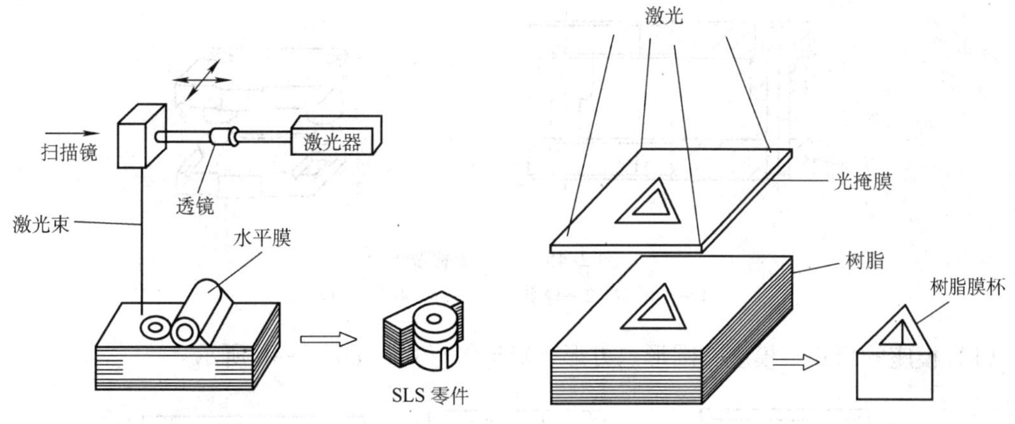

图2-43　选择性激光烧结法工艺原理　　　图2-44　光掩膜法

三、快速成型技术（RPM）在模具制造中的运用

采用快速成型技术直接制造模具称为快速成型直接制模法。如果采用选择性激光烧结法（SLS）制作金属模具，首先要将金属粉末用易消失的聚合物树脂包覆，通过激光烧结法得到金属粘接实体，再将树脂在一定温度下分解，得到成型后的金属粘接实体在高温下烧结。最后再渗入熔点较低的金属，完成金属模具制造。

1. 用快速成型机直接制作模具

由于一些快速成型机制作的工件有较好的机械强度和稳定性，因此可直接用来制作某些模具。

2. 用快速成型机间接制作模具

由于快速成型直接制造模具在模具精度和性能控制方面比较困难，特殊的后处理带来的成本也比较大，因此利用间接快速模具制造，通过快速成型技术与传统的模具翻制技术相结合制作模具，在模具表面质量、机械性能、寿命和经济等方面都能得到很好的效果。

3. 用快速成型件作母模

用快速成型件作母模或据其复制的软模具，可浇注陶瓷、金属基合成材料、金属构成硬模具，从而批量生成塑料件或金属件，这种模具具有良好的机械加工性能。

第六节 模具典型零件的加工工艺

一、模架制造

模架是模具的主体结构，它一般由导柱、导套和上、下模座等零件组合而成。模架是标准件，见冷冲模国家标准 GB/T 2851.1—1990。冷冲模的主要零件都要通过螺钉、销钉等连接到模架上，以构成一副完整的冲模。冷冲模模架的结构如图 2-45 所示。模架按导柱在模座上固定位置的不同，可分为对角导柱模架、后置导柱模架、中间导柱模架和四导柱模架；按导向形式的不同可分为滑动导向模架和滚动导向模架。

1. 模座（模板）的加工

模座（模板）分上模座和下模座，整个模具的各个零件都直接或间接地固定在上、下模座上，模座是整个模具的基础。

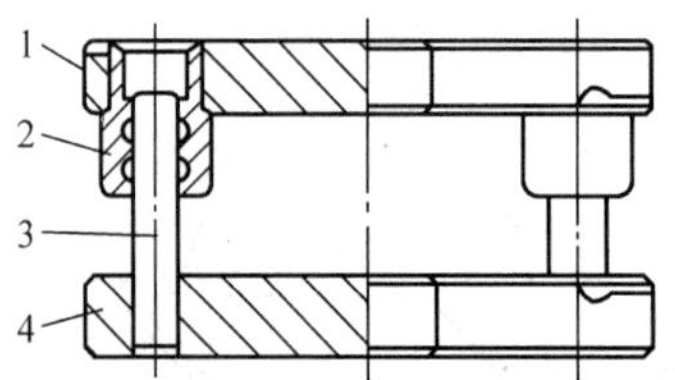

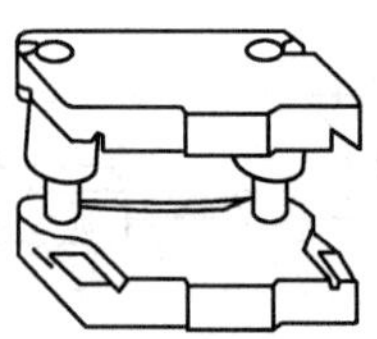

图 2-45 冷冲模模架

1—上模座 2—导套 3—导柱 4—下模座

（1）模座的形式 模座有圆形、方形、矩形等形式，如图 2-46 所示。

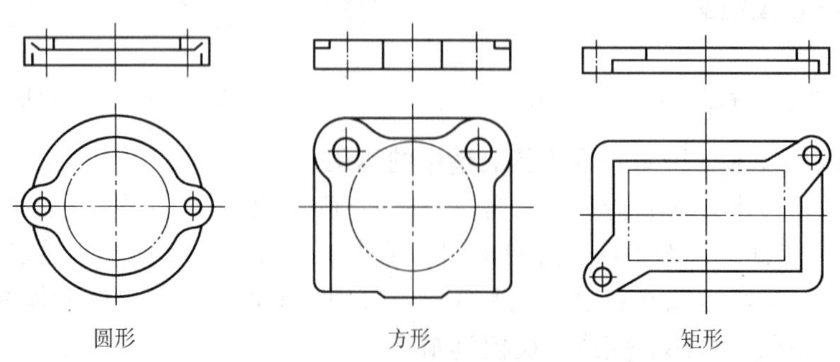

图 2-46 模座形式

（2）模座的固定方式 下模座用压板和螺栓固定在工作台上。大型模具用压板和螺栓将上模座安装在冲床滑块上，而中、小型冲裁模是通过模柄将上模座固定在滑块上。常用的模柄有以下几种：

1）如图2-47a所示为旋入式模柄，模柄和上模座利用螺纹进行连接。安装后为了牢固可靠，加工骑缝螺钉孔进行两个零件的紧固。

2）如图2-47b所示为压入式模柄。模柄与上模座采用过盈配合。如采用过渡配合时，应在凸台边缘加骑缝销钉，用来防止模柄沿圆周方向转动。

3）如图2-47c所示为螺钉固定式模柄，主要用于大型模具。

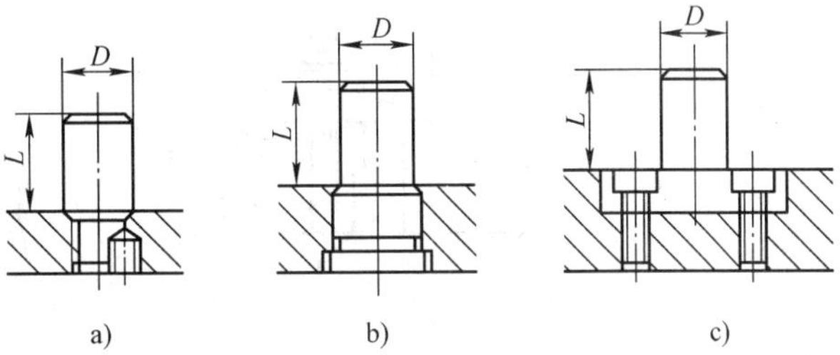

a)　　b)　　c)

图2-47　常用模柄结构示意图

（3）加工方法　上模座、下模座、各种固定板、套板、支承板、垫板等都属于板类零件，其结构、尺寸已标准化。在加工制造过程中，主要是对其上设计的孔系和上、下平面进行加工，加工后应保证模座上、下平面的平行度要求，装配后的精度要求及相关接合面的平面度要求。

1）上、下模座（图2-48）的制造：在模具零件的加工制造过程中，对上、下模座的制造要求是较高的。因为模具中的导向零件——导柱和导套装配在上、下模座上，对整副模具能正常的工作起到重要的作用，并且连接凸、凹模固定板等零件，直接影响到制件质量。因此对上、下模座的制造有相当高的要求，主要有以下几点：

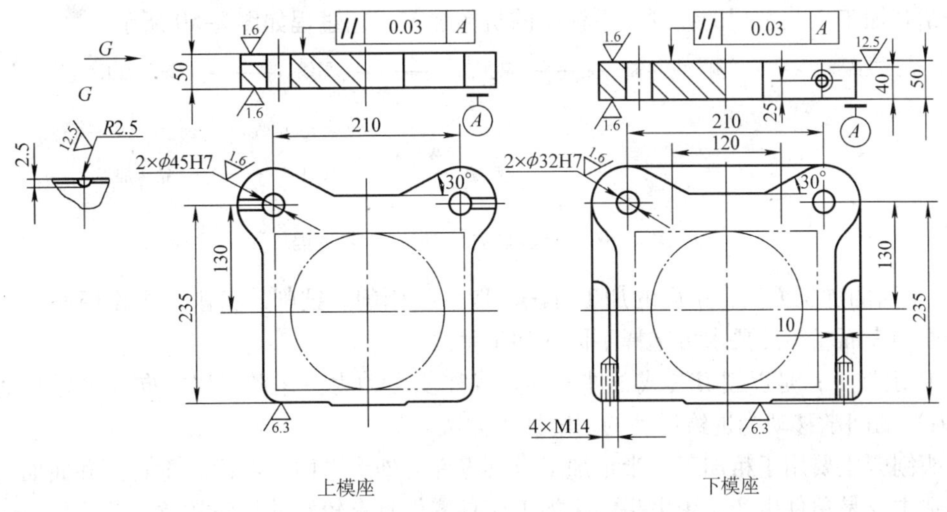

图2-48　冲裁模模座

① 上、下模座上导柱、导套安装孔的孔间距离应保持一致，其位置偏差应不大于0.02mm，孔的轴线应与模座上、下平面垂直，其垂直度偏差应不大于0.01mm。

磨削加工完上、下模座平面后，才可以进行导柱和导套孔的加工，以保证其对平面的垂直度要求。导柱、导套的孔可采用坐标镗床或是数控坐标镗床、卧式或立式双轴镗床进行加工。如果没有条件可以利用立式铣床或者钻床来进行加工，注意在用钻床进行加工时，应把上、下模座固定在一起或重叠压在一起，一次装夹，同时镗出相应的导柱和导套的安装孔，以保证两者的加工精度要求。如果是单件生产，可以用划线的方法，找正孔的加工位置后进行加工。工作情况如图 2-49 所示。

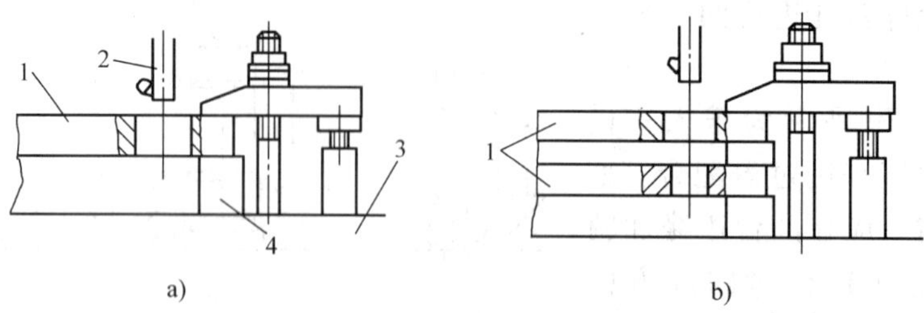

图 2-49 模板的装夹

a）模板单个镗孔 b）动、定模板同时镗孔

1—模板 2—镗杆 3—工作台 4—等高垫铁

模板用螺栓加垫圈紧固，压板着力点不应偏离等高垫铁中心，以免模板变形。

② 上、下模座孔应该同心，同轴度误差控制在 0.01mm 以内。

③ 模座上、下两平面的平行度要求在 300mm 长度内偏差不大于 0.02mm。

模座通常是采用铸铁件或是铸钢件为毛坯，经过退火处理后进行刨削或铣削加工，然后在平面磨床上磨削上、下两平面，至加工精度要求，再以下表面为基准磨削两个基准侧面，达到垂直度要求。

2）加工工艺过程：板类零件的加工主要是平面加工，现在以冷冲模下模座的加工为例，介绍其加工工艺过程的编制。下模座的机械加工工艺过程如图 2-50 所示。

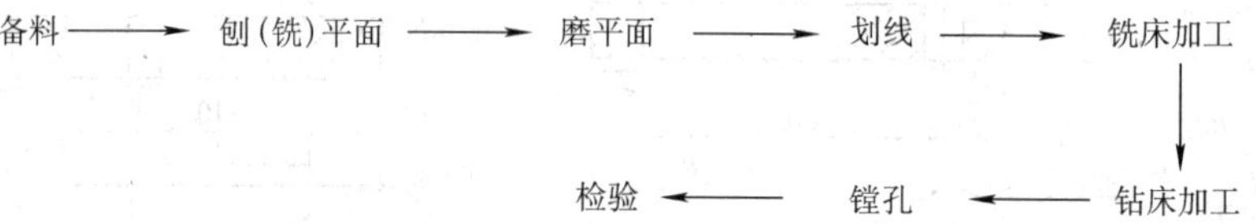

图 2-50 下模座的机械加工工艺过程

3）平面的加工方法：平面的加工方法一般包括刨削、铣削、磨削，根据模座与模板不同的精度和表面粗糙度要求可选择不同的加工手段。

① 刨削加工：是以刨刀（或工件）的直线往复运动为主运动，以方向与之垂直的工件（或刨刀）的间歇移动为进给运动的切削加工方法。

牛头刨床主要用于粗加工、半精加工模具零件的外形平面、斜面、垂直面和曲面。由于冲模制造主要是单件生产，用牛头刨床加工模具零件具有较好的经济效益。

② 铣削加工：是以铣刀的旋转为主运动，工件或铣刀作进给运动的切削加工方法。

铣削加工工艺范围主要包括加工模具零件上的平面、各种沟槽和各种型腔、型孔。如用铣床加工凹模固定板、凸模固定板、卸料板底座漏孔、型腔模的型腔固定板型孔。铣削加工特点可参见前述。

③ 磨削加工：零件的平面磨削工艺包括零件经刨、铣及淬硬后，均需平面磨床磨削平面，以使其表面达到所规定的表面粗糙度等级。一般情况下经平面磨削后，其表面粗糙度可达 R_a 0.8μm 以上。

2. 导柱、导套的加工

（1）冲裁模的导向形式　包括导柱、导套和导板两种形式。其中，使用导柱、导套的形式选择标准模架比较方便，因此得到广泛的应用。

图 2-51 所示为一种标准的滑动导柱、导套。模架中的导柱、导套是典型的轴类和套类零件。

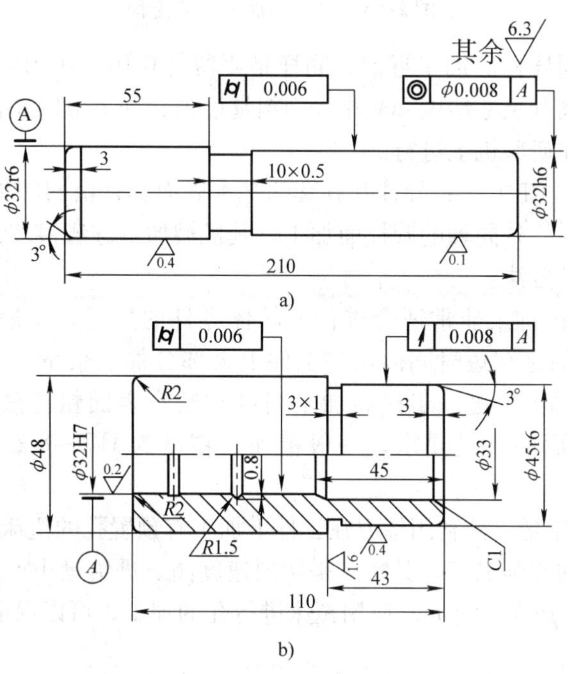

图 2-51　导柱、导套
a）导柱　b）导套

它们之间的正常工作，是保证一副模具能顺畅工作的前提条件。因此，导柱、导套的制造加工是相当重要的环节。

（2）导柱和导套的加工制造

1）导柱、导套的制造：

① 导柱的加工工艺流程如图 2-52 所示。

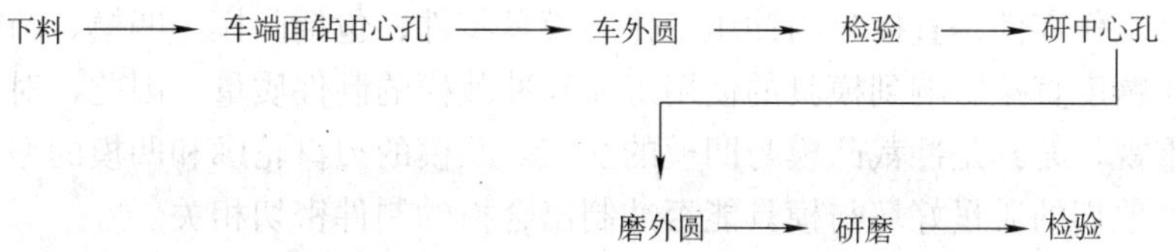

图 2-52　导柱的加工工艺流程

注意：在对导柱进行磨削加工的过程中，应在一次装夹中将导柱的配合表面全部磨出来，这样才可以保证两个配合部分的同轴度要求。然后，还要在车床上进行抛光圆角的加工。需要研磨加工的导柱，在外圆柱表面应留有 0.01 ~0.015mm 的研磨余量。

② 导套的加工工艺过程如图 2-53 所示。

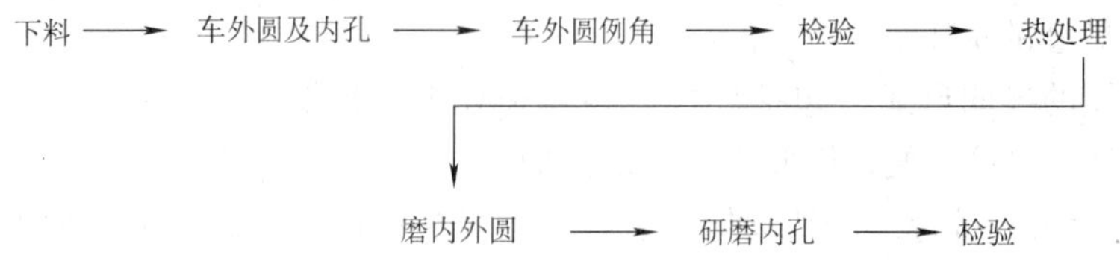

图 2-53 导套的加工工艺流程

导套的研磨加工同导柱的加工近似，同样是要留有 0.01 ~ 0.015mm 的研磨余量，精磨后再进行研磨，以提高其尺寸精度和减小表面粗糙度值，加工可以在普通的车床或是简易的设备上进行，最好是在研磨机上进行。

2）导柱、导套的加工方法：导柱和导套的基本表面都是由回转体表面构成。导柱和导套的加工主要是进行内、外同轴的圆柱面加工。其机械加工方法很多，最常见的有车削、钻削、磨削、镗削等加工方法。

① 车削加工：车削加工非常适合进行回转体零件的加工，一般分为粗车、半精车和精车。粗车的主要目的是在短时间内切除工件上大部分加工余量，对加工质量要求不高。半精车是在粗车的基础上，进一步提高加工精度和减小表面粗糙度值。精车的主要目的是保证加工零件各方面的质量要求，一般精加工精度为 IT7 ~ 8 级，表面粗糙度可达到 R_a1.6 ~ 0.8μm。

② 镗削加工：镗床是一种利用镗刀在工件上加工有预置孔的机床。加工孔的精度较高，精镗床可进行精密孔的镗削加工，其特点是切削速度高、进给量小，加工精度可高达 IT5 ~ 6 级，表面粗糙度可达到 R_a0.4μm。应用镗床进行孔的加工，可以保证高的尺寸精度和位置精度。

③ 钻削、铰削加工：钻孔是在钻床上，利用钻头在实体材料上加工孔的一种方法。模具零件上通常会有许多孔，如沉孔、螺孔、销孔等。因此，应用钻床进行孔的加工是相当方便的。钻孔的精度可达到 IT11 ~ 12 级，表面粗糙度可达到 R_a12.5 ~ 6.3μm。

铰削加工是比钻孔加工精度高的一种对孔的内壁进行加工的方法。它利用铰刀从工件孔壁切除微量金属层，以提高其尺寸精度和降低表面粗糙度值。精细铰尺寸公差最高可达 IT6 级，表面粗糙度可达到 R_a 0.32 ~ 0.16μm。注意：铰削不适合加工淬硬钢或是其他硬度过高的材料。

二、工作零件的加工

冲裁模具工作零件是直接参与冲压工作的模具零件，包括凸模、凹模、凸凹模。他们的形状、尺寸、精度直接影响到模具的使用寿命和冲裁模的制件质量。因此，对于工作零件的加工要特别重视，尤其是冲裁凸模与凹模的加工。凸模的刃口轮廓和凹模的型孔是加工难度最大的部位，他们的质量好坏与模具能否冲制出合格的制件密切相关。

由于冲裁制件的形状很多，因此凸模、凹模的刃口轮廓也是多种多样。按截面形状大致可分为圆形和非圆形两类。

刃口为圆形的凸模和凹模轮廓都是比较容易进行加工的，加工工艺和所使用的机床都比较简单。相对复杂的是加工具有非圆形型孔的凹模。

1. 常见凸模、凹模的形式

常见的凸模形式，有在凸模长度方向上具有相同截面积的等形式凸模、台阶式凸模和带有护套的护套式凸模。

按照凹模的结构可分为两种形式，即整体式凹模和组合式凹模。

具有异形刃口轮廓的凸模和凹模在加工工艺上比较复杂。

2. 凸模和凹模的技术要求

对于凸模和凹模的质量水平有着严格的技术要求，只有控制好凸模和凹模的尺寸精度、位置精度、表面粗糙度，以及硬度、韧性等力学性能指标，冲裁模冲制件的质量才能得以保证。

（1）尺寸精度 凸模和凹模的尺寸精度是由冲制件的尺寸精度要求，以及凸模和凹模相配合的冲裁间隙所决定的。冲裁间隙要控制在合理的间隙范围内，既不能过大，也不能过小。过大的间隙使冲制出的制件有毛刺飞边，甚至无法冲制出合格的零件；而过小的间隙，会造成凸模和凹模刃口部分相碰撞，使部分刃口磨损加快，或是产生崩刃现象，影响模具正常的使用寿命。因此，凸、凹模的尺寸精度和配合间隙都要符合设计要求。

（2）表面粗糙度 一般要求凸模和凹模刃口部分的表面粗糙度不大于 $R_a 0.8\mu m$，配合表面的表面粗糙度为 $R_a 1.6\mu m$，其余部分可为 $R_a 12.5 \sim 3.2\mu m$。

（3）表面形状和位置精度 凸模和凹模的侧壁应与底面垂直或是稍有斜度，决不允许有倒锥度或是中凸。否则就会直接降低冲制件的加工质量和整套模具的使用寿命，甚至会损坏模具。

（4）硬度、韧性和耐磨性 为了使冲压工作顺利进行，要求凸模和凹模的工作部分具有较高的硬度、耐磨性和良好的抗冲击韧性。由于凸模一般比凹模容易制造，因此凹模工作部分硬度往往要比凸模工作部分的硬度稍高，这是为了在模具凸模刃口和凹模刃口同时受到损坏时，凸模起到保护凹模的作用，先行损坏，以延长凹模的使用寿命。

3. 成形磨削

（1）成形磨削的定义 它是利用成形磨床、平面磨床或工具磨床等对凸模、凹模成形表面进行精加工的一种方法。它具有生产率高、成形精度高等优点。在模具的加工过程中，往往使用成形磨削对热处理淬硬后的凸模精加工或是对组合式镶拼凹模进行加工，此外，成形磨削还可以用来加工用作电火花加工的电极。

总之，对于形状复杂的模具零件，其凸模和凹模的成形表面一般是由若干平面、斜面和圆柱面组成的。成形磨削可以将其轮廓分成若干直线或者圆弧，然后按照一定的顺序逐段进行磨削加工，并使其连接处圆滑，以达到图样上的技术要求。

（2）成形磨削的方法

1）成形砂轮磨削法。如图 2-54 所示，将砂轮修整成与工件成形面吻合但完全相反的形面，然后用此砂轮对工件进行磨削加工，获得所需要的形状与尺寸。用此种方法进行磨削时，一次磨削的宽度不能过大。

2）夹具磨削法。如图 2-55 所示，把要加工的工件装夹在成形磨削夹具上，利用夹具依次使工件按要求倾斜或翻转一定角度，磨出成形表面，并获得工件所需的形状尺寸精度。

用夹具磨削成形表面的方法有如下几种：利用正弦精密平口钳进行磨削；用正弦工作台磨削，主要磨削斜面等；使用正弦分正夹具磨削，主要磨削凸模上具有同一回转中心的不同凸圆弧面、等分槽及平面等；万能夹具是成形磨床的主要部件，也可以作为平面磨床的成形磨削夹具。

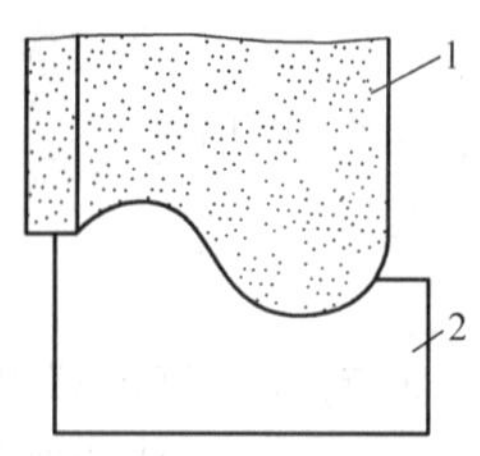

图 2-54 成形砂轮磨削法

1—砂轮 2—工件

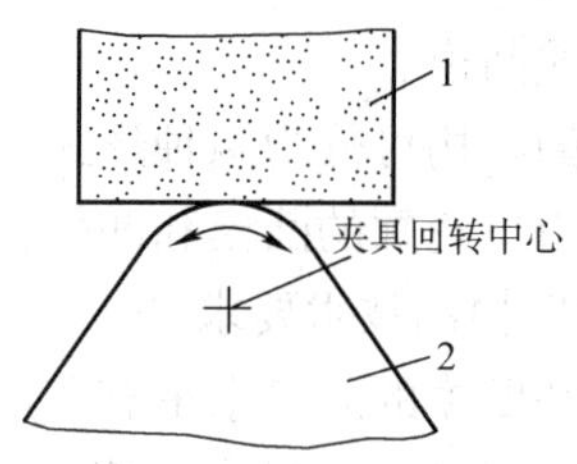

图 2-55 夹具磨削法

1—砂轮 2—工件

4. 凸模、凹模的压印加工

模具中的压印法加工是将已经淬硬的、并加工到尺寸精度的凸模或凹模，垂直放置在未经淬硬（或硬度较低）并且留有加工余量的对应刃口或工件上，以一定的压力通过刃口的切削与挤压作用压出印痕，然后根据印痕进行适当的锉修，从而达到要求的形状和尺寸。此种方法主要应用于成形磨削、电火花加工等方法难以达到要求的模具零件加工中。

（1）准备工作 压印加工经常是以凸模压印加工凹模。首先将压印件（又称为基础件）制造出来，经过淬火处理，使工件完全达到图样尺寸要求，然后将被压印件也按图样加工出来，只在刃口处留有极少的加工余量，接下来就可以进行压印加工了。

（2）压印方法的分类 压印方法包括单型孔压印锉修和多型孔压印锉修。

1）单型孔压印锉修。压印时，在压印机上将淬硬的基础件压入单面余量有 0.2 ~ 0.8mm 的被压印的工件内，一次压印结束后，在被压印的工件上留下了痕迹，此时钳工可根据印痕将多余的金属锉去。在加工时，应注意不要碰到不加工的表面。锉修完毕后，再次进行压印、再锉修，如次重复工作，直至被压印加工件达到图样要求为止。

2）多型孔压印锉修。多型孔压印锉修的方法与单型孔压印锉修的方法基本相同，在加工中要时刻控制各成型孔之间的距离。

复习思考题

1. 简述快速成型技术的基本原理。
2. 简述物体分层制造法（LOM）的基本原理。
3. 简述刨削加工的加工特点。
4. 简述仿形铣床的加工特点和工作过程。
5. 什么是冷挤压？简述冷挤压的特点和应用范围。
6. 什么是复合挤压？开式挤压的特点有哪些？
7. 什么是柔性制造系统？其特点有哪些？
8. 简述利用数控机床进行加工的优势。
9. 简述数控机床的一般组成，及其在模具制造中的作用。

第三章 模具的特种加工

本章应知

1. 模具特种加工技术的基本种类和方法。
2. 了解特种加工机床。

本章应会

1. 掌握模具零件的电加工。
2. 掌握其他特种加工方法。

第一节 电火花成形加工

随着工业生产的发展，大量具有高强度、高硬度、高韧性等性能的新型材料不断涌现，传统的机械加工已经不能满足现有模具零件的加工需要。因此，近几十年来，出现了一系列不再使用刀具和磨料，就可以进行加工的特种加工方法。它们主要是直接利用电能、声能、热能、电化学能、光能、化学能以及特殊机械能等多种能量或其复合能量以实现材料切除的加工方法，这种特种加工技术主要研究的范围是电加工、超声波加工、高能束流（电子束、激光束、高压水束、离子束）加工以及多能源复合加工。

特种加工技术的特点是：

1）在这种加工过程中，工件与工具不再进行直接的接触，加工时也没有了明显的机械切削力。因此，在加工脆性和高硬度材料时工具硬度可低于被加工材料的硬度。

2）以简单的运动可加工复杂型面，许多特种加工技术只需简单运动即可加工出三维复杂型面。

3）不受材料硬度的限制。因特种加工技术的瞬时能量密度高，可直接有效地利用各种能量，造成瞬间的局部熔化，同时以强力、高速爆炸和冲击来去除材料。其加工性能与工件材料的强度和硬度无关，故可以加工各种超硬超强材料、高脆性和热敏材料以及特殊的金属和非金属材料。

4）可以获得良好的表面质量。特种加工过程中，工具表面不产生强烈的弹、塑性变形，故有些特种加工方法可以获得良好的表面质量和表面粗糙度。热应力、残余应力、冷作硬化、热影响区及毛刺等表面缺陷均比机械切削小。

5）各种加工方法可以任意复合，形成扬长避短的新型复合加工方法，可以扩大其应用范围。

模具的电加工和传统的机械加工存在着本质上的区别，它所使用的不再是传统意义上的刀具对工件切削加工，而是采用了硬度远低于加工材料的各种特殊工具进行加工。而且，这种工艺方法能够对形状复杂的模具内、外型腔进行精加工，以及加工一些精度要求高的零、部件，因而在模具制造中得到了广泛的应用。

电火花加工又称为放电加工（Electrical Discharge Machining，简称 EDM），它包括电火花成形加工；电火花线切割加工；电火花表面强化和刻字等加工方法。目前，在模具制造业中常用的有电火花成形加工和电火花线切割加工，它们已经成为模具制造中成形表面加工的重要方法。

一、电火花加工的基本原理

电火花加工的基本原理是基于工具电极与工件（正极和负极）之间脉冲性火花放电时的电腐蚀现象来对工件进行腐蚀加工，从而达到零件图样要求。电火花加工可以加工各种高硬度、高强度、高韧性材料，广泛用于模具制造中。

在19世纪初人们就发现，当电器开关的触头在断开或闭合的时候，往往会产生火花放电现象，接触部分会被烧蚀。这种由于放电所引起的电极烧蚀现象，通常称为电腐蚀现象。长期以来人们一直认为这种火花放电现象会减短电器的使用寿命，曾对电腐蚀现象进行了大量的研究，为了避免这种电腐蚀现象，提出了许多有效的抗腐蚀办法。

人们经过研究发现，当极间产生火花放电时，电极表面的局部金属瞬时熔化和气化而被蚀除。以后人们渐渐地意识到可以有效地利用这种电腐蚀现象对金属材料进行尺寸加工，从而开创了电火花加工，直至1943年研制出第一台电火花穿孔机。但是要想达到这一目的，必须创造火花瞬间放电的产生条件。

1. 电火花放电的必要条件

1）必须使工具电极和工件之间始终存在足够的火花放电间隙（通常为几微米至几百微米）。

2）放电必须是瞬间的脉冲放电。放电的持续时间为$10^{-7}\sim10^{-3}$s。由于放电持续时间短促，放电时所产生的热量将来不及传散到电极材料内部，可以保证良好的加工精度和表面质量。

3）在脉冲放电点必须有足够的火花放电强度，即局部集中的电流密度需高达$10^{5}\sim10^{6}$A/cm^{2}，使局部金属熔化和气化。脉冲电流的波形如图3-1所示。

电火花成形加工的原理如图3-2所示。自动进给调节装置能使工件和工具电极经常保持给定的放电间隙。由脉冲电源输出的电压加在液体介质中的工件和工具电极（以下简称电极）上。

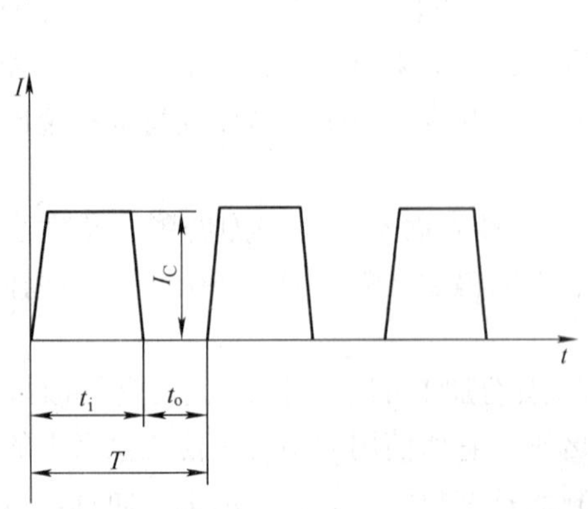

图3-1　脉冲电流波形

t_i—脉冲宽度　t_o—脉冲间隔

T—脉冲周期　I_C—电流峰值

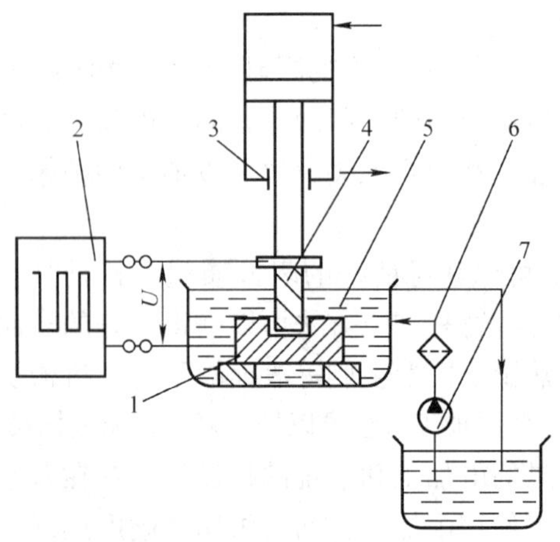

图3-2　电火花成形加工原理图

1—工件　2—脉冲电源　3—自动进给装置

4—工具电极　5—工作液　6—过滤器　7—泵

当电压升高到间隙中介质的击穿电压时，使介质在绝缘强度最低处被击穿，产生火花放电。

4）极间必须充满一定具有绝缘性能的液体介质。例如煤油、皂化液、去离子水等。液体还能把电火花放电产生的电腐蚀物及时扩散、排出，以保证后续的放电现象正常进行。

5）先后两次脉冲放电之间，要有足够的停歇时间使极间介电液充分消电离，恢复其介电性能，以保证每次脉冲放电不在同一点重复进行，避免发生局部烧伤现象。

2. 电火花加工的特点

1）便于加工用机械加工难以加工或无法加工的材料，如淬火钢、硬质合金、耐热合金等。

2）电极材料不一定比工件的材料硬，并且在加工过程中电极和工件不接触，两者间几乎不存在宏观的作用力，所以便于加工小孔、深孔、窄槽等各种形状复杂的模具零件，而不受电极和工件刚度的限制。

3）脉冲参数能在一个较大的范围内进行调节，因此可以在同一台机床上连续进行粗、中、精及精微加工。

4）直接利用电、热能进行加工，便于实现自动控制。

由于电火花加工的独特优点，加上数控电火花机床的普及，电火花加工已在模具制造等部门广泛用于解决各种难加工材料和复杂形状零件的加工问题。

3. 影响电火花加工生产率的主要因素

单位时间内从工件上腐蚀的金属量，称为电火花加工的生产率。生产率的高低受诸多因素的影响。

（1）脉冲宽度　对于矩形波脉冲电源，在脉冲电流峰值一定时，脉冲能量与脉冲宽度成正比，即能量越大，加工效率就越高。

（2）脉冲间隙　在脉冲宽度一定的条件下，脉冲间隙小，加工效率高。但脉冲间隙小于某一数值后，随着脉冲间隙的继续减小，加工效率反而降低。带有脉冲间隙自适应控制系统的脉冲电源，能够根据放电间隙的状态在一定的范围内调节脉冲间隙，既能保持稳定加工，又可获得较大的加工效率。

（3）电流峰值　当脉冲宽度和脉冲间隙一定时，随着电流峰值的增加，加工效率也增加。但电流峰值增大将增大工件的表面粗糙度值和增加电极损耗。在生产中，应根据不同的要求选择合适的电流峰值。

（4）加工面积的影响　加工面积较大时，对加工效率没有多大影响；当加工面积小至某一临界值时，加工效率就会显著降低，这种现象叫做面积效应。应根据不同的加工面积确定工作电流，并估算出所需的电流峰值。

（5）排屑条件　加工中除较浅型腔可用打排气孔方法排屑外，一般都用冲油或抽油排屑。适当增加冲油压力会使加工效率提高，但压力超过某一数值后，随压力的增加加工效率会略有降低。

随着加工深度、加工面积的增大，或是加工型面复杂程度的增加，都不利于排屑，也会使局部电蚀产物浓度过高，放电点不能分散转移，放电后的余热来不及扩散而造成局部过热，破坏加工的稳定性。

（6）电极材料和加工极性　采用石墨电极，在同样的加工电流时正极性比负极性加工效率高，但在粗加工时电极损耗甚大。采用负极性加工时会降低加工效率，但电极损耗将大大减少，加工稳定性将有所提高。

因此在精加工脉冲宽度较窄时，一般采用正极性加工，而粗加工脉冲宽度较宽时，一般采用负极性加工。

（7）工件材料　一般来说，工件材料的熔点、沸点越高，比热容、熔化潜热和气化潜热就越大，加工效率就越低，即难以加工。如硬质合金的加工效率比钢要低40%～60%。对导热性好的材料，因热量散失快，所以加工效率也会降低。

（8）工作液　用石墨、纯铜等电极加工钢件时，采用煤油比采用机油的加工效率高。当采用水或酒精溶液时，加工效率低，但电极损耗可减少，改变油的黏度对加工效率也有影响，如在煤油中加入一半机油，可使加工效率有所提高。

二、电火花加工的机理

电火花加工的机理就是电火花放电的过程，包括液体介质击穿和通道形成、能量的转换和传递、电极材料的抛出以及极间介质的消电离四个阶段。放电状况微观图如图3-3所示。按此循环往复加工，电火花放电完成对工件表面形状和尺寸的加工。

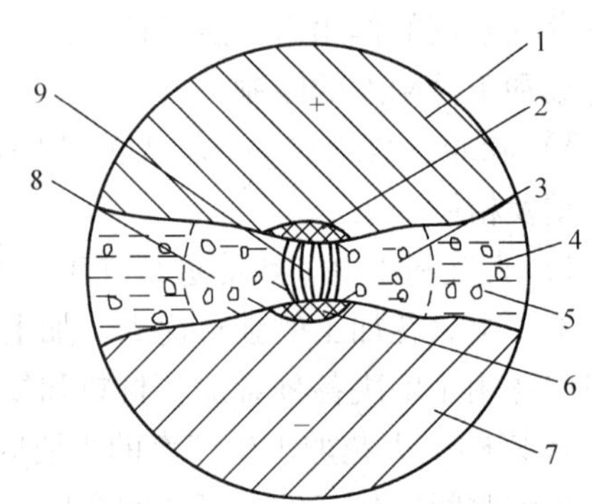

图3-3　放电状况微观图

1—阳极　2—阳极汽化、熔化区　3—熔化的金属微粒　4—工作介质　5—凝固的金属微粒　6—阴极汽化、熔化区　7—阴极　8—气泡　9—放电通道

电火花加工的物理过程是非常短暂而又复杂的，每次脉冲放电腐蚀都是电动力、电磁力、热动力以及流体动力等综合作用的过程，并可大概地分为以下四个阶段：

1. 介质击穿和通道形成

电火花加工一般都是在液体介质中进行的。当脉冲电压施加在工具电极与工件之间时，将会在极间产生电场。由于极间距离甚小以及电极表面的微观不平，极间电场是不均匀的。极间介电液中的杂质则会在极间电场作用下，向电场较强的地方聚集，进而引起极间电场的畸变。当极间距离逐渐缩小或是极间脉冲电压不断增大时，极间某一距离最小的尖端处（电场强度最大处）电场强度将超过极间介电液的介电强度，而发生雪崩式的碰撞电离，并发展成为放电通道。此刻，极间电阻在很短的时间内（10^{-7}～10^{-5}s）从无穷大急速下降到数欧姆以下，而电流则随即急剧上升，极间脉冲电压也相应地迅速降至火花维持电压。

极间介电液被击穿后所形成的放电通道，实际上是高温、高压的电离气体（即等离子体）。受电磁场约束，内部高压将使放电通道沿径向膨胀，周围瞬时形成的分子团（将发展成气泡）也要急速扩展。在扩展过程中，放电通道一方面受到周围液体介质惯性的压缩效应作用，另一方面还受到放电通道自生磁场的箍缩效应作用，致使放电通道不可能很快扩展，而成为一个十分细小的通道。放电通道的截面很小，使通道中的电流密度高达10^5～10^6A/cm^2，通道中心温度可达10000℃以上。

此外，在击穿放电过程中，还伴随着通道等离子体振荡、气泡振荡以及光辐射、射频辐射、声辐射等物理现象的发生。

2. 能量转换和传递

极间介质一旦被击穿放电，电源就通过放电通道瞬时释放能量，把电能转换为热能、动能、磁能、光能、声能以及电磁波辐射能等。其中大部分转换为热能，用于加热两极放电点和极间放电通道，使两极放电点的金属局部熔化或汽化、通道周围的介质汽化和热分解，还有一些热量将在传导和辐射过程中耗散掉。转换为动能部分的是以电动力、电场力、电磁力、流体动力、热波压力、机械力等综合作用形式的放电力，这些力在放电间隙中起作用，使电极放电点汽化或熔化部分的电蚀产物抛离电极表面，或者转移到对面的电极上去。还有少部分能量在放电过程中以光、声、无线电波等形态耗散掉。

热能与电火花加工虽然有着密切关系，然而由电能转换成的热能并非全部集中在工件表面用于加工，而是分配在阳极表面、阴极表面以及极间放电通道三个部分，其中只有分配在工件电极表面的热能才有助于工件材料的蚀除。能量分配（或能量传递）给电极表面主要有下列几种形式：

1）在电场作用下，带电粒子（电子或正离子）对电极表面（阳极或阴极）的高速轰击。

2）电极材料汽化喷爆时所形成的蒸汽炬对相对电极表面的冲击。

3）放电通道的热辐射。

4）放电通道中高温气体质点对电极表面的热冲击。

在上述四种传递能量的形式中，带电粒子对电极表面的高速轰击是主要的。在放电过程中，通道中的大量电子在电场作用下奔向阳极，并以很高的速度轰击阳极表面，将动能转换成热能。而通道中的正离子则在电场作用下奔向阴极，也以很高的速度轰击阴极表面，将其动能转换为热能。在这一传递过程中，带电粒子数愈多，所传递的能量也愈多。

传递给两极的能量转化为热能，在电极表面放电点形成一个瞬时高温热源。按照热传导理论，高温热源必然向周围和内部传递热量，放电点处温度最高，远离放电点处温度低，形成一个温度场。其温度超过电极材料汽化点的区域，便是汽化区；而温度低于汽化点，但高于材料的熔点的区域，即为熔化区；熔化层下面的是热影响层，其材料仅温度升高，但并不改变物质的状态；远离高温热源的区域，为无变化区，如图3-4所示。

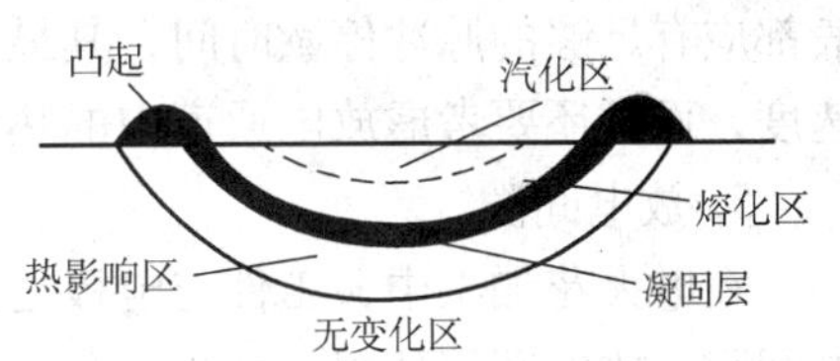

图3-4　电腐蚀的小凹坑

3. 电极材料的抛出

传递给电极的能量在放电点形成一个瞬时的高温热源，这个高温热源使放电点附近的局部金属瞬时熔化和汽化。由于这一过程十分短促，金属的熔化和汽化具有爆炸特性，爆炸力将把熔化和汽化的金属抛离电极表面，并在电极表面留下一个小凹坑。高速摄影研究结果表明，金属的抛离速度可达100～200m/s。

其实，电极材料的抛出过程远比上述情况复杂得多。在脉冲放电初期，高温热源使电极放电点部分材料汽化，在汽化过程中，产生很大的热爆炸力，使被加热至熔化状态的材料挤出或飞溅。电极蒸汽、介质蒸汽以及放电通道的急剧膨胀，也会产生相当大的压力，参与熔融金属的抛出过程。脉冲放电初期，这种热爆炸力的抛出作用是显著的。在脉冲放电持续期间，放电通道中的带电粒子将在电场作用下形成电子流和离子流，分别冲击阳极和阴极表面，产生很大的压力，使放电点的局部金属过热。而过热的熔融金属内部又会形成汽化中心，引起汽化爆炸，把熔融金属抛出。实际上，放电通道中的等离子体振荡也会导致带电粒子流冲击压力的变化，导致过热熔融金属的喷爆。

在脉冲放电结束之后，由于流体动力作用，熔融金属还会额外抛出一部分。因为放电过程所产生的气泡，会因内部压力高而迅速向外扩展。当脉冲放电结束之后，会因液体运动惯性而继续扩展，加上气泡壁上蒸汽的冷凝，致使气泡内压力急剧降低，甚至远低于大气压力，从而使高压力下溶解在熔融金属中的气体喷爆而出，并使熔融金属随同金属蒸汽再次从放电凹坑中抛出。

总之，电极材料的抛出是热爆炸力、电动力、流体动力等综合作用的结果。蚀除的金属除一部分以气相抛出外，大部将以液相抛出。

被抛出的金属蒸汽和液滴，一部分飞溅转移到两极表面，而大部分被抛入极间液体介质中，由于表面张力和内聚力的作用，迅速冷却凝聚成球状颗粒而成为电蚀产物的一部分。电极表面经过一次放电而蚀除了一部分金属材料，并留下一个盆地状的微小凹坑。

4. 极间介质的消电离

一个脉冲放电结束后，极间电场急速减小到零，碰撞电离也随之停止，而且放电通道会因消电离过程（即通道中的正负带电粒子复合成中性粒子的过程）而使通道中的带电粒子数急速减少，并逐渐恢复极间介电液的介电性能。

必须指出，正负带电粒子的复合速度还是比较快的，极间电场将在很短的时间内减小，并趋近于零。但是，正负带电粒子的复合和极间电场的减小，并不等于极间介电性能的恢复。因为放电所产生的电蚀产物（包括气泡）在极短的时间内还来不及扩散和排出，放电通道中的热量也来不及传散，介质的高温和介质中混有大量电蚀产物，都会大大降低其介电能力。因此，在电火花加工过程中，为了保证加工的正常进行，在先后两次脉冲放电之间一般都应有足够的脉冲停歇时间，其最小脉冲停歇时间的选择，不仅要考虑介质的消电离极限速度，而且还要考虑放电通道中的热量传散以及电蚀产物的扩散。

5. 放电间隙

在电火花加工中，工件与电极之间发生火花放电时要保持一定的距离，这个距离称为放电间隙。放电间隙随粗、精加工所选用的电参数的不同而有所变化，以满足不同加工的需要。而且，电火花加工是个动态过程，工件和电极都有一定的损耗，使得放电间隙逐渐增大，当间隙大到不足以维持放电时，加工便停止。为了使加工能继续进行，电极必须不断地、及时地进给，以维持所需的放电间隙。当外来的干扰使放电间隙发生变化（如排屑不良而造成短路）时，电极的进给也应随之作相应的变化，以保持最佳放电间隙。这一任务由电火花成形加工机床的自动调节系统来完成。目前使用较多的有电液自动调节系统装置和电动机自动调节系统装置两大类。

三、电火花成形加工机床

电火花成形加工机床由脉冲电源、机床主体、自动调节系统和工作液循环过滤系统四部分组成。

1. 脉冲电源

电火花成形加工机床脉冲电源的作用是将工频交流电转变成频率一定的单向脉冲电流，提供电火花成形加工所需要的能量。脉冲电源的性能直接影响电火花成形加工的生产率、加工稳定性、电极损耗、加工精度和表面粗糙度。因此，对脉冲电源的基本要求是：

1）要有足够的脉冲放电能量，保持一定的生产率。否则金属只能被加热而不能瞬时熔化和汽化。

2）脉冲波形基本上是单向脉冲，以便充分利用极性效应，减少电极的损耗。

3）脉冲电源的主要参数（脉冲宽度、脉冲间隙和峰值电流）应该有较宽的调节范围，以满足粗加工、半精加工、精加工的需要。

4）工具电极损耗要小，粗规准时相对损耗要小于0.5%，中、精规准时应该更小。

5）性能稳定可靠，结构简单，操作和维修方便。

电火花成形加工机床脉冲电源的种类很多，按照工作原理的不同可分为非独立式脉冲电源和独立式脉冲电源两大类。电火花加工机床示意图如图3-5所示。

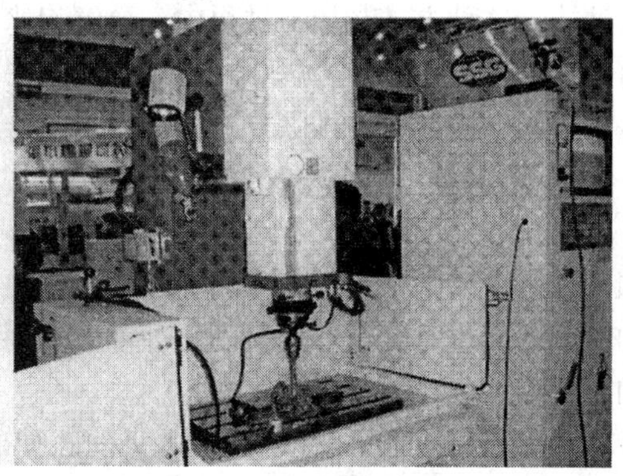

图3-5 电火花加工机床示意图

2. 机床主体

机床主体部分主要包括：主轴头、床身、立柱、工作台及工作液槽。机床的整体布局按机床型号的大小，可以分为分离式和整体式，一般以分离式较多。

（1）主轴头 主轴头是电火花成形机床中最关键的部件，是自动调节系统的执行机构，控制工具电极与工件之间的间隙，它的性能和质量对加工工艺指标的影响极大。对主轴头的要求是：结构简单、传动链短、传动间隙小、热变形小、具有足够的精度和刚度，以适应自动调节系统的惯性小；有一定的轴向和侧向刚度和精度；有足够的进给和回升速度；主轴运动的直线性和防扭性能好；灵敏度要高、无爬行现象，有足够的负载电极重量的能力。主轴头主要由进给系统、导向防扭机构、电极装夹及其调节环节组成。

普通电火花成形加工机床的主轴头多为液压式主轴头。

（2）床身和立柱 床身和立柱是机床的主要基础结构件，要有较好的刚度。床身工作台面与立柱导轨面间应有一定的垂直度要求，还应有较好的精度保持性，这就要求导轨具有良好的耐磨性和能够充分消除材料内应力等，它们的刚度、精度和耐磨性对电火花成形加工质量有直接的影响。

（3）工具电极夹具 工具电极的装夹及其调节装置的形式很多，其作用是调节工具电极和工作台的垂直度，以及调节工具电极在水平面内微量的扭转角。常用的有十字铰链式和球面铰链式。

近年来，由于工艺水平的提高及微机、数控技术的发展，已经生产的有三坐标伺服控制的机床，以及主轴和工作台回转运动并行的三向伺服控制的五坐标数控电火花机床，有的机床还带有工具电极库，可以自动更换工具电极，机床的坐标位移脉冲当量为 1μm。

（4）工作台　工作台是支承和安装工件的，工作液槽安装在工作台上。通过转动纵、横手轮，带动丝杠来移动纵、横工作台，改变工具电极和工具的位置。

3. 工作液循环过滤系统

工作液循环过滤系统包括工作液（煤油）箱、电动机、泵、过滤装置、工作液槽、油杯、管道、阀门以及测量仪表等。除了靠自然扩散、定期抬刀以及使工具电极附加振动等方法排除放电间隙中的电蚀产物外，常采用强迫循环的办法加以排除，以免间隙中电蚀产物过多，引起已加工过的侧表面间“二次放电”，影响加工精度，此外也可带走一部分热量。

按极间电蚀产物的排除方式，工作液强迫循环可分为两种方式。一种是冲油式，另一种是抽油式，这种方式在加工过程中，分解出来的气体（H_2、C_2H_2 等）易积聚在抽油回路的死角处，遇电火花引燃会爆炸，因此一般用得较少，但在要求小间隙、精加工时也可使用。

按极间电蚀产物的排除方式，可以将工作液循环系统分为两种方式：

1）一种是冲油式，这种方式较容易实现。冲油式是将清洁的工作液强迫冲入放电间隙，使工作液连同电蚀产物一起从电极侧面间隙排出。这种排屑方式的压力在 0～0.2MPa 范围内调节，高频精加工时因间隙小而要求更大的冲油压力，一般为 0.4～0.6MPa。但电蚀产物从侧面通过时容易形成斜度。冲油式排屑冲刷能力强，但电蚀产物通过已加工区，会影响加工精度。

2）另一种是抽油式，它是从电极间隙抽出工作液，使用过的工作液连同电蚀产物一起经过工件待加工面而被排出。抽油压力一般只需 $0 \sim 5 \times 10^4$Pa。利用这种抽油式排屑方法可以获得较高的加工精度，但排屑能力比前者低。

为了不使工作液越用越脏，影响加工性能，必须对其加以净化、过滤。具体方法有：

1）自然沉淀法。这种方法速度太慢，周期太长，只用于单件小批量或精微加工。

2）介质过滤法。此法常用黄沙、木屑、棉纱头、过滤纸、硅藻土、活性炭等为过滤介质。这些介质各有优缺点，但对中小型工件，当加工用量不大时，一般都能满足过滤要求，因此可就地取材。其中过滤纸效率较高，性能较好，已生产供应专用纸过滤装置。

3）高压静电过滤、离心过滤法等。这些方法在技术上比较复杂，采用较少。

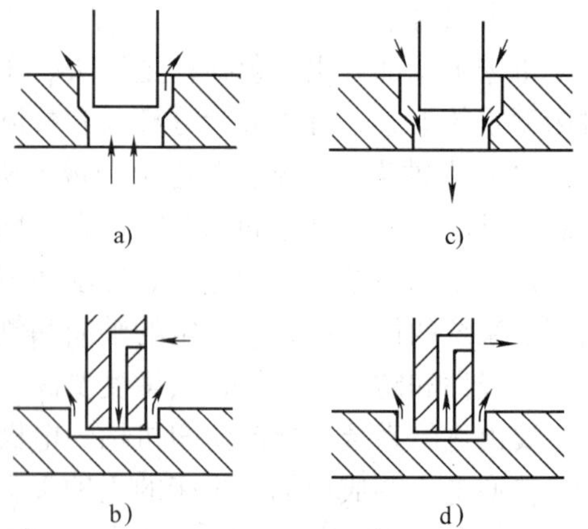

图 3-6　工作液的循环方式
a)、b) 冲油式　c)、d) 抽油式

目前生产上应用的循环系统形式很多，常用的工作液循环过滤系统既可以冲油，也可以抽油。目前国内已有多家专业工厂生产工作液过滤循环装置。工作液的循环方式如图 3-6 所示。

目前生产上应用的循环系统形式很多，图 3-7 所示为常用的工作液循环过滤系统的一种方式。它可以冲油，也可以抽油，由阀Ⅰ和阀Ⅱ来控制。冲油时，液压泵 1 把工作液打入过滤器 2，然后经管道（3）到阀Ⅰ，工作液分两路：一路经管道（5）到工作液槽 4 的侧面孔；另一路经管道（6）到阀Ⅱ，再经管道（7）进入油杯 5。冲油时的流量和油压靠阀Ⅱ

和溢流阀3来调节。抽油时，转动阀Ⅰ和阀Ⅱ，使进入过滤器的工作液分两路：一路经管道（3）和阀Ⅰ进入管道（5）至工作液槽4的侧面孔；另一路经管道（4）和阀Ⅰ进入管道（9），经射流管7及管道（10）进入贮油箱8。由射流管的“射流”作用将工作液从工作台油杯中抽出，经管道（7）、阀Ⅱ、管道（8）到射流管7进入贮油箱8。转动阀Ⅰ和阀Ⅱ还可以停油和放油。

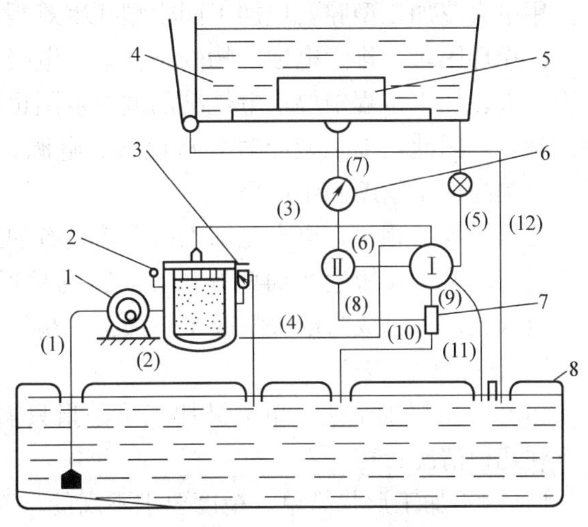

图3-7　工作液循环过滤系统

1—液压泵　2—过滤器　3—溢流阀　4—工作液槽　5—油杯　6—压力表　7—射流管　8—贮油箱

工作液的过滤，主要有自然沉淀法和介质过滤法。前者简便，但速度慢，效果差。常用黄沙、木屑、过滤纸、活性炭等作为介质，它们各有所长，但以过滤纸效果最好，目前已有专业厂生产。

四、电规准的选择与转换

电火花加工中所选用的一组电脉冲参数称为电规准。应根据工件的加工要求、电极和工件材料、加工的工艺指标等因素来选择电规准。选择的电规准是否恰当，不仅影响模具的加工精度，还直接影响加工的生产率和经济性，在生产中主要通过工艺试验确定。通常要用几个规准才能完成凹模型孔加工的全过程。电规准分为粗、中、精三档。从一个规准调整到另一个规准称为电规准的转换。

粗规准主要用于粗加工。对它的要求是生产率高，工具电极损耗小。被加工表面的粗糙度值 $R_a < 12.5\mu m$。所以粗规准一般采用较大的峰值电流和较长的脉冲宽度（$t_i = 20 \sim 60\mu s$），采用钢电极时，电极相对损耗应低于10%。

中规准是粗、精加工间过渡性加工所采用的电规准，用以减小精加工余量，促进加工稳定性和提高加工速度。中规准采用的脉冲宽度一般为20～60μs，被加工表面的表面粗糙度可达 $R_a 6.3 \sim 3.2\mu m$。

精规准用来进行精加工。要求在保证模具各项技术要求（如配合间隙、表面粗糙度和刃口斜度）的前提下尽可能提高生产率。故多采用小的峰值电流、高频率和短的脉冲宽度（如 $t_i = 20 \sim 60\mu s$）。被加工表面的表面粗糙度可达 $R_a 1.6 \sim 0.8\mu m$。

粗、精规准的正确配合，可以较好地解决电火花加工的质量和生产率之间的矛盾。凹模型孔用阶梯电极加工时，电规准转换的程序是：当阶梯电极工作端的阶梯进给到凹模刃口处时，转换成中规准过渡加工1～2mm后，再转入精规准加工。若精规准有两档，还应依次进行转换。

在规准转换时，其他工艺条件也要适当配合。电规准转换的档数，应根据加工对象进行确定。粗规准加工时，排屑容易，冲油压力应小些；转入精规准加工后加工深度增加，放电间隙变小，排屑困难，冲油压力应逐渐增大；当穿透工件时，冲油压力适当降低。对加工斜度、表面粗糙度要求较低和精度要求较高的模具零件加工，要将上部冲油改为下部抽油，以减小二次放电的影响。

五、型腔加工

用电火花加工型腔要比加工凹模型孔困难得多。型腔属于盲孔加工，金属蚀除量较大，工作液循环困难，排除电蚀产物的条件差，电极损耗不能用增加电极长度和进给来补偿；加工面积大，加工过程中要求电规准的调节范围也较大；型腔复杂，电极损耗不均匀，会影响加工精度。因此，加工型腔时要从设备、电源、工艺等方面采取措施来减小或补偿电极损耗，以提高加工精度和生产率。

与机械加工相比，电火花加工的型腔具有加工质量好、表面粗糙度值小、减少切削加工和手工劳动量，缩短生产周期等优点。特别是近年来由于电火花加工设备和工艺的日趋完善，电火花加工已成为解决型腔半精加工、精加工的一种重要手段。

1. 型腔加工方法

（1）单电极加工法　单电极加工法是指只需一个电极便可加工出所需型腔的方法。用于下列几种情况：

1）用于加工形状简单、精度要求不高的型腔。

2）用于加工经过预加工的型腔。为了提高电火花加工的加工效率，在电火花加工型腔之前采用切削加工方法进行预加工，并留适当的电火花加工余量，在型腔淬火后用一个电极进行精加工达到型腔的精度要求。一般型腔可用立式铣床进行预加工；复杂型腔或大型型腔可先用立式铣床去除大量的加工余量，再用仿形铣床精铣。在能保证加工成形的条件下，电加工余量越小越好。一般型腔侧面单边留余量0.1～0.5mm，底面留余量0.2～0.7mm。如果是多台阶复杂型腔则余量应适当减小。电加工余量应均匀，否则将使电极损耗不均匀，影响成形精度。

3）用平动法加工型腔。对于有平动功能的电火花机床，在型腔不进行预加工的情况下，也可用一个电极加工出所需型腔。在加工过程中，先采用低损耗、高生产率的电规准进行粗加工，然后启动平动头带动电极（或数控坐标工作台带动工件）作平面圆周运动，同时按粗、中、精的加工顺序逐级转换电规准，并相应加大电极作平动的回转半径，将型腔加工到所规定的尺寸要求及表面粗糙度要求。

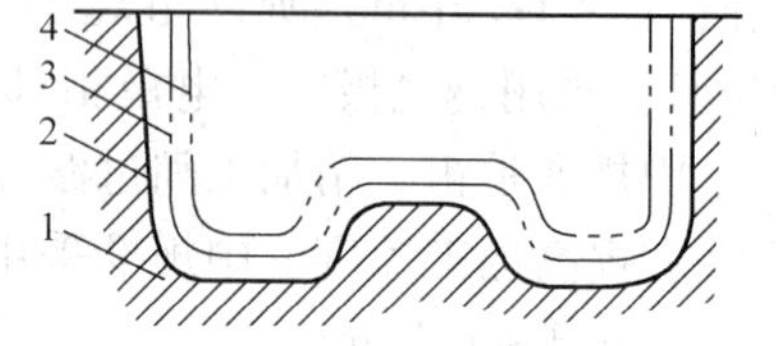

图3-8　多电极加工示意图
1—模坯　2—精加工后的型腔
3—中加工后的型腔
4—粗加工后的型腔

（2）多电极加工法　多电极加工法是用多个电极，依次加工同一个型腔，如图3-8所示。每个电极都要对型腔的整个被加工表面进行加工，但电规准各不相同。所以设计电极时必须根据各电极所用电规准的放电间隙来确定电极尺寸。每更换一个电极进行加工，都必须把被加工表面上由前一个电极加工所产生的电蚀痕迹完全去除。

用多电极加工法加工的型腔精度较高，尤其适用于加工尖角、窄缝多的型腔。其缺点是需要制造多个电极，并且对电极的制造精度要求很高，更换电极时需要保证高的定位精度。因此，这种方法一般用于精密和复杂型腔的加工。

（3）分解电极法　分解电极法是根据型腔的几何形状，把电极分解成主型腔电极和副型腔电极（电极分别制造），先用主型腔电极加工出型腔的主要部分，再用副型腔电极加工型腔的尖角、窄缝等部位。此法能根据主、副型腔的不同加工条件，选择不同的电规准，有利于提高加工速度和加工质量，使电极易于制造和修整。但主、副型腔电极的安装精度要求高。

2. 电极设计

（1）电极材料和结构的选择

1）电极材料的选择：型腔加工常用的电极材料主要是石墨和纯铜，纯铜组织致密，适用于加工形状复杂、轮廓清晰、精度要求较高的塑料成型模、压铸模等，但机械加工性能差，难以成形磨削。由于纯铜电极密度大、价格高，不宜用作大、中型电极。石墨电极容易成形，密度小，所以适合用作大、中型电极。但机械强度较差，在采用宽脉冲大电流加工时，容易起弧烧伤。铜钨合金和银钨合金是较理想的电极材料，但价格高，只用于特殊型腔加工。

2）电极结构的选择：整体式电极适用于尺寸大小和复杂程度一般的型腔；镶拼式电极适用于型腔尺寸较大，单块电极坯料尺寸不够或电极形状复杂，将其分块才易于制造的情况；组合式电极适用于一模多腔的情况，可以提高加工速度，简化各型腔之间的定位工序，易于保证型腔的位置精度。

（2）电极尺寸的确定　加工型腔的电极，其尺寸大小与型腔的加工方法、加工时的放电间隙、电极损耗及是否采用平动等因素有关。工具电极如图 3-9 所示。设计电极时需确定的电极尺寸如下。

1）电极的水平尺寸（图 3-10）：电极在垂直于主轴进给方向上的尺寸称为水平尺寸。当型腔经过预加工，采用单电极进行电火花精加工时，其电极水平尺寸的确定与穿孔加工时相同，只需考虑放电间隙即可。当型腔采用单电极平动加工时，需考虑的因素较多，其计算公式为

$$a = A \pm Kb$$

式中　a——电极水平方向上的基本尺寸（mm）；

A——型腔的基本尺寸（mm）；

K——与型腔尺寸标注有关的系数；

b——电极单边缩放量（mm）。

图 3-9　工具电极

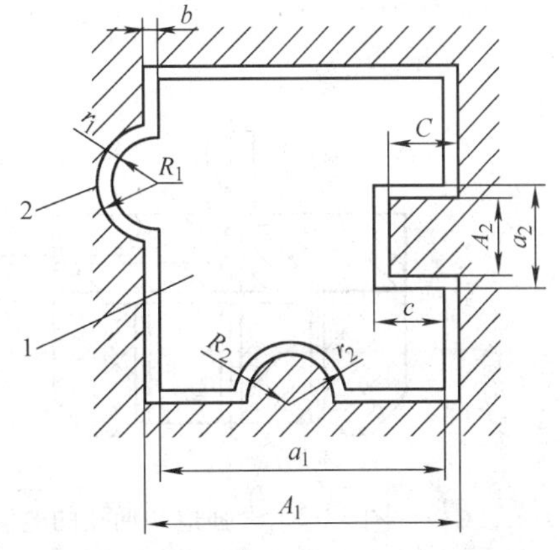

图 3-10　电极水平截面尺寸缩放示意图

1—电极　2—型腔

b 的计算公式为

$$b = e + \delta_j - \gamma_j$$

式中　e——平动量，一般取0.5～0.6mm；

δ_j——精加工最后一档规准的单边放电间隙。最后一档规准的放电间隙通常指表面粗糙度 R_a 小于0.8μm时的 δ_j 值，一般为0.02～0.03mm；

γ_j——精加工（平动）时电极侧面损耗（单边），一般不超过0.1mm，通常忽略不计。

上式中的“±”号及 K 值按下列原则确定：与型腔凸出部分相对应的电极凹入部分的尺寸（图3-10所示 r_2、a_2）应放大，即用“+”号；反之，与型腔凹入部分相对应的电极凸出部分的尺寸（图3-10所示 r_1、a_1）应缩小，即用“-”号。

当型腔尺寸以两加工表面为尺寸界线标注时，若蚀除方向相反（图3-10所示 A_1），取 $K=2$；若蚀除方向相同（图3-10所示 C），取 $K=0$。当型腔尺寸以中心线或非加工面为基准标注（图3-10所示 R_1、R_2）时，取 $K=1$；与型腔中心线之间的位置尺寸以及角度尺寸相对应的电极尺寸不缩不放，取 $K=0$。

图3-11　电极垂直方向尺寸

1—电极固定板　2—电极　3—工件

2）电极垂直方向尺寸（图3-11）：即电极在平行于主轴轴线方向上的尺寸，可以按下式计算

$$h = h_1 + h_2$$

式中　h——电极垂直方向的总高度（mm）；

h_1——电极垂直方向的有效工作尺寸（mm）；

h_2——考虑加工结束时，为避免电极固定板和模块相碰以及同一电极能多次使用等因素而增加的高度，一般取5～20mm。

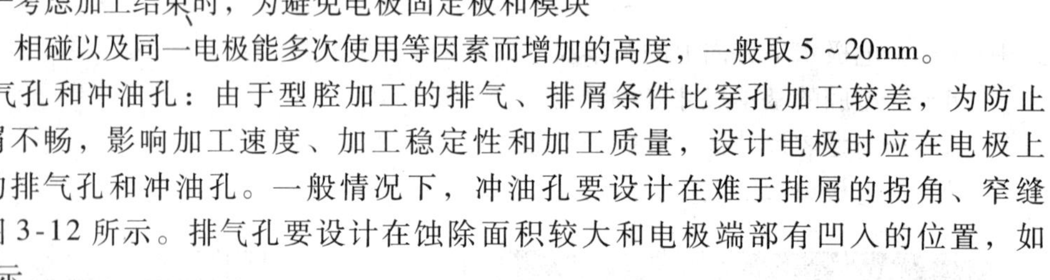

3）排气孔和冲油孔：由于型腔加工的排气、排屑条件比穿孔加工较差，为防止排气、排屑不畅，影响加工速度、加工稳定性和加工质量，设计电极时应在电极上设置适当的排气孔和冲油孔。一般情况下，冲油孔要设计在难于排屑的拐角、窄缝等处，如图3-12所示。排气孔要设计在蚀除面积较大和电极端部有凹入的位置，如图3-13所示。

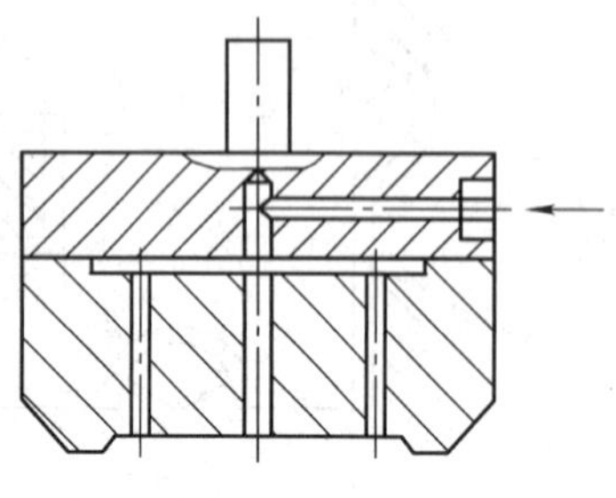

图3-12　设强迫冲油孔的电极

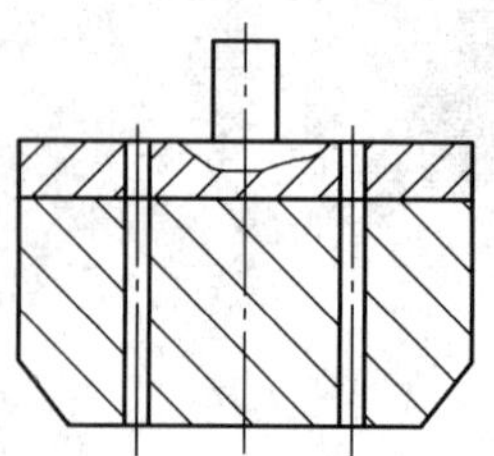

图3-13　设排气孔的电极

冲油孔和排气孔的直径应小于平动偏心量的二倍，一般为1～2mm。如果直径过大则会在电蚀表面形成凸起，不容易被清除。各孔间的距离约为20～40mm，以不产生气体和电蚀产物的积存为原则。

六、电火花加工机床在模具工业中的应用

在模具型面加工中，电火花加工机床虽然受到高速铣削的严峻挑战，但由于其独特性能和技术的不断进步，电火花加工机床今后仍将在模具工业中发挥其独特的作用，并获得进一步的发展。随着电火花加工技术的不断发展，电火花加工在模具加工中所占比例逐步提高，电火花加工机床在模具工业的应用也越来越多。

目前，电火花线切割加工的精度已达到 2μm，最佳加工表面粗糙度可低于 R_a0.3μm，由于镜面电火花加工技术的发展，精密电火花成形机床在精密型腔模具加工方面，起着越来越重要的作用。有的电火花成形机床加工的表面粗糙度可达 R_a0.1μm。电火花加工虽然已受到高速铣削的严重挑战，但它仍旧有广泛的前景。

现在，电火花加工技术与模具制造已密不可分。一方面是电火花加工技术的发展，为模具工业的发展创造良好的条件；另一方面是模具工业的发展，向电火花加工提出了越来越高的要求，促使电火花加工技术的发展。两者相辅相成，相互促进，共同发展。日益加剧的市场竞争要求模具制造周期越来越短，工业产品零件大型化和精度要求的不断提高要求模具日趋大型化和精密化。电火花加工技术也要跟上这些要求。因此，快速、大型、精密、大厚度切割等都是电火花加工机床今后的发展方向。当然，不断提高电火花加工机床的可靠性、继续降低电极损耗、进一步简化操作、提高自动化程度及降低机床成本，仍旧是电火花加工机床的发展方向。

第二节　电火花线切割加工

一、电火花线切割的加工原理、特点和应用

1. 电火花线切割加工概述

电火花加工机床自 20 世纪 50 年代在我国诞生以来，走过了漫长的发展道路，其技术日益先进，应用越来越广，目前已在我国模具工业中占有十分重要的地位。

在模具成形面的加工中，例如在模具制造中经常出现的深窄小型腔、窄缝、沟槽等方面的加工中，电火花线切割具有其他加工方法难以替代的作用。

（1）加工基本原理　电火花线切割加工（Wire Cut EDM，简称 WEDM）的原理和电火花加工原理相同，都是利用火花放电把金属熔化或汽化，除去加工余量，实现对金属工件的加工。

电火花线切割加工是利用高速移动的细金属导线（铜丝或钼丝）作电极，对工件进行脉冲火花放电，按所需要的形状切割成形，以达到对工件的加工要求，故称为电火花线切割，有时简称为线切割。

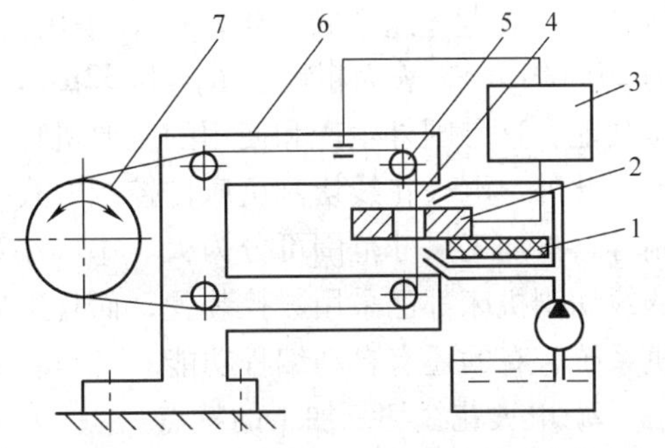

图 3-14　电火花线切割加工示意图
1—绝缘底板　2—工件　3—脉冲电源　4—钼丝
5—导向轮　6—支架　7—贮丝筒

图 3-14 所示为电火花线切割加工工艺装备的示意图。工件 2 接脉冲电源的正极，电极丝接负极，工件被放置在工作台上。钼丝 4 作工具电极，按预先规定好的加工轨迹运动并切割工件，

贮丝筒7使钼丝作正、反向交替移动，加工所需能源由脉冲电源3供给，在工件和电极丝之间及工件之间浇注工作液（线切割一般采用5%左右的乳化油水溶液作为工作液），电极丝作高速移动，根据火花间隙的状态作伺服进给运动，从而沿所要求的线路进行电腐蚀加工，实现线切割加工。

（2）数控电火花线切割机床　目前，我国广泛使用的线切割机床是数控电火花线切割机床，如图3-15所示。根据电极丝的运行速度，电火花线切割机床通常分为两大类：

图3-15　线切割机床

1）一类是高速走丝电火花线切割机床（WEDM-HS），这类机床的电极丝作高速、双向往复的运动，可以反复使用。一般走丝速度为8～10m/s，采用的电极丝常为0.08～0.2mm的钼丝或是直径为0.3mm左右的铜丝。这种机床是我国生产和使用的主要机种，也是我国独创的一种电火花线切割机床。一般采用浓度为5%左右的乳化液和去离子水等作为工作液。目前，能达到的加工精度为±0.01mm，表面粗糙度 $R_a=2.5\sim0.63\mu m$，最大切削速度可达到50mm²/min以上。

2）另一类是低速走丝电火花线切割机床（WEDM-LS），这类机床的电极丝作低速单向运动，一般走丝速度低于0.2m/s，采用去离子水和煤油等作为工作液，其达到的加工精度为±0.001mm，表面粗糙度 $R_a<0.32\mu m$，这类机床具有自动穿电极丝和自动卸除加工废料等功能，这是国外生产和使用的主要机种。

此外，电火花线切割机床按控制方式可分为靠模仿型控制、光电跟踪控制、数字程序控制等；按加工尺寸范围可分为大、中、小型以及普通型与专用型等。目前国内外95%以上的线切割机床都已采用数控装置，而且采用不同水平的微机数控系统，从单片机到微型计算机系统，有的还有自动编程功能。

2. 电火花线切割加工的特点

电火花线切割加工与电火花成形加工相比，两者存在着很多的共性。但是，电火花线切割加工也有其自身独特的优势。

电火花线切割加工的特点如下：

1）电火花线切割加工使用的是脉冲电源，但是脉冲宽度、平均电流等不能太大，加工工艺参数的范围较小，属中、精正极性电火花加工，工件常接电源正极。有多种形式的放电状态，如开路、正常火花放电、短路等。

2）由于电极丝与工件始终有相对运动，所以一般没有稳定电弧放电状态。

3）线切割加工的加工机理仍然是利用了电火花放电，对工件进行生产加工。在表面粗糙度、工艺规律、材料的可加工性等方面都与电火花加工基本相似，可以加工硬质合金等一切导电材料。

4）采用水或水基工作液，不易引燃，避免发生火灾，较容易地实现无人自动运转，安全可靠。

5）电极与工件之间存在着“疏松接触”式轻压放电现象。

6）加工时，采用电极丝进行加工，因此不用制造成形用的工具电极，大大降低了成形工具电极的设计和制造费用，缩短了生产准备时间和加工周期。

7）采用四轴联动，可以加工锥度和上下面形状不同的异形工件。

8）采用移动的长电极丝进行加工，因此单位长度电极丝的损耗较少，对加工精度的影响比较小，特别在低速走丝线切割加工时，电极丝一次性使用，因此电极丝损耗对加工精度的影响更小。

9）用较细的电极丝，可以加工微细异形孔、窄缝和形状复杂的工件。

电火花线切割加工有许多突出的长处，因而在国内外发展都较快。现在，电火花加工技术与模具制造已密不可分。一方面是电火花加工技术的发展，为模具工业的发展创造良好的条件；另一方面是模具工业的发展，向电火花加工提出了越来越高的要求，促使电火花加工技术的发展。两者相辅相成，相互促进，共同发展。

3. 电火花线切割加工的应用

由于电火花线切割加工可加工精密型零件，以及模具技术的发展使型面更加复杂，微细型腔越来越多，而且随着对模具寿命要求的不断提高，模具材料的硬度也更高，因此，电火花线切割加工机床显现出了其独特的优越性。电火花线切割加工主要应用于以下几个方面：

1）加工模具：适用于各种直通式冲模零件的加工。还可加工挤压模、粉末冶金模、弯曲模、塑压模等带锥度的模具。

2）加工电火花成形用的电极。

3）加工其他机床难以加工的特殊结构或是特殊材料的零件。

4）对于多数形状复杂的零件，特别是当铣刀难于接触到复杂表面时，可以利用电火花线切割机床进行加工。

5）适用于长径比（刀具长度/刀具直径）特别高的或是工件内部有尖角的场合。

二、影响电火花线切割加工工艺指标的因素

1. 电火花线切割加工的主要工艺指标

（1）表面粗糙度　高速走丝电火花线切割加工可达到的表面粗糙度为 $R_a5 \sim 2.5\mu m$ 左右。低速走丝电火花线切割加工可达到的表面粗糙度为 $R_a12.5\mu m$，最佳可达 $R_a0.2\mu m$。

（2）加工速度　在保持一定的表面粗糙度的切割过程中，单位时间内电极丝中心线在工件上切过的面积总和称为加工速度，单位为 m^2/min。它与加工电流的大小、电参数、电极丝的材料、走丝速度和抖动速度、工件材料和厚度、进给机构的加工稳定性等有关。

（3）加工精度　加工精度是指所加工工件的尺寸精度、形状精度（如直线度、平面度、

圆度等）和位置精度（如平行度、垂直度、倾斜度等）的总称。快速走丝电火花线切割的可控加工精度在 0.01 ~ 0.02mm 左右，低速走丝电火花线切割的加工精度可达 0.005 ~ 0.002mm。

（4）电极丝损耗量　对于高速走丝电火花线切割机床，用电极丝在切割 10000mm^2 面积后电极丝直径的减少量来表示。一般每切割 10000mm^2 后，钼丝直径的减小量不应大于 0.01mm。

2. 影响表面粗糙度的因素

1）电极丝的损耗过大，在导轮里窜动，从而影响了机床的正常工作。

2）脉冲电源参数选择不当。

3）电极丝的走丝速度和抖动。

4）加工时，由于进给的速度过大，使机床的工作不够稳定。

另外，一些非电参数对电火花线切割加工工艺指标也有不小的影响，如工件厚度及工件材料，如果工件厚，工作液难于进入和充满放电间隙，加工稳定性差，但电极丝不易抖动，因此精度较高，表面粗糙度值较小；如果工件薄，工作液容易进入并充满放电间隙，对排屑和消电离有利，加工稳定性好。但工件太薄，电极丝易产生抖动，对加工精度和表面粗糙度产生不利影响。预置进给速度（指进给速度的调节）对切割速度、加工精度和表面质量的影响很大。此外，机械部分精度（例如导轨、轴承、导轮等磨损及传动误差）和工作液（例如种类、浓度及其脏污程度）都会对加工效果产生一定的影响。

三、电火花线切割模具的结构和工艺特点

采用电火花线切割加工模具时，均应考虑线切割加工工艺的特点。只有这样，才能保证模具的制造精度，提高模具的使用寿命。

1. 电火花线切割模具的结构特点

1）采用电火花线切割加工工艺时，凸模和凹模可采用整体式结构。这对提高模具强度、简化模具结构、缩短模具制造周期均有好处。

2）电火花线切割加工的凸模只能为直通型凸模。凸模固定板也可采用电火花线切割加工。为了确保凸模与固定板具有一定的连接强度，凸模与固定板应为过盈配合，过盈量一般为 0.01 ~ 0.03mm；若凸模尺寸较大，可在凸模后部加工螺孔，用螺钉紧固于固定板或垫板上。

3）由于一般数控线切割机不带切割斜度的装置，因此切割出的凹模型孔为直通型。为便于漏料，凹模的刃口厚度应在保证强度的前提下尽量减小，一般可以在凹模背面用铣削加工来减小凹模的刃口厚度，也可利用电火花在凹模背面穿出漏料斜度。

4）电火花线切割模具的凹角和尖角尺寸应符合电火花线切割加工的特点。电火花线切割加工时，由于电极丝半径 R 和放电间隙 δ 的存在，所以在工件的凹角处不能得到清角，而是半径为 $R+\delta$ 的圆弧。

对于形状复杂的精密冲模，在设计凸、凹模结构时应注明凹角处的过渡圆弧半径，加工凹角时应使 $R \geqslant R \pm \delta$；和凹角适配的尖角也应有相对应的圆弧半径。

2. 影响线切割工艺指标的主要因素

影响线切割加工的加工速度、加工精度和表面粗糙度等工艺指标的因素较多，其中最主要的是机床精度、电源参数、工作液、操作技术等。

加工速度即生产率，它与高频脉冲电源的波形和电参数有直接关系。增加单个脉冲能量和提高脉冲频率能提高加工速度，但也受到一定的制约。此外，工作液的种类、浓度、脏污程度和喷流情况，电极丝的材料、直径、走丝速度和抖动情况，工件材料和厚度，加工进给速度、稳定性和机构传动精度等也影响加工速度。

加工精度受机械传动精度的影响较为显著，机床坐标工作台的位移精度和电极丝的运动精度都直接影响加工精度。机床坐标工作台的位移精度取决于丝杠螺母副、齿轮副、导轨副等的制造和装配精度以及磨损程度。电极丝的运动精度受导轮的回转精度、导轮的不均匀磨损、电极丝的松动和放电爆炸力的影响较为显著。此外，电极丝的直径、放电间隙的大小、加工进给控制的稳定性、工作液喷流量的大小和喷流角度等也影响加工精度。

影响表面粗糙度的因素主要有以下几点：

1）脉冲电源参数选择不当，单个脉冲能量过大。

2）导轮及其轴承因磨损而使精度下降，因此产生的高低条纹严重地影响了加工表面的粗糙度。

3）钼丝损耗过大，变细了的钼丝在导轮内窜动。

4）进给速度调节不当，加工不稳定。

此外，电极丝的走丝速度和抖动情况、机械传动精度等也影响加工表面的粗糙度。

总之，影响线切割加工工艺指标的因素很复杂。想要取得良好的加工效果，需要综合考虑多方面的因素，并掌握必要的操作技术。

3. 保证电火花线切割模具质量的工艺措施

（1）选用合适的模具材料　电火花线切割加工是在整块模坯热处理淬硬后才进行的，如果采用碳素工具钢（如 T8A、T10A）制造模具，由于其淬透性很差，线切割加工所得到的凸模或凹模刃口的淬硬层较浅，经过数次修磨后，硬度显著下降，模具的使用寿命变短。另一方面，由于电火花线切割加工时，加工区域的温度很高，又有工作液不断进行冷却，相当于在进行局部热处理淬火，会使切割出来的凸模和凹模的柱面产生变形，直接影响工件的加工精度。

为了提高电火花线切割模具的使用寿命和加工精度，应选用淬透性良好的合金工具钢或硬质合金来制造模具。由于合金工具钢淬火后，钢块表面层到中心的硬度没有显著的降低，因此切割时不会使凸模或凹模的柱面产生变形，而且凸模的工作型面和凹模的型孔基本上全部淬硬，刃口可以多次修磨而硬度不会明显下降，故模具的使用寿命较长。常用的合金工具钢有 Cr12、CrWMn、Cr12MoV 等。

（2）积极采取减小残余应力影响的工艺措施　以电火花线切割加工作为主要工艺时，钢质材料的加工路线是：下料→锻造→退火→机械粗加工→淬火与回火→磨削加工→线切割加工→钳工修整。

上述工艺路线的特点是：工件在加工的全部过程中，会出现两次较大的变形。一次是退火后经机械粗加工，材料内部的残余应力会显著增加；另一次是淬硬后线切割去除大面积金属，会使材料的内部残余应力的相对平衡状态受到破坏而产生第二次较大的变形。

例如：对已淬硬的钢坯件进行线切割，如图 3-16 所示，在程序以 $a \rightarrow b$ 为顺序的割开过程中，由于材料内部残余着拉应力，发生的变形如图 3-16 中的双点画线所示，可以看出切割完的工件与电极丝轨迹有较大差异。

图3-17所示为切割孔类工件的变形，在切割矩形孔的过程中，由于材料的内部有残余应力，当去除材料后，可能导致矩形孔变为图3-17中双点画线所示的鼓形或虚线所示的鞍形。

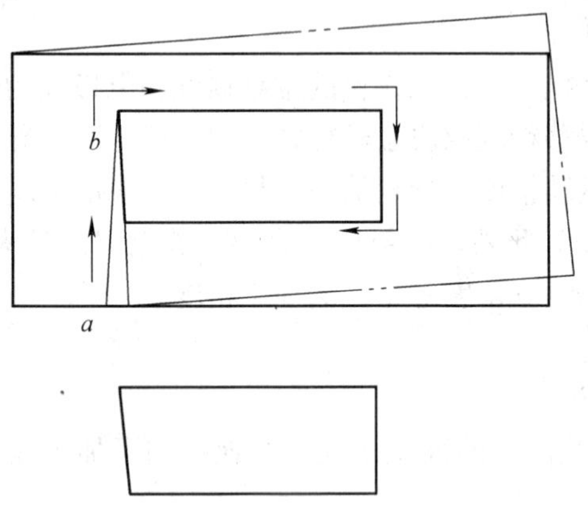

图3-16 线切割加工后钢件变形情况

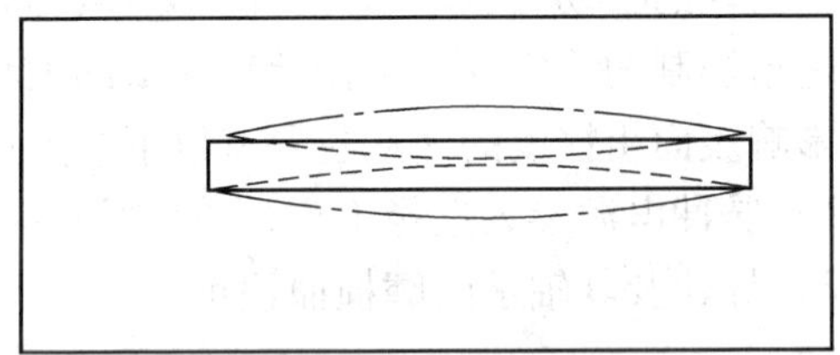

图3-17 线切割孔类工件的变形

残余应力有时比机床精度等因素对加工精度的影响还严重，可使变形达到宏观可见的程度，甚至在切割过程中材料会炸裂。

为减小残余应力引起的变形，可采取如下措施：

1）除选用合适的模具材料外，还应正确选择热加工方法和严格执行热处理规范。

2）在线切割加工之前，可安排时效处理。

3）由于毛坯边缘处的内应力较大，因此工件轮廓应离开毛坯边缘8~10mm。

4）切割凸模类外形工件时，若从毛坯边缘切入加工，则由于存在切口，容易引起加工过程中的变形。因此，应正确选择起始切割位置和加工顺序，如图3-18所示。

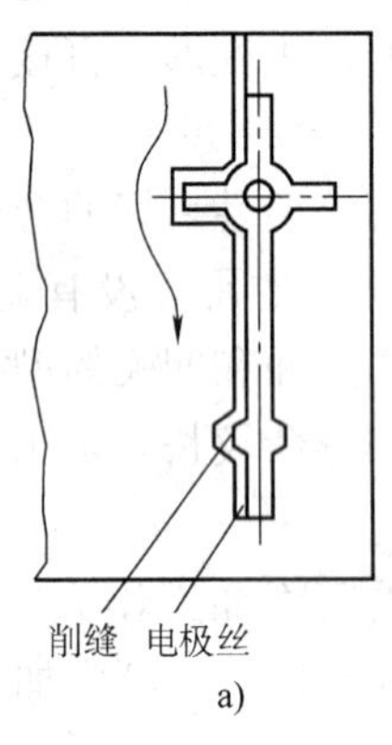

a)

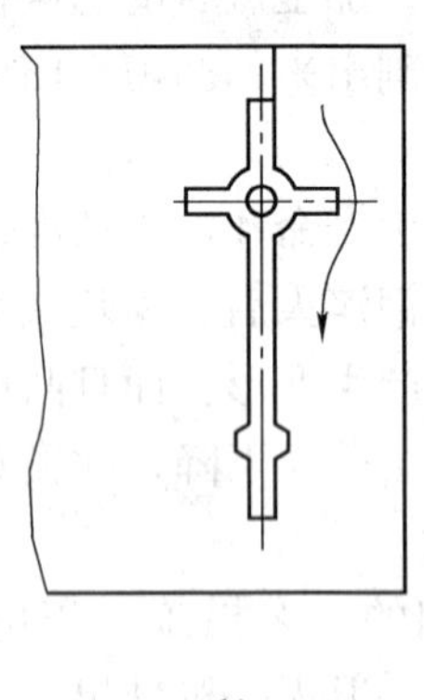

b)

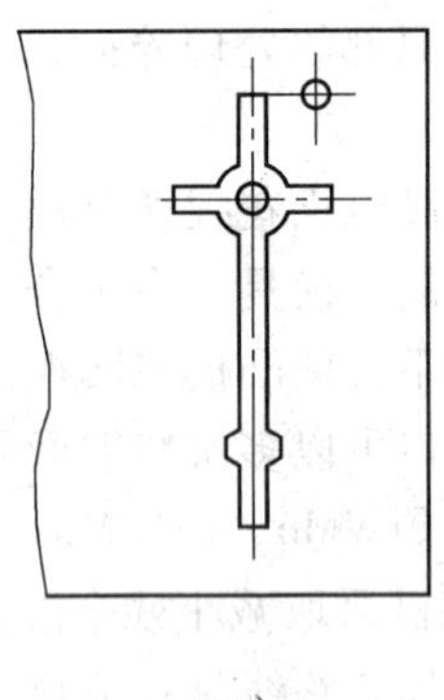

c)

图3-18 加工顺序的选择

a）错误的加工顺序 b）正确的加工顺序 c）最好的加工顺序

（3）线切割型孔类工件时，可采用二次切割法。第一次粗切割型孔，各边留精切余量0.1~0.5mm，让材料因应力平衡状态受到破坏而发生变形。在达到新的平衡后，再作第二次精切割，这样可达到较满意的效果（图3-19）。如果数控装置有间隙补偿功能，采用二次切割法加工就更为方便。

（4）可在淬火前进行预加工以去除大部分余量，仅留较小的精切余量，待淬硬后，再进行一次精切成形。

四、数字控制基本原理

在进行数控线切割加工时，数控装置连续运算，并向驱动机床工作台的步进电动机发出相互协调的进给脉冲，使工作台（工件）按指定的路线运动。例如，图3-20所示为斜线（直线）OA的插补过程。O点为切割的起点，X、Y轴分别表示工作台的纵向、横向进给方向。取斜线的起点O为坐标原点，OA终点A的坐标为（6，4）。先从坐标原点O沿X轴正向进给一步，加工点（电极丝）由O移动到M_1，M_1点在OA的下方已偏离斜线，产生了偏差。为使加工点向OA靠拢，需沿Y轴正向进给一步，加工点由M_1移动到M_2。M_2点在OA的上方，也偏离了斜线，产生了新的偏差。为了纠正这个偏差，应沿X轴正向进给一步。如此连续插补，直到斜线终点A（6，4）为止。电极丝相对工件的运动轨迹是折线$O \to M_1 \to M_2 \to \cdots \to A$。斜线（直线）插补就是用上述折线代替直线$OA$，完成对斜线的加工。

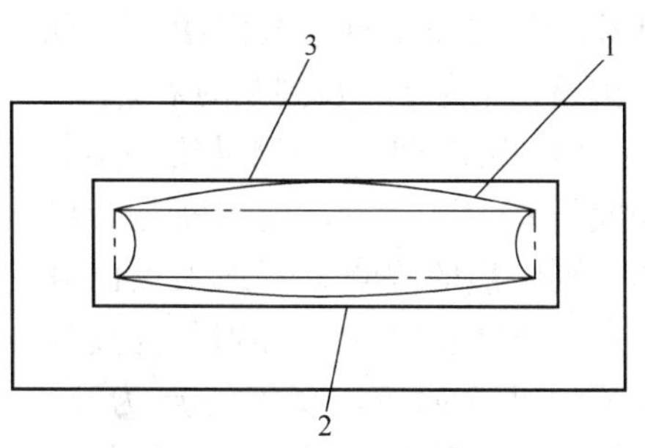

图3-19　二次切割法加工

1—第一次切割的理论图形　2—第一次切割后的实际图形　3—第二次切割的图形

同理，图3-21所示为圆弧$\widehat{AB}$的插补过程。取圆心为坐标原点，用X、Y轴表示机床工作台的纵向、横向进给方向。以A点为加工起点。若加工点在圆弧外（包括在圆弧上的点），沿X轴负向进给一步；若加工点在圆弧内，沿Y轴正向进给一步，一直插补到圆弧终点B。和斜线插补一样，圆弧插补也是用一条折线代替圆弧$\widehat{AB}$。

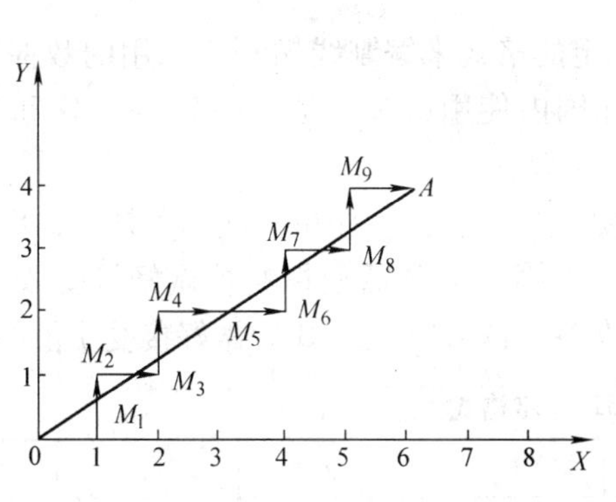

图3-20　斜线的插补过程

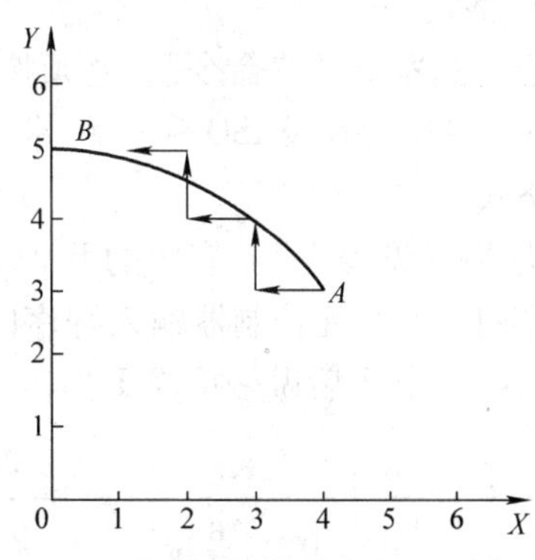

图3-21　圆弧的插补过程

为什么可以用折线代替斜线和圆弧呢？因为控制台每发出一个进给脉冲，工作台进给一步的距离仅为1μm。斜线和圆弧与折线的最大偏差就是工作台进给一步的距离。这个偏差是被加工零件的尺寸精度要求所允许的。

从斜线和圆弧插补过程可以看出，工作台的进给是步进的。它每走一步，机床数控装置都要自动完成四个工作节拍，如图3-22所示。

1）偏差判别：判别加工点对规定图形的偏离位置，以决定工作台的走向。

2）工作台进给：根据判断的结果，控制工作台在X或Y方向进给一步，以使加工点向规定图形靠拢。

3）偏差计算：在加工过程中，工作台每进给一步，都由机床的数控装置根据数控程序计算出新的加工点与规定图形之间的偏差，作为下一步判断的依据。

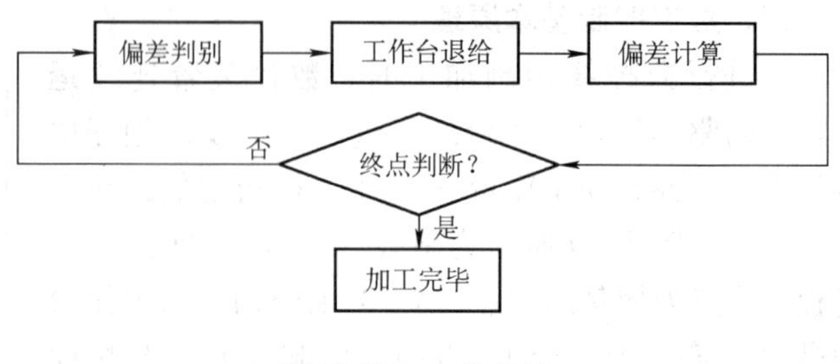

图 3-22　工作节拍

4）终点判断：每当进给一步并完成偏差计算之后，应判断是否已加工到图形的终点，若加工点已到终点，便停止加工。否则，应按加工节拍继续加工，直到终点为止。线切割加工时其加工图形一般是由若干直线和圆弧组成，可将其分割成单一的直线和圆弧段，逐段进行切割加工。为了使一条线段加工到终点时能自动结束加工，数控线切割机床是通过控制线段从起点加工到终点时，工作台在 X 或 Y 方向上的进给总长度来进行终点判断的。

为此，在数控装置中设立了一个计数器来进行计数。在加工前将 X 或 Y 方向上进给的总长度存入计数器，加工过程中工作台在计数方向上每进给一步，计数器就减去 1，当计数器中存入的数值被减到零时，表示已切割到终点，加工结束。

五、3B 格式程序编制

线切割机床的控制系统或控制器是按照人的“命令”去控制机床加工零件的。因此，必须事先把切割的图形，用机器所能接受的“语言”编排成“命令”，再输入至控制器，这项工作叫做数控线切割编程，简称编程。

手工编程是数控线切割编程的基本功，手工编程的基本方法如下：

1. 程序格式

为了便于机器接受“命令”，必须按照一定的格式来编制线切割机床用的数控程序。程序格式有 3B、4B、5B 及 ISO 和 EIA 等。目前国内使用最多的是 3B 格式，ISO 和 EIA 是国际通用的格式。

3B 程序格式见表 3-1。表中的 B 表示分隔符号，它在程序单上起到了把 X、Y 和 J 数值分隔开的作用。而当往控制器输入程序时，读入第一个 B 后使控制器做好接受 X 坐标值的准备，读入第二个 B 后做好接受 Y 坐标值的准备，读入第三个 B 后做好接受 J 值的准备。

表 3-1　3B 程序格式

B	X	B	Y	B	J	G	Z
	X 坐标值		Y 坐标值		计数长度	计数方向	加工指令

加工圆弧时，程序中的 X、Y 必须是圆弧起点对其圆心（切割坐标系的原点）的坐标值。加工斜线时，程序中的 X、Y 必须是该斜线段终点对其起点（切割坐标系的原点）的坐标值。斜线程序中的 X、Y 值允许被同时缩小相同的倍数，只要其比值（斜线的斜率）保持不变即可。对于与坐标轴重合的线段，在其程序中的 X 或 Y 值均可不写。

2. 计数方向 G 和计数长度 J

（1）计数方向 G　选取计数方向时应保证加工精度，一般线切割机床是通过控制在起点处某个滑板的进给总长度 J 来达到的。因此在数控系统中设一个计数器来进行计数。即把加工该线段时滑板进给总长度的数值，预先置入 J 计数器中。加工时当被确定为计数长度，这个坐标的滑板每进给一步，J 计数器就减 l，直至为零。这样，当 J 计数器减到零时，则表示该圆弧或直线段已加工到终点。

（2）计数长度 J　当计数方向确定后，计数长度应取为在计数方向上从起点到终点滑板移动的总距离，也就是圆弧或直线段在计数方向的坐标轴上投影长度的总和。

对于斜线，如图 3-23 所示，取 $J=Y_e$；如图 3-24 所示，取 $J=X_e$ 即可。

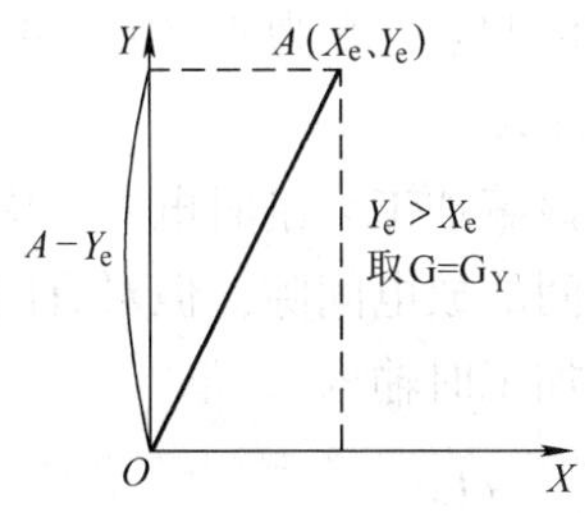

图 3-23　取 G_Y

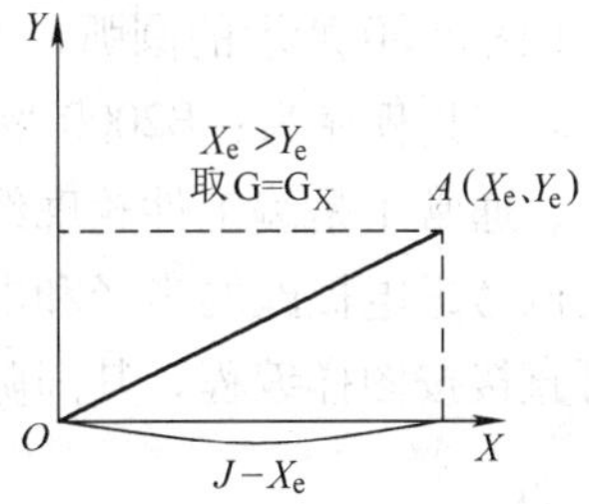

图 3-24　取 G_X

对于圆弧，它可能跨越几个象限，如图 3-25 所示。图 3-25 所示为 G_X，$J=J_{X1}+J_{X2}$；图 3-26 所示圆弧都是从 A 加工到 B，为 G_Y，$J=J_{X1}+J_{X2}\ J_{X3}$。

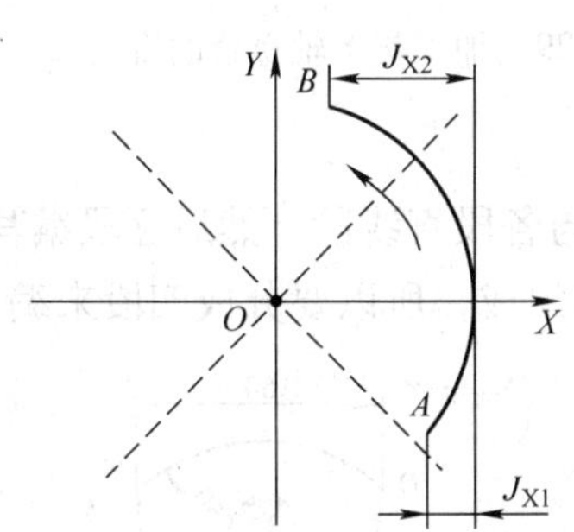

图 3-25　跨越两个象限

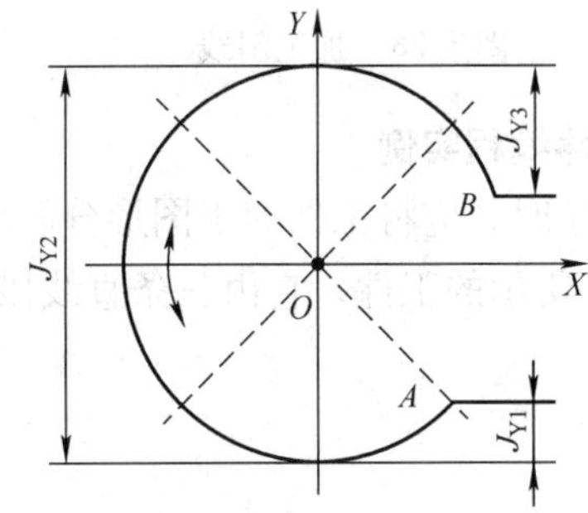

图 3-26　跨越四个象限

3. 加工指令 Z

Z 是加工指令的总括符号，加工指令有 12 种，其中圆弧指令有 8 种，直线指令有 4 种，如图 3-27 所示。它是用来传送被加工图形的形状、图形所在象限和加工方向等信息的。

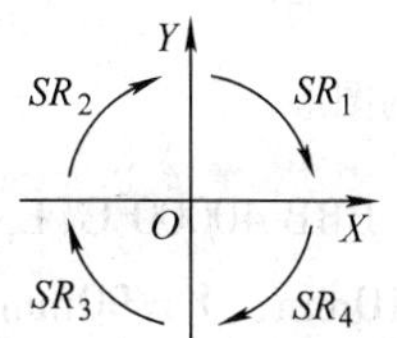

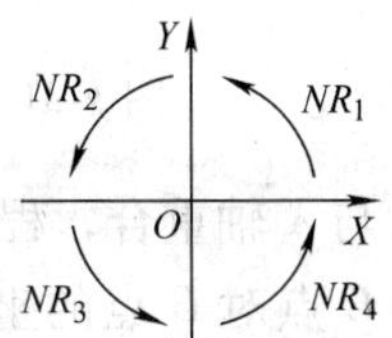

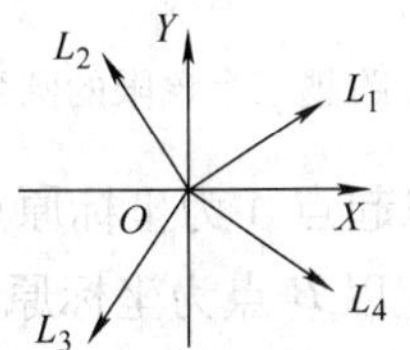

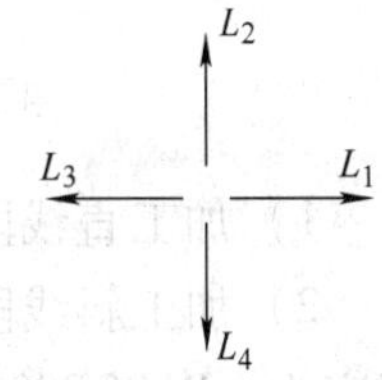

图 3-27　加工指令

4. 编程

在程序中 X、Y 和 J 的值用微米表示，J 值不够六位时应用 0 在高位补足六位，目前大部分厂家生产的机床，J 值可不必补足六位。下面例中，J 值也未补足六位。

例 4-1 加工图 3-28 所示的斜线段，终点 A 的坐标为 X = 17mm，Y = 5mm，其程序为：$B17000B5000B17000G_XL_1$。

在斜线段的程序中，X 和 Y 值可按比例缩小同样倍数，故该程序可简化为：$B17B5B170000\ G_XL_1$。

例 4-2 加工图 3-29 所示与正 Y 轴重合的直线段，线段长为 22.4 mm，其程序为：$BBB22400G_YL_2$。

例 4-3 加工图 3-30 所示的圆弧，A 为此逆圆弧的起点，B 为其终点。A 点坐标为 X_A = −2mm，Y_A = 9mm。其程序为：$B2000B9000B25440G_YNR_2$。

实际编程时，通常不是编工件轮廓线的程序，应该编加工切割时电极丝中心所走的轨迹的程序，即还应该考虑电极丝的半径和电极丝至工件间的放电间隙。但对有间隙补偿功能的线切割机床，可直接按图样编程，其间隙补偿量可在加工时输入。

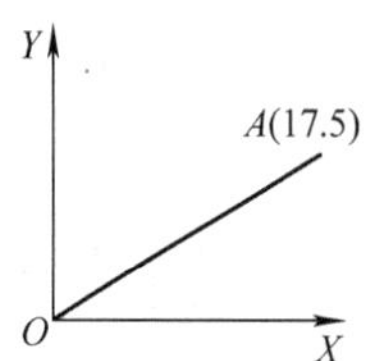

图 3-28 加工斜线

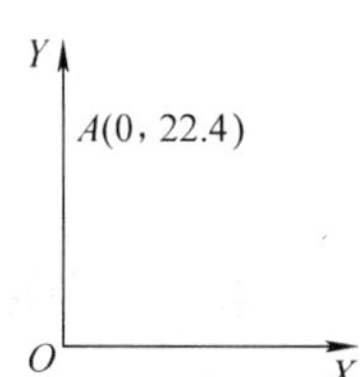

图 3-29 加工与 Y 轴重合的直线

六、零件编程实例

编写程序时，应将工件加工图形分解成各段圆弧与各段直线段，然后逐段编写程序。如加工图 3-31 所示的工件，它由三条直线段和一段圆弧组成，所以要分成四段来编写程序。

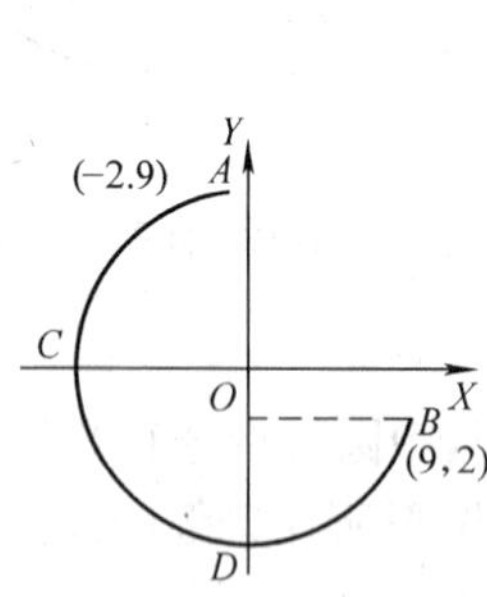

图 3-30 加工跨越三个象限的圆弧

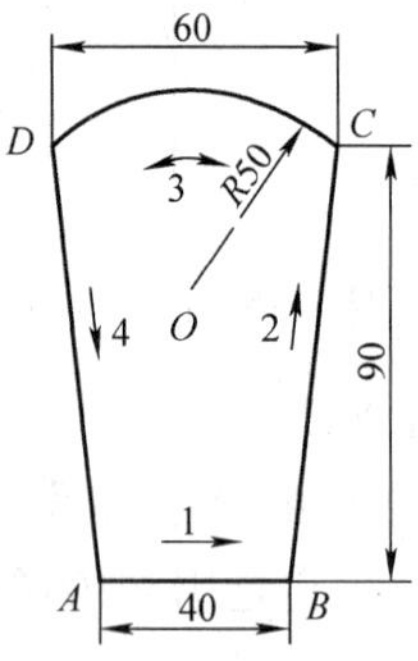

图 3-31 工件的图形

1）加工直线段 AB，以起点 A 为坐标原点，AB 与 X 轴重合，程序为：$BBB\ 40000\ G_XL_1$。

2）加工斜线段 BC，应以 B 点为坐标原点，则 C 点对 B 点的坐标为 10mm，Y = 90mm，程序为：$B1B9B90000\ G_YL_1$。

3）加工圆弧 CD，以该圆弧圆心 O 为坐标原点，经计算圆弧起点 C 对 D 的坐标为 X = 30mm，Y = 40mm，程序为：$B30000B140000B60000G_XNR_1$。

4）加工斜线 DA，以 D 为坐标原点，终点对 D 的坐标为 X = 10mm，Y = 90mm，程序为：$B1B9B900000G_YL_4$。

七、有公差的编程尺寸的计算法

大量的统计表明，加工后的实际尺寸大部分是在公差带的中值附近。因此，对注有公差的尺寸，应采用中差尺寸编程。中差尺寸的计算公式为

$$中差尺寸 = 基本尺寸 + (上偏差 + 下偏差)/2$$

八、线切割加工中电极丝的选用

电火花加工作为一种特种精密加工技术，近年来得到了迅速的发展。线切割技术的发展，离不开电极丝技术的同步发展。因为线切割机的切割效率和切割质量与电极丝的性能紧密相关，而电极丝技术的突破往往会导致线切割机设计的革新。从 1979 年镀锌电极丝的发明到今天，市场上不断出现了各种各样比普通黄铜丝性能更好的电极丝，电极丝的正确选用已经成为使线切割机的性能得到最大限度的发挥并为用户创造更多利润的关键。

实际上现在的线切割加工有着比过去更多的变化，从加工材料、切割速度、轮廓精度、表面质量到工厂的运行模式等。对于这些相互作用的变数来说，只有选择合适的电极丝才能使工厂对加工效率、加工成本和加工质量整体进行优化。

1. 电极丝的主要性能

（1）电气特性　要能承受峰值超过 700A 或平均值超过 45A 的大切割电流，而且能量的传输必须非常有效。

（2）机械特性　包括抗拉强度、伸长率等。

（3）热物理特性　电极丝的熔点是一项重要的指标。

2. 电极丝的种类与应用

目前，市场上可选用的电极丝分为以下几类：

（1）黄铜丝　它是第一代专业电极丝。黄铜丝可以有不同的抗拉强度来满足不同的设备和应用场合。这是通过一系列的拉丝（淬火）和热处理（退火）工序来实现的。普通黄铜丝的抗拉强度在 $490 \sim 900\text{N/mm}^2$ 之间。

黄铜丝的应用场合：

1）加工量不足，不是 24 小时开机的用户。因为加工效率对于这些用户来说不是主要问题。

2）对加工精度特别是表面质量要求不高的用户。

3）以加工小尺寸、薄厚度工件为主的用户。因为工件装夹调整的时间占总加工时间的比例较高，切割时间较少，对加工效率的影响不明显。

4）工件的材料硬度不高或厚度不超过 80 ~ 100mm。

（2）镀层电极丝　主要优点有：切割速度高，不易断丝；加工工件的表面质量好，延长模具的寿命；加工精度提高。

（3）普通镀锌电极丝。

（4）高难度加工用镀层电极丝。

3. 电极丝的选择

（1）高厚度加工　一般来说，当加工的工件较厚时（通常超过 100mm 以上），加工速度明显降低，并且加工面的直线度误差会很大。此时采用钢芯丝加工，可以明显提高速度和改善精度。

（2）工件材料加工难度较大　宜选择超精密加工用电极丝。

综上所述，便宜的黄铜丝其实并不是最经济的选择，经过革新设计的高性能电极丝与现代先进的线切割机配合可实现更高的生产率，更优越的性价比。因此，加工的工况不同，选用的电极丝也不同。

第三节　其他特种加工技术

一、电解加工（ECM）

1. 电解加工的基本原理

电解加工（Electro Chemical Machining，简称 ECM）是继电火花加工之后，特种加工技术的又一重大突破，它是利用了金属在电解液中发生“电化学阳极溶解”的原理加工工件的。近些年来发展得很快，应用范围不断扩大，常用于精度要求较高的零件加工。

电解加工是在电解抛光的基础上发展起来的，电解加工如图 3-32 所示。

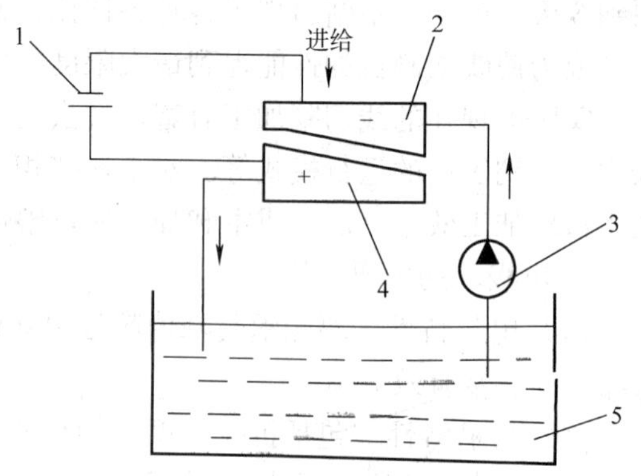

图 3-32　电解加工示意图
1—直流电源　2—工具阴极　3—泵
4—工件阳极　5—电解液

加工时，工件接直流电源（10～20V）的正极，工具接电源的负极。工具向工件缓慢进给，使两极之间保持较小的间隙（0.1～1mm），具有一定压力的氯化钠电解液从间隙中流过，这时阳极工件的金属被逐渐电解腐蚀，电解产物被高速的电解液带走。在加工刚开始时，由于阳极与阴极之间的距离较近，电流密度大，电解液流速比较快，因此阳极的溶解也比较快。

2. 电解加工特点

电解加工与其他加工方法相比较，主要具有以下特点：

1）生产率较高，约为电火花加工的 5～10 倍。

2）加工范围广。

3）可以加工一般机械难以加工的复杂型面，如窄缝、小孔等。

4）在加工中，对于阴极来说理论上是不会损失的，所以工具阴极可以长期地使用。

5）加工时，工件与工具之间不存在切削力，所以适合加工容易变形的工件。

6）提高设备的自动化程度，减少手工劳动，降低工具阴极的制造费用。

7）可以获得较好的表面粗糙度。

采用电解加工成功地解决了高效率、高经济性、低成本的加工问题。

二、激光加工（LBM）

激光加工（Laser Beam Machining，简称 LBM）技术是从 20 世纪 60 年代初发展起来的新兴科学技术，由于其加工不需要任何工具，而且加工速度快、可以加工各种材料，所以其发展速度相当快，应用范围也比较广泛，正在朝系统化、多功能化、系列化、通用化和柔性化等方向发展。

激光是一种光，激光加工是利用了激光和一般光的共性以及其具有的特性进行加工，通过透镜聚焦后在焦点上达到高能量密度之后，利用热效应来加工。它的加工功率密度很高，可达 $10^8 \sim 10^{10}$ W/cm^2，几乎可以对任何材料进行加工。与电子束加工等比较起来，激光加工的装置较为简单，但是在加工过程中产生金属气体和火星，容易飞溅伤人，因此在加工时操作者要做防护工作。

三、电子束加工（EBM）和离子束加工（IBM）

1. 电子束加工

电子束加工（Electron Beam Machining，简称 EBM）是在真空条件下，利用聚焦后能量密度极高的电子束高速冲击到工件待加工表面极小的面积上，在极短的时间里，能量大部分转化成热能，使得被加工表面达到上千度的高温，形成材料的局部熔化和汽化，然后被真空系统抽走的一种加工技术。它还可以将具有高精度型面的难加工或无法加工的大型整体零件分成若干个易加工的单元，在精加工和热处理以后，用电子束将其焊接成整体零件。电子束焊接实现了常规加工技术难以达到的特殊要求，故已成为现代航空产品制造中广泛应用的关键制造技术之一。

2. 离子束加工

离子束加工（Ion Beam Machining，简称 IBM）同样需要在真空的条件下进行加工，它是一种微细加工技术，将离子源产生的离子束经过加速聚焦，撞击到工件表面，利用发生撞击效应、溅射效应和注入效应达到加工目的。它是应用离子蚀刻技术、离子溅射技术、离子镀膜技术和离子注入技术来完成精密零件的精密成形加工和特殊表面层的制备。

离子束加工技术在航空电子设备和高精密机载设备的微细加工和超精密加工中具有至关重要的作用，工业发达国家的航空工业界高度重视此项技术的发展与应用。离子束加工技术主要的发展方向是实现自动化、超精密化和高效化。

复习思考题

1. 特种加工技术的特点有哪些？
2. 简述电火花加工的基本原理以及加工特点。
3. 电火花加工的机理是什么？加工的物理过程分哪些阶段？
4. 电规准是如何进行转换的？
5. 简述电火花线切割的加工原理、特点和应用范围。
6. 简述斜线插补过程的四个工作节拍。
7. 如何选用线切割加工中的电极丝。

第四章　模具装配工艺

本章应知

1. 了解装配尺寸链。
2. 了解模具的装配工艺过程。
3. 了解弯曲模和拉深模的装配特点。
4. 了解塑料模具的制造工艺及装配方法。

本章应会

1. 掌握模具的装配方法。
2. 能够熟练计算装配尺寸链。
3. 掌握典型冲压模具和塑料模具的制造、装配以及调试。

第一节　概　　述

模具装配是模具制造过程的最后阶段，它是根据模具的结构特点和制造技术等，将模具零件按照规定的技术要求以一定的装配顺序进行组装，制成满足使用要求的模具。装配质量直接影响到模具的使用寿命、精度和冲压质量等，因此在模具的制造过程中模具装配是相当重要的一个环节。

一、装配工艺概述

装配是在生产过程中，按技术要求将若干零件结合成部件，或将若干零件和部件结合成机器的过程。装配工作是保证产品最终质量的重要工序。装配的质量直接影响着产品最终的使用性能。即使是加工制造中的最小单元（即零件），如果在装配过程中出现类似连接不畅的问题，也有可能导致机器不能正常工作。零、部件之间的相互位置正确与否，直接影响机器的工作性能。

模具的装配过程是指按照模具的技术要求和各零件间的相互关系，将合格的零件连接固定为组件、部件，直至装配成合格的模具。

二、装配的组织形式

装配的组织形式随着产品生产类型及产品制造难易程度的不同而不断变化。产品的生产类型可分为三大类：

1. 单件生产

制造单个结构不同的产品，并且极少重复生产，甚至不重复生产，这种生产方式称为单件生产。单件生产的装配工作多安排在固定的地点，由一组（或一个）工人，从开始到结束进行全部的装配工作。

2. 成批生产

在一定的时期内成批制造相同的产品，这种生产方式称为成批生产。成批生产时，装配工作又分为部件装配和总装配：部件装配是指产品在进入总装配之前的装配工作；总装配是指零件和部件结合成完整产品的装配工作。

3. 大量生产

制造大量的产品，生产过程中每一个工作场地经常重复地进行同一道工序，且具有严格的生产节奏，这种生产方式称为大量生产。在大量生产中，产品的装配工作被划分为部件和组件装配，使每一道工序只由一组（或一个）工人来完成。

随着产品生产批量的不同，装配的组织形式也有所不同，具体可分为表 4-1 所列的几种形式。

表 4-1 装配的组织形式

组织形式		特点	应用范围
固定装配	集中装配	从零件装配成部件或产品生产的全过程均在固定工作地点，由一组（或一个）工人来完成。对工人的技术水平要求较高，工作地点面积大，装配周期长	1）单件和小批生产 2）装配高精度产品，调整工作较多时适用
	分散装配	把产品装配的全部工作分散为各种部件装配和总装配，各装配工作在固定的工作地点完成，装配工人增多，生产面积增大，生产率提高，装配周期变短	成批生产
移动装配	产品按自由节拍移动	装配工序是分散的，每一组装配工人完成一定的装配工序，每一道装配工序无固定的节拍，产品经传送工具自由地（按完成每一道工序所需时间）送至下一工作地点，对装配工人的技术要求较低	大批生产
	产品按一定节拍周期移动	装配的分工原则与前一种组织形式相同，每一道装配工序是按一定的节拍进行的。产品经传送工具按节拍周期性（继续）地送至下一工作地点，对装配工人的技术水平要求低	大批和大量生产
	产品按一定速度连续移动	装配的分工原则同上。产品经传送工具以一定速度送至下一工作地点，每一道工序的装配工作必须在一定的时间内完成	大批和大量生产

模具的制造是单件生产，而且具有多品种、成套性等特点。由于模具的生产属于单件小批量生产，所以最适合采用集中装配的方法。模具装配的组织形式主要取决于模具的生产批量，通常有固定式装配和移动式装配两种。模具装配包括选择装配基准、组建装配、修配、调整、研磨抛光、检验、试冲等环节，通过复杂的装配过程来保证模具各方面的精度要求和技术要求。

三、模具的装配

模具的装配过程和其他机械产品的装配过程类似，即在规定的技术要求下，按照预先的设计要求把零件或部件组装成为模具的全部过程。按照模具装配的工艺顺序进行验收模具图样、组织全部零、部件及组件装配、总装配、检验、试模、调整直至试模成功的全部过程，称为模具装配工艺过程。

在模具的整个装配过程中，对各个零、部件之间的配合都有具体的要求，以保证完成的模具满足预定的质量要求。其位置精度、配合精度、运动精度都应严格控制在技术要求范围之内，如保证凸模（或型芯）与凹模（或型腔）之间的合理间隙；保证导柱与导套之间应滑动平稳，无滞带现象；保证斜导柱、卸料机构等运动时的精确性。因此，保证模具的装配精度是保证模具质量的前提条件，因此在装配过程中必须要保证模具的装配精度。

第二节　模具装配的方法

模具是由零、部件组成的用于成形的一种基础工艺装备，在制造的过程中其中任何零件都可能因为某种原因而产生误差，最终将会影响到装配精度。机器的装配精度主要包括相对运动精度、配合精度、相互位置精度和接触精度等。对于一般机械产品来说，保证装配精度是为了保证产品的最终质量和使用性能等。而保证模具的装配精度，是为确保模具能够满足设计要求和工作要求，保证模具能加工出合格零件，以及保证模具的使用寿命等。因此保证模具装配精度的重要性就更为突出了。由于装配过程是各个零件最终被配合或连接到一起的过程，所以在装配过程中各个零、部件出现的累积误差问题就成了影响模具最终装配精度的问题。如果为了降低累积误差，而提高所有零件的加工制造精度，不仅提高了制造成本，而且大大延长了制造周期，所以从经济性的角度上考虑是很不可取的。因此要达到装配精度，不能只依赖于提高零件的加工精度，而是要改进模具装配方法。合理的装配方法可以使整套模具满足设计时的技术要求，能够保证其使用性能与寿命，使模具加工出合格的制品。下面所列的几种装配方法可以在保证装配精度的前提下，确保产品的加工质量。

一、互换装配法

按照程度和范围的不同可将互换性分为完全互换性和不完全互换性。按照装配零件所能达到的互换程度，可将互换法分为完全互换法和不完全互换法。互换法的实质就是通过控制零件的加工误差来保证产品的装配精度。

1. 完全互换法

在装配时不经过任何选择，不作任何的修配和调整，即可达到规定的装配要求。这种装配方法称为完全互换法。按照完全互换法进行装配时，装配精度完全是依靠各个零件的制造精度来保证的。

在完全互换法中，各有关零件的加工公差应满足式4-1，即

$$T_0 \geqslant \sum_{i=1}^{m} T_i = T_1 + T_2 + \cdots + T_m \tag{4-1}$$

式中　T_0——装配公差（封闭环的公差）；

T_i——各有关零件的加工公差（组成环的公差），各有关零件加工公差之和应小于或等于装配公差。

采用完全互换法进行装配时，由于各个零件可以实现完全的互换装配，所以对单个零件的制造加工精度要求较高，因此增加了零件的加工难度。但采用完全互换法进行装配具有装配工作简单、生产率高、装配质量稳定、易于实现流水作业和自动化作业，以及对装配工人的技术水平要求不高等特点，所以在实际加工生产中完全互换法得到了广泛的应用。

2. 不完全互换法

在不完全互换法中，各有关零件的加工公差应满足式4-2，即

$$T_0 \geqslant \sqrt{\sum_{i=1}^{m} T_i^{\ 2}} = \sqrt{T_1^{\ 2} + T_2^{\ 2} + \cdots + T_m^{\ 2}} \tag{4-2}$$

不完全互换性是指在装配前允许进行选择，在装配过程中允许进行修配，最终满足装配的公差要求，又称为有限互换性。采用不完全互换法装配时，有一少部分零件不能实现完全互换，因此在零件加工制造的过程中，其加工难度有所降低，从而提高了加工的经济性。不完全互换法适合于在装配精度要求不高、成批和大量生产中采用。

二、选配装配法

在允许的公差范围内，将零件的制造公差放大到极限，然后选取尺寸相同的零件进行装配，以保证最终的装配精度，这种方法称为选配装配法。

选配装配法又可以分为两种，即直接选配法和分组选配法。

1. 直接选配法

由装配工人直接从一批零件中选择合适的零件进行装配的方法，称为直接选配法。这种方法操作简单，但装配效率不高，完全凭借装配工人的经验和技术水平决定装配的质量。

2. 分组选配法

将一批零件逐个进行测量，按照实际测得的尺寸分成若干组，装配时按组进行互换装配，以保证最终的装配精度，这种方法称为分组选配法。分组选配法适用于成批或大量生产中；当产品装配精度要求很高时，导致各零件的制造精度要求相对提高，这种情况下也可采用分组选配法。分组选配法的特点是：

1）零件的加工精度不高，但是其装配精度较高。

2）因为放宽了零件制造公差要求，所以加工成本降低。

3）由于在装配前增加了分组、测量等工作，在零件个数较多的情况下增加了工作量，也有可能会造成零件的积压，从而影响装配进度。

三、调整装配法

装配时调整一个或几个零件的位置，以消除零件间的累积误差，从而达到装配精度要求，这种方法称为调整装配法。根据调整方法的不同，可将调整装配法分为如下几种：

1. 固定调整法

在装配过程中选择合适的调整件以达到装配精度的要求，这种方法称为固定调整法。如使用不同尺寸的垫片、衬套、可调节的螺钉或螺母等调整配合间隙。

2. 可动调整法

在装配时，通过改变调整件的位置来达到装配精度的要求，这种方法称为可动调整法。如在机床导轨结构中，常常使用镶条调整间隙。在冲裁模装配时，为了保证合理的冲裁间隙，使制件的周边达到间隙均匀，可以先将凹模固定在凹模固定板上，用凹模作为基准件调整凸模的位置，以达到调整冲裁间隙的目的，之后固定凸模以保证间隙均匀。反之也可以先固定凸模，调整凹模来保证冲裁间隙均匀。总之，可动调整法在模具装配中的应用较为广泛。

在使用调整装配法装配时，采用调整件进行调节，因此工作较为方便，能获得很高的装配精度，不会影响到配合件的刚度和位置精度等，而且零件无需修配，可在一段时期内随时进行调整，以保证配合精度。

四、修配装配法

在装配时，修去指定件上的预留量，以消除其累积误差，从而达到装配精度的要求，这种方法称为修配装配法。这种装配法适合于单件、小批量生产。采用修配装配法可获得较高的装配精度，可相应地放宽零件的尺寸公差要求，因此降低了零件的制造难度。但是，由于在装配过程中有一定的修配工作，因此不利于形成流水作业和自动化生产模式，且对装配工人的技术水平要求较高。

第三节　装配尺寸链

机器和构件都是由许多零件经过装配而组成的，这些零件在加工过程中都存在误差，装配后的累积误差将会影响装配精度。在分析装配精度之前，首先要找出组成零件的相关尺寸，并分析其具体的影响因素。

在模具装配过程中，将与某项精度指标有关的各个零件尺寸依次排列，形成一个封闭的链形尺寸组合，这种组合称为装配尺寸链。装配尺寸链是控制和保证装配精度的依据。装配尺寸链按各环的几何特征和所处空间位置的不同分为四类，即直线尺寸链、角度尺寸链、平面尺寸链和空间尺寸链。

一、装配尺寸链的简图及组成

1. 装配尺寸链简图

通常装配尺寸链可以在装配图中找出。在装配尺寸链简图中不用画出装配后具体的结构形式，也可以不必按照严格的比例进行绘制，只是按顺序绘制出封闭的外形。装配尺寸链的简化原则为查找装配尺寸链时，在保证装配精度的前提下可略去那些影响较小的因素，使装配尺寸链的组成环适当简化。

例如，图 4-1a 所示为车床主轴与尾座中心线的等高尺寸链，其组成环包括 e_1、e_2、e_3、A_0、A_1、A_2、A_3共 7 个。由于 e_1、e_2、e_3的数值相对于 A_0、A_1、A_2、A_3的数值较小，故装配尺寸链可简化为如图 4-1b 所示的结果。但在精密装配中，应计入对装配精度有影响的所有因素，不可随意简化。

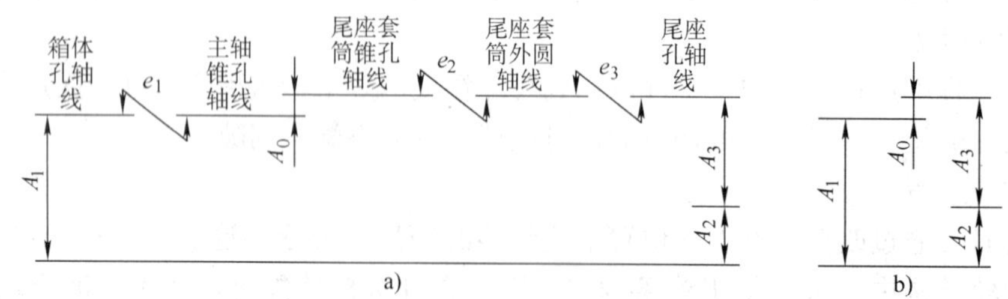

图 4-1　车床主轴锥孔轴线与尾座套筒锥孔轴线等高度装配尺寸链

e_1—主轴轴承外环内滚道与外圆的同轴度　e_2—尾座套筒锥孔对外圆的同轴度　e_3—尾座套筒锥孔与尾座孔间隙引起的偏移量　A_0—轴向串动量　A_1—主轴箱孔心轴线至主轴箱底面距离　A_2—尾座底板厚度　A_3—尾座孔轴线至尾座底面距离

2. 尺寸链的组成

（1）环　组成尺寸链的每一个尺寸，称为尺寸链的环。图 4-1b 所示的 A_0、A_1、A_2、A_3都是尺寸链的环。

（2）封闭环　在零件加工或产品装配过程中，最终形成的环（或是间接获得的环）称为封闭环。在每一尺寸链中只有一个封闭环。

（3）组成环　除去封闭环以外的其他环都是组成环。

（4）增环　该环的变动（增大或是减小）引起封闭环作同向变动（增大或是减小）的环称为增环。一般在该尺寸符号上加一向右的箭头进行表示。如$\overrightarrow{A_1}$。

（5）减环　该环的变动（增大或是减小）引起封闭环做反向变动（减小或是增大）的环称为减环。一般在该尺寸符号上加一向左的箭头进行表示。如$\overleftarrow{A_2}$。

二、装配尺寸链的计算

1. 装配尺寸链的分析

根据装配图的要求，首先找出封闭环以及全部的组成环，按照“最短环”原则组成尺寸链，并绘制出装配尺寸链的简图，然后按照要求进行计算。

2. 装配尺寸链的解法

装配尺寸链的计算可分为正计算和反计算。正计算用于对已设计的图样进行校核验算，反计算主要用于产品的设计过程中。

通常在实际生产中，无论采用哪种装配方法，都是用尺寸链的概念来演算装配精度。在装配时需要采取一些工艺措施，例如采取选配、调节、修配等方法以保证装配精度。虽然装配的劳动量和成本提高了，但就整个产品来看，这种方法比增加机械加工的劳动量和成本更经济一些。比较常用的保证装配精度的装配法有互换法、调整法、修配法和调整法等。

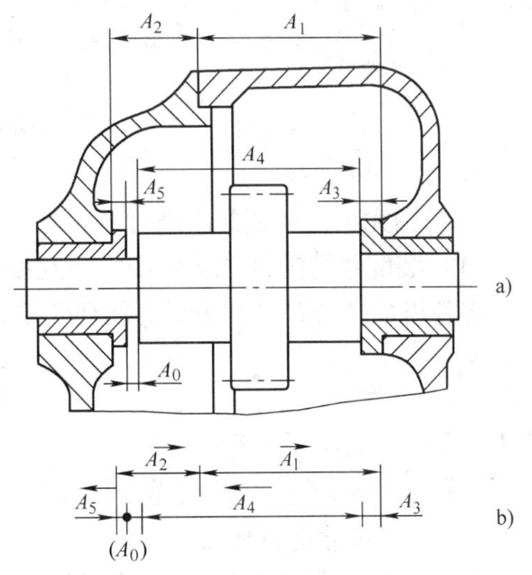

图 4-2　齿轮轴装配法
a）装配图　b）尺寸链简图

例　如图 4-2 所示，齿轮轴装配的装配要求是轴向窜动量 $A_0 = 0.2 \sim 0.7\text{mm}$。已知 $A_1 = 122\text{mm}$，$A_2 = 28\text{mm}$，$A_3 = A_5 = 5\text{mm}$，$A_4 = 140\text{mm}$，试用完全互换法解尺寸链。

解　1）根据装配图 4-2a 绘出装配尺寸链简图，如图 4-2b 所示，其中 A_1、A_2 为增环，A_3、A_4、A_5 为减环，A_0 为封闭环。

2）列尺寸链方程求封闭环基本尺寸。

$$
\begin{aligned}
A_0 &= (A_1 + A_2) - (A_3 + A_4 + A_5) \\
&= (122 + 28)\text{ mm} - (5 + 140 + 5)\text{ mm} \\
&= 150\text{mm} - 150\text{mm} = 0
\end{aligned}
$$

说明各组成环基本尺寸正确。

3）计算封闭环公差。

$$T_0 = 0.7\text{mm} - 0.2\text{mm} = 0.5\text{mm}$$

4）确定各组成环公差及极限尺寸。根据 $T_0 = \sum_{i=1}^{m=5} T_i = T_1 + T_2 + T_3 + T_4 + T_5 = 0.5\text{mm}$，在等公差原则下，考虑各组成环尺寸加工难易程度，比较合理地分配各组成环公差。

$$T_1=0.2\text{mm},\ T_2=0.1\text{mm},\ T_3=T_5=0.05\text{mm},\ T_4=0.1\text{mm}$$

再按入体原则分配偏差，即

$$A_1=122^{+0.29}_{0}\text{mm},\ A_2=28^{+0.10}_{0}\text{mm},\ A_3=A_5=5^{0}_{-0.05}\text{mm}$$

5）确定协调环。为满足装配精度要求，应在各组成环中选择一个环，其极限尺寸由尺寸链方程来确定，这个环称为协调环。一般选便于制造及可用通用量具测量的尺寸为协调环。

本题 A_4 为协调环。

根据 $A_{0\max}=A_{1\max}+A_{2\max}-A_{3\min}-A_{4\min}-A_{5\min}$

$$\begin{aligned}A_{4\max}&=A_{1\max}+A_{2\max}-A_{3\min}-A_{5\min}-A_{0\max}\\&=(122.20+28.10-4.95-4.95-0.7)\ \text{mm}\\&=139.70\text{mm}\end{aligned}$$

根据 $A_{0\min}=A_{1\min}+A_{2\min}-A_{3\max}-A_{4\max}-A_{5\max}$

$$\begin{aligned}A_{4\max}&=A_{1\min}+A_{2\min}-A_{3\max}-A_{5\max}-A_{0\min}\\&=(122+28-5-5-0.2)\ \text{mm}\\&=139.80\text{mm}\end{aligned}$$

故 $A_4=140^{-0.20}_{-0.30}\text{mm}$

3. 采用完全互换装配法进行的装配

（1）装配尺寸链计算　采用完全互换装配法时，装配尺寸链采用极值法进行计算，使尺寸链各组成环公差之和小于封闭环公差，即

$$\sum_{i=1}^{n-1}T_i\leqslant T_0 \tag{4-3}$$

式中　T_0——封闭环公差；

T_i——第 i 个组成环公差；

n——尺寸链总环数。

进行装配尺寸链正计算时，即已知组成环的公差，求封闭环的公差时，可以校核按照给定的相关零件的公差进行完全互换式装配能否满足相应的装配精度要求。

进行装配尺寸链反计算时，即已知封闭环的公差 T_0，来分配各组成环的公差 T_i时，可以按照“等公差法”或“相同精度等级法”来进行分配。常用的方法是“等公差法”。

“等公差法”是指按各组成环公差相等的原则分配封闭环的公差，即假设各组成环的公差相等，求出组成环的平均公差，即

$$\overline{T}=\frac{T_0}{n-1} \tag{4-4}$$

然后根据各组成环尺寸大小和加工的难易程度，将其公差适当调整。但调整后的各组成环公差之和仍不得大于封闭环要求的公差。

（2）调整参照原则

1）当组成环是标准件尺寸（如轴承环或弹性挡圈的厚度）时，其公差值和分布位置在相应的标准中已有规定，组成环尺寸为已定值。

2）当组成环是几个尺寸链的公共环时，其公差值和分布位置应由对其要求最严的那个尺寸链先行确定，而对其余尺寸链来说该环尺寸为已定值。

3）当分配待定的组成环公差时，一般可按经验视各环尺寸加工的难易程度不同来分配。如尺寸相近、加工方法相同的组成环，可使其公差值相等；难加工或难测量的组成环，其公差可取较大值。

在确定各组成环极限偏差时，一般可按“入体原则”确定。即对相当于轴的被包容尺寸，按基轴制（h）决定其下偏差；对相当于孔的包容尺寸，按基孔制（H）决定其上偏差；而对孔的中心距尺寸，按对称偏差$\left(\text{即} \pm \frac{T_i}{2}\right)$选取。

必须指出，应使组成环尺寸的公差值和分布位置符合“公差与配合”国家标准的规定，以便于组织生产。例如，可以利用标准极限量规（卡规、塞规等）来测量尺寸。

当都按上述原则确定各组成环的公差值和分布位置时，往往不能恰好满足封闭环的要求，因此需要选取一个协调环。该环一般应选用便于加工和可用通用量具测量的零件尺寸。

（3）完全互换装配方法的特点　装配质量稳定可靠；装配过程简单，生产率高；易于实现装配机械化、自动化；便于组织流水作业，实现零、部件的协作与专业化生产；有利于产品的维护和各零、部件的更换。这种装配方法常用于高精度少环尺寸链或低精度多环尺寸链的大批大量的生产装配中。

例　图4-3所示为塑料注射模的斜楔锁紧滑块机构。模具在工作过程中，要求分型面有0.18～0.30mm的间隙。

已知各零件基本尺寸为：$A_1=57\text{mm}$，$A_2=20\text{mm}$，$A_3=37\text{mm}$，A_0的尺寸变动范围为0.18～0.30mm。试分别采用互换法和修配法装配，确定各组成环的公差和极限偏差。

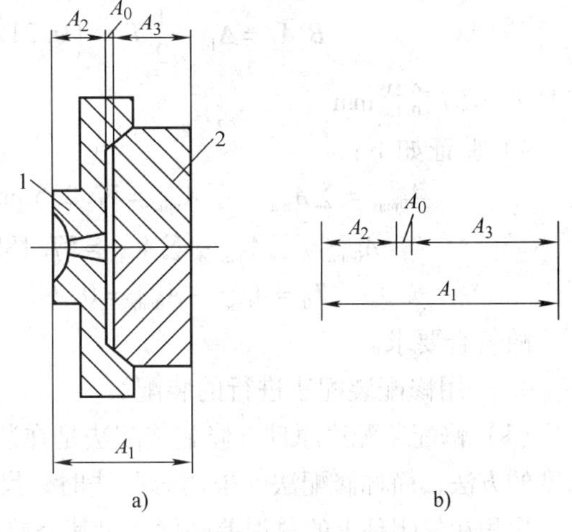

图4-3　斜楔滑块机构装配尺寸链简图

a）装配简图　b）装配尺寸链

1—定模　2—左、右滑块

解　首先绘制装配尺寸链简图，如图4-3所示。

由于A_0是在装配过程中最后间接形成的，故为封闭环，A_1为增环，A_2、A_3为减环。

封闭环的基本尺寸A_0为

$$A_0=\sum\overline{A_i}-\sum A_i=A_1-(A_2+A_3)=57\text{mm}-(20+37)\text{ mm}$$

符合模具技术规定要求$A_0=0$。

封闭环的公差T_0为

$$T_0=0.30\text{mm}-0.18\text{mm}=0.12\text{mm}$$

1）各组成环的平均公差T_{mi}为

$$T_{mi}=\frac{T_0}{m}=\frac{0.12}{3}\text{mm}=0.04\text{mm}$$

式中　m——组成环环数。

2）确定各组成环公差。以平均公差为基础，按各组成环基本尺寸的大小和加工难易程度调整，取

$$T_1 = 0.05\text{mm}$$

$$T_2 = T_3 = 0.03\text{mm}$$

3）确定各组成环的极限偏差。留 A_1 为调整尺寸，其余各组成环按包容尺寸下偏差为零，被包容尺寸上偏差为零，确定为

$$A_2 = 20_{-0.03}^{\ 0}\text{mm}$$

$$A_3 = 37_{-0.03}^{\ 0}\text{mm}$$

这时各组成环的中间偏差为 $\Delta_2 = -0.015\text{mm}$，$\Delta_3 = -0.015\text{mm}$。

计算组成环 A_1 的中间偏差 Δ_1，即

$$\Delta_1 = \Delta_0 - (\Delta_2 + \Delta_3) = 0.24\text{mm} + (-0.015 - 0.015)\text{ mm} = 0.21\text{mm}$$

组成环 A_1 的上偏差和下偏差为

$$B_x A_1 = \Delta_1 + \frac{1}{2}T_1 = \left(0.21 + \frac{1}{2} \times 0.05\right)\text{mm} = 0.235\text{mm}$$

$$B_x A_1 = \Delta_1 - \frac{1}{2}T_1 = \left(0.21 - \frac{1}{2} \times 0.05\right)\text{mm} = 0.185\text{mm}$$

于是 $A_1 = 57_{+0.185}^{+0.235}\text{mm}$

4）验证如下：

$$A_{0\max} = \sum \overline{A}_{\max} - \sum \overline{A}_{\min} = 57.235\text{mm} - (19.97 + 36.97)\text{mm} = 0.295\text{mm}$$

$$A_{0\min} = \sum \overline{A}_{\min} - \sum \overline{A}_{\max} = 57.185\text{mm} - (20 + 37)\text{mm} = 0.185\text{mm}$$

$$T_0 = A_{0\max} - A_{0\min} = 0.295 - 0.185 = 0.11\text{mm} < 0.12\text{mm}$$

故符合要求。

4. 采用修配装配法进行的装配

（1）修配装配法原理　修配装配法是在装配时修去指定零件上预留的修配量以达到装配精度的方法，简称修配法。采用修配法时，尺寸链中各尺寸均按经济加工精度制造。在装配时，累积在封闭环上的总误差必然超出其公差。为了达到规定的装配精度，必须对尺寸链中指定的组成环零件进行修配，以补偿超差部分的误差，这个组成环叫做修配环，也称补偿环。在单件或成批生产中，那些精度要求高、组成环数目又较多的部件适合于用修配法装配。

采用修配法装配时，首先应正确选定补偿环。作为补偿环的零件应满足以下要求：

1）易于修配并且装卸方便。

2）不是公共环，即作为补偿环的零件应当只与一项装配精度有关，而与其他装配精度无关。否则修配后，保证了一个尺寸链的装配精度，但又破坏了另一个尺寸链的装配精度。

3）不要求进行表面处理的零件不用修配，以免修配后破坏其表面处理层。

（2）修配尺寸链计算　当选定补偿环后，装配尺寸链的主要问题是如何确定补偿环的尺寸和验算修配量是否合适。一般采用极值法进行计算。

修配过程中，修配环对封闭环尺寸变化的影响有两种情况，即修配后使封闭环尺寸变大或者使封闭环尺寸变小。用修配法计算装配尺寸链时，可分别根据这两种情况来进行计算。

（3）自身加工修配法　在机床制造中，总装时用自己加工自己的方法来满足装配精度比较方便。例如，在牛头刨床总装时，自刨工作台面，比较容易满足滑枕运动方向与工作台面平行度的要求。在转塔车床装配中也常采用自身加工修配法。因此在机床制造中经常采用自身加工修配法。

5. 采用调整装配法进行的装配

调整装配法是在装配时改变产品中可调整零件的相对位置或选用合适的调整件以达到装配精度的方法。

调整装配法与修配装配法的实质相同，但在改变补偿环尺寸的方法上，修配法采用补充加工的方法来去除补偿件上的金属层，而调整法则采用调整的方法来改变补偿件的实际尺寸和位置，以补偿由于各组成环公差扩大所产生的累积误差，从而保证装配精度要求。常用的调整件有轴套、垫片、垫圈等。

采用固定调节法的关键是确定调节件的分级和各级调节件尺寸的大小。

在批量大、精度高的装配中，由于调节件的分级级数很多，可采用一定厚度的垫片与不同厚度的薄金属片组合的方法，以构成不同尺寸，使调节工作更加方便。这种方法在汽车和拖拉机等生产中的应用很广泛。

第四节　冲裁模的装配、调试与修理

模具装配是按照模具的设计要求，把模具的各个零件按一定的技术要求连接或固定起来，以达到装配的技术要求，并保证加工出合格的制件。对于冲裁模，即使模具零件的加工精度已经得到保证，但是如果在装配时不能保证冲裁间隙均匀，也会影响制件的质量和模具的使用寿命。因此，模具装配是模制造过程中重要的组成部分。

一、模具零件的固定方法

冲裁模的主要零件包括凸模、凹模、凸凹模、导柱和导套等，具体结构如图4-4所示。根据模具结构的不同，可以采用以下几种不同的固定方法。

1. 机械固定法

模具零件用机械方法固定的较为常见，机械固定法通常有以下几种：

（1）压入法　如果冲裁模具中的零件是靠相互间的过盈配合来达到紧固连接的，可以采用此种装配方法进行零件的装配。压入法在冲裁模装配中的应用很广泛。但是，压入法对零件加工精度和表面粗糙度的要求较高，且当零件相互连接后拆装困难。

此种方法多用于冲裁模中凸模和凸模固定板间的连接。

（2）紧固法　模具中很多零件可以采用螺钉、压板等进行连接或固定，此种方法方便可靠。

（3）焊接法　利用焊接的技术将模具中一些零件进行固定连接。

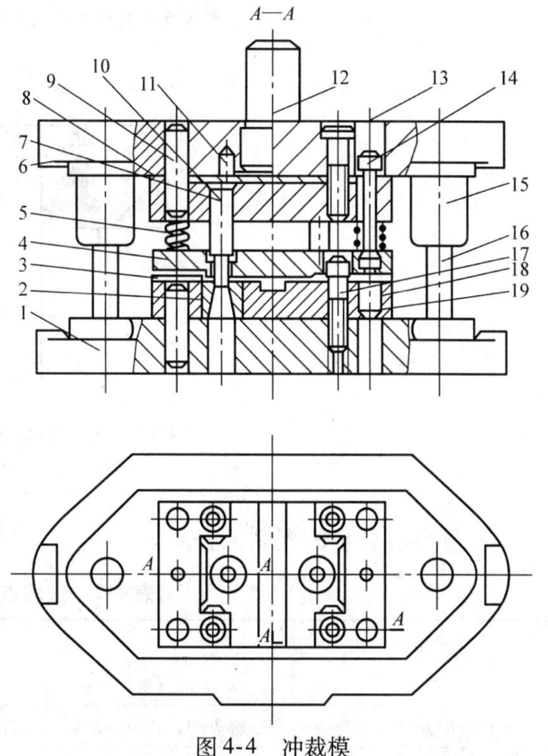

图4-4　冲裁模

1—下模座　2—凹模　3—定位板　4—弹压卸料板　5—弹簧　6—上模座　7、18—固定板　8—垫板　9、11、19—销钉　10—凸模　12—模柄　13、17—螺钉　14—卸料螺钉　15—导套　16—导柱

2. 物理固定法

（1）低熔点合金法　低熔点合金法是利用低熔点合金冷却凝固时体积膨胀的特性来紧固零件的。低熔点合金可以固定凸模、凹模和导套等模具零件。

用低熔点合金法固定凸模，可以解决多孔冲模凸、凹模间隙调整困难的问题，可以缩短生产周期，提高模具装配质量，对于凸模数目多而且形状复杂的冲模，其优越性更为显著。另外，低熔点合金法通常只用于冲裁厚度不超过 2mm 的金属板的模具，因为冲裁厚度大于 2mm 时卸料较大，低熔点合金紧固的地方抗拉强度不足，很容易损坏模具。在模具的装配过程中，低熔点合金法的应用较为广泛。

1）低熔点合金固定凸模的结构形式（图 4-5）。用合金浇注结构简单、牢固可靠，应在零件需要固定的相应位置开槽，融入低熔点合金进行固定。导套固定部分的结构形式如图 4-6 所示。

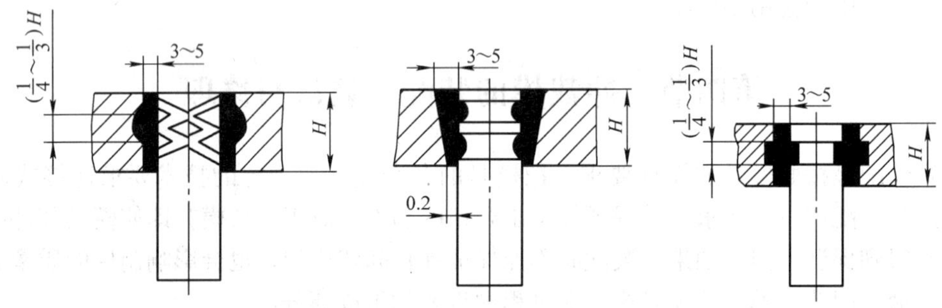

图 4-5　低熔点合金固定凸模的结构形式

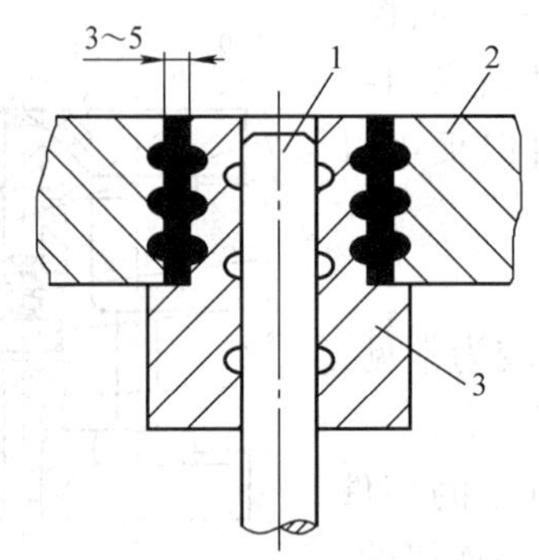

图 4-6　导套固定部分的结构形式

1—导柱　2—上模座　3—导套

2）低熔点合金的配制见表 4-2。

表 4-2　低熔点合金的配方

按质量百分比（%） / 合金配方	名　称	元　素				合金熔点/℃	浇注温度/℃
		铋	铅	锡	锑		
	熔点/℃	271	327.4	232	630.5		
Ⅰ		48	28.5	14.5	9	120℃	150～200℃
Ⅱ		45	5	16	5	100℃	120～150℃

（2）热胀法（热套法） 热胀法常用于固定合金工具钢凸模、凹模镶块以及硬质合金模具镶块。用此种方法固定模具零件时，对过盈量的要求相当高。如图4-7所示，先将钢制套圈2加热到300～400℃，保温1h后，套在没有加热的合金工具钢镶块1上，等钢制套圈冷却后即将镶块紧紧地固定。一般完成固定后要经过电火花型腔加工或线切割加工才能得到图样所需的模具型腔。

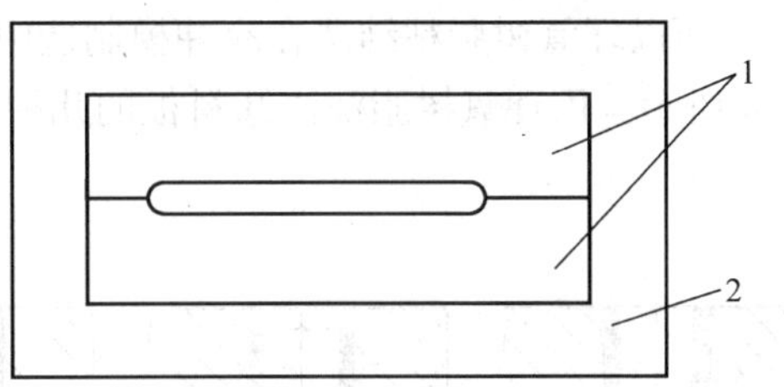

图4-7 用热胀法固定凹模镶块

1—凹模镶块 2—钢制套圈

3. 化学固定法

根据使用粘结剂的不同，可将化学固定法分为环氧树脂粘结法和无机粘结法等。

（1）环氧树脂粘结法

1）环氧树脂粘结法所使用的主要成分是环氧树脂，并在其中加入适量的粘结剂、填充剂等进行配制，其配方见表4-3。

表4-3 模具用环氧树脂的几种参考配方

组成成分	名称	配比（按质量比）	备注
粘结剂	环氧树脂6010 环氧树脂634 环氧树脂637	100 100 100	任选一种
填充剂	铁　粉200目 三氧化铝200目 石灰粉200目	250 40 }合用 50　20 }	任选一种
增塑剂	邻苯二甲酸二丁酯	15～20	—
固化剂	β羟乙基乙二胺 聚酸胺 间苯二胺 邻苯二甲酸酯 α-甲基咪唑	16～18 50～100 12～16 40～50 5～10	任选一种

配方一：634（E-42）环氧树脂 100%
邻苯二甲酸二丁酯 20%
氧化铝 50%
乙二胺 8%

配方二：6101（E-44）环氧树脂 100%
邻苯二甲酸二丁酯 10%～15%
氧化铝 30%～40%
乙二胺 8%

配方三：6101（E-44）环氧树脂 100%
邻苯二甲酸二丁酯 20%
氧化铝 100%
乙二胺 10%

上述配方中的成分均以质量分数计算。环氧树脂是黄色粘稠物质，其粘性极强，是最基本的粘结剂。

2）环氧树脂粘结法的特点：环氧树脂在粘结时不需要附加压力；用环氧树脂粘结的模具零件具有强度高、粘结时零件不发生变形、装配过程工艺简单以及便于模具的修理等特点。所以环氧树脂粘结法在冷冲模制造中的应用较为广泛。用环氧树脂固定凸模的形式如图4-8所示。用环氧树脂浇注卸料板的几种结构如图4-9所示。

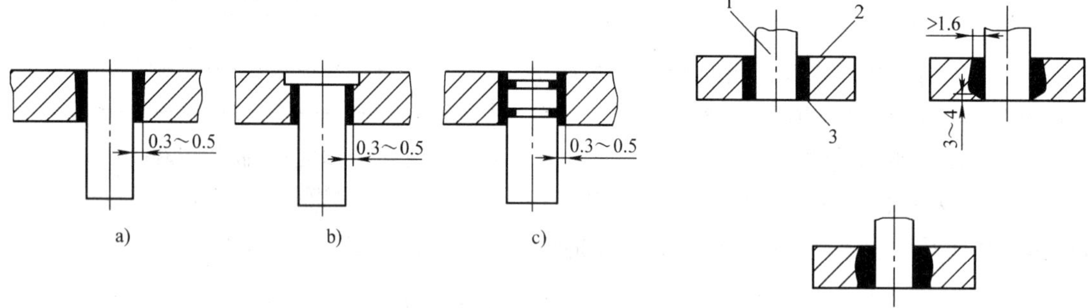

图4-8 用环氧树脂固定凸模的形式

a）直通式凸模 b）阶梯式凸模 c）带环形槽的凸模

图4-9 用环氧树脂浇注卸料板的几种结构

1—凸模 2—卸料板 3—环氧树脂

3）用环氧树脂粘结法固定凸模时的浇注方法：先用丙酮等将模具零件上需要浇注环氧树脂部分的表面清洗干净；然后，调整凸、凹模刃口的间隙，调整间隙的方法很多，可以在凸、凹模刃口四周垫上薄纸片，也可以在凸模上涂一层均匀的油漆或是调好的红丹等，使凸模能垂直地装入凹模中；调整好间隙后，将凸模和凹模一起翻转过来，将凸模固定板置于下方，把凸模固定在凸模固定板上的相应位置，使刃口处与固定板的端面贴平，在固定板和凹模之间垫入等高垫块；最后，可以进行环氧树脂的浇注了。用环氧树脂固定凸模的结构如图4-10所示。另外，应该注意胺类固化剂有很大的毒性，在浇注环氧树脂的过程中，要在通风的环境下进行操作，以防有毒气体损害身体健康，同时要戴乳胶手套，以减少对操作者的伤害。

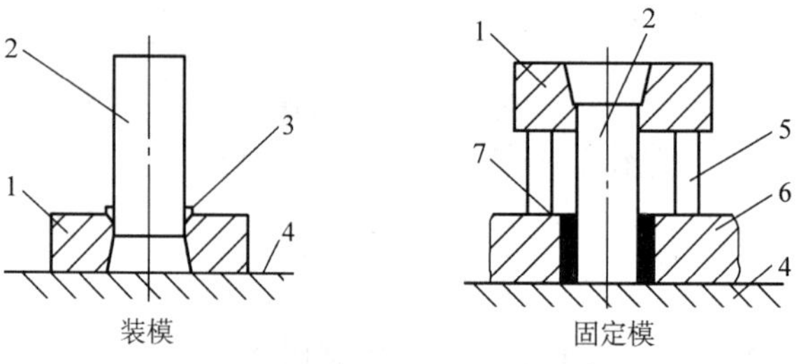

图4-10 用环氧树脂固定凸模

1—凹模 2—凸模 3—纸垫 4—平板

5—等高垫块 6—固定板 7—环氧树脂

（2）无机粘结法 无机粘结法是由氢氧化铝、磷酸溶液和氧化铜粉末按一定比例混合，经过化学反应成为胶凝物而起粘结作用的方法。它具有操作方便、零件不变形、工艺简单、成本低、无毒害、耐高温等特点，但其粘结的强度低于环氧树脂粘结法。

模具零件在进行无机粘结时，一般分为清洗、定位调试、调制粘结剂、粘结和固化几个步骤。

（3）厌氧胶粘接法 厌氧胶的全称是厌氧性密封胶粘剂，是一种既可以用来粘接又可以起密封作用的胶。厌氧胶粘接法是利用了厌氧胶在空气（有氧状态）下呈液态，而当它渗入到模具零件的缝隙后，与空气隔绝而自行固化，将零件牢固地粘接并且进行密封的这一特点来进行工作的。

采用厌氧胶粘接法粘接的模具零件或机械零件可用间隙配合替代过盈配合和过渡配合，

从而降低了零件的加工精度，防止零件缩孔，降低了成本，减少了装配时间。

二、冲裁模的装配过程

模具生产属于单件、小批量生产专用成形工艺装备。模具的装配工作是一套模具制造的最后一道工序，因此直接影响到模具的使用性能、制件质量和模具的使用寿命。模具的装配工作包括装配、调整、检验和试模等内容，基本上采用修配或调整的方法进行装配。

在冲裁模的装配过程中，钳工的主要工作是连接所有的零件，调整各零件的相对位置和凸、凹模之间的配合间隙，以达到模具的设计要求并保证冲制出合格的零件。虽然在加工模具中各个零件时保证了零件应有的加工精度，但是如果在装配的过程中没有调整好零件的位置，出现错位或是凸、凹模之间间隙不均匀等现象，都会严重地影响模具的装配质量和使用寿命及冲制件的质量，并且使得模具中各个零件由于位置不正确而长期磨损后失去原有的使用精度。因此在冲裁模具的装配过程中，应该按照一定的技术要求进行装配，以保证模具的装配质量。

1. 装配冲裁模具的主要技术要求

1）对于装配好的冲裁模，其闭合高度应符合图样的设计要求。

2）凸模与凹模的配合间隙应符合图样的技术要求，在整个刃口周围的间隙应均匀一致。

3）应保证圆柱形模柄的轴线与上模座的上平面垂直，垂直度误差控制在全长范围内不大于0.05mm。

4）上模座的上平面应与下模座的下平面平行，其平行度误差应符合一定规定，见表4-4。

表4-4 模架分级技术指标

项	检查项目	被测尺寸/mm	模架精度等级	
			0Ⅰ、Ⅰ级	0Ⅱ、Ⅱ级
			公差等级	
A	上模座上平面对下模座下平面的平行度	≤400	5	6
		>400	6	7
B	导柱轴心线对下模座下平面的垂直度	≤160	4	5
		>160	5	6

5）对于装配好的模架，其上模座沿导柱轴线方向上、下移动应平稳，无阻滞现象。

6）卸料装置及顶料装置应正常工作，且活动灵活，制件及废料不能卡在冲模内。

7）对于装配后的导柱，其固定端面与下模座下平面应保留1~2mm距离，选用B型导套时，装配后其固定端面应低于上模座上平面1~2mm。

8）模具装配完成后，一定要在生产条件下进行试冲，从而冲制出合格的制件。

2. 冲裁模的装配过程及步骤

（1）熟悉模具装配图　装配图是进行装配工作的主要依据。在装配图上，一般绘有模具的正面剖视图、固定部分（下模）的俯视图和活动部分（上模）的仰视图。对于结构复杂的模具，还绘有辅助的剖视图或断面图。

在正面剖视图上标有模具的闭合高度，如果规定冲裁模用于自动冲压机或固定式冲压机时，还标有下模座下平面到凹模上平面的距离。

在装配图的右上方注明冲制件的形状、尺寸和排样方法。当冲制件的毛坯是半成品时，还要注明半成品的形状与尺寸。在装配图的右下方标明模具在工艺方面和设计方面的说明及装配工作的技术要求。例如凸、凹模的配合间隙、模具的最大修磨量和加工时的特殊要求等。在说明下面还列有模具的零件明细表。

通过对模具装配图的分析研究，可以了解该模具的结构特点、主要技术要求、零件的连接方法和配合性质、制件的尺寸形状及凸、凹模的间隙要求等，以便确定合理的装配基准、装配顺序和装配方法。

（2）确定工作场地及清理检查零件

1）根据模具的结构和装配方法，确定工作场地。

2）准备好装配时需要用的工具、量具、夹具及各种辅助设备等。

3）根据模具装配图和零件明细表清点和清理零件，并检查主要零件的尺寸精度、形位精度和表面粗糙度。

（3）对模具的主要部件进行装配　如凸模与凸模固定板的装配和上、下模座的装配等。

（4）装配模具的固定部分　冲裁模的固定部分主要是指与下模座相连接的零件，如凹模、凹模固定板、定位板、卸料板、导柱和下模座等。模具的固定部分是冲裁模装配时的基准部分，下模座则是这一部件的装配基准件。

如果在调整凸、凹模间隙时只调整凸模的相对位置，则在固定部分装配完成后，用定位销将凹模或凹模固定板加以定位和固定。

（5）装配模具的活动部分　模具的活动部分主要是指与上模座相连接的零件，如凸模、凸模固定板、模柄、导套和上模座等。要根据固定部分来装配模具的活动部分。

（6）调整模具的相对位置　将模具的活动部分和固定部分组合起来，调整凸模与凹模之间的配合间隙，使间隙均匀一致。

（7）固定模具的固定部分　如果模具的固定部分尚未固定，在调整凸、凹模间隙之后，用定位销将凹模或凹模固定板定位后固定在下模座上。固定以后还要再检查一次已经固定好的凸、凹模的配合间隙。

（8）固定模具的活动部分　用定位销将凸模或凸模固定板定位后固定在上模座上，并拧紧全部紧固螺钉。固定以后还要再检查一次凸、凹模的配合间隙。

（9）检查装配质量　包括检查模具的外观质量、各部件的固定连接和活动连接情况及凸、凹模的配合间隙等。

（10）试冲和调整　试冲和调整是对模具最后和最重要的检查，包括将装配完毕的模具安装到指定的冲床上进行试冲，并按图样要求检查冲制件的质量等。如果冲制件的质量不符合要求，则应分析原因，并对模具作进一步的调整，直到试冲的制件符合要求为止。

3. 冲裁模的装配要点

模具结构的复杂程度不同，其装配的工艺也有所不同。冲裁模的装配要点如下：

1）首先选择装配时的基准件，可以根据模具主要零件加工时的相互关系来确定基准件。可以用作基准件的模具零件一般有凸模、凹模、固定板和导向板等。

2）按照基准件来安装相关的零件。以具有止口的固定板作为基准件的模具，可以用止口作定位装配其他零件，先装凹模，再装凸凹模及凸模。以导板作为基准件进行装配时，通过导向板将凸模装入固定板，再装入上模座，然后装凹模和下模座。当模具零件都装入上、下模座时，先装基准件，并在装好后进行检查，直至无误后进行销钉的定位。后装的在确认无误后，待试冲得到合格零件，再钻铰销孔，打入定位销进行最后的定位。

3）导柱装入下模座后，不但要保证导柱轴心线和下模座下平面的垂直度要求，而且应保证导柱下端面到下模座下平面的距离为 1～2mm，以防止使用时导柱与压力机台面的接触。

导套装入上模座后与导柱相配合，要求其运动时没有阻滞现象，活动要灵活。

4）调整凸、凹模之间的冲裁间隙。

5）冲模试冲时，可以用纸进行试冲。对冲制出的试件进行检验，如试件四周存在飞边或毛刺，说明模具的凸、凹模刃口处间隙不均匀。然后进行调整或修配，直到能冲制出合格的零件为止。然后，在模具中未定位处钻铰销孔，打入定位销进行定位。

三、冲裁模主要部件的装配方法

合理并且可靠地进行相邻零、部件的连接与固定是模具装配工艺中的基本内容，也是保证模具装配精度、质量与使用性能的重要工艺内容。

1. 模柄的装配

模柄用来连接模具的活动部分与压力机滑块。由于模柄的形式有所不同，它与上模座的连接形式也各有不同。

如图 4-11 所示，模具的模柄 1 是从上模座 2 的下表面向上压入的。因此，在装好模柄之前是不能装配凸模固定板的，否则会影响装配过程。模柄与上模座的配合要求为 H7/m6。装模柄时，注意将模柄压入上模座后要用角尺检查圆柱外表面与模座上表面的垂直度，其值不应大于 0.05mm。测量后，把模柄端面高于上模座下表面的部分锉平或者用磨床磨平。

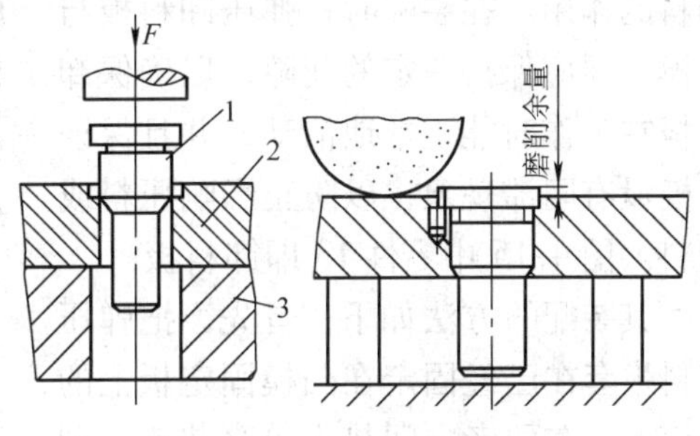

图 4-11　模柄的装配

1—模柄　2—上模座　3—垫块

2. 凸模和凸模固定板的装配

如图 4-12 所示为凸模的装配。当凸模与凸模固定板采用过盈配合连接，并用压入法进行装配时，凸模固定板的型孔应与固定板平面垂直，型孔的尺寸精度与表面粗糙度应符合要求，型孔的形状不应成锥形或鞍形。当凸模不允许有圆角、锥度等引导部分时，可在固定板型孔的凸模压入处加工出引导部分，其斜度小于 1°，高度小于 5mm。如果凸模的固定端是带有台肩的，那么其装配过程和铆接固定的凸模基本一致。在将凸模压入固定板时，在固定板上表面做阶台以容纳凸模的凸肩部分。另外，在装配后应保证凸模的凸肩 *A* 面（图 4-13）和固定板的平面贴实，否则在工作中可能会因为受力不均匀引起凸肩的断裂。

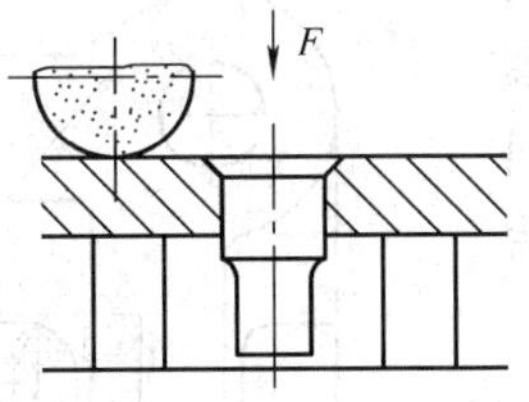

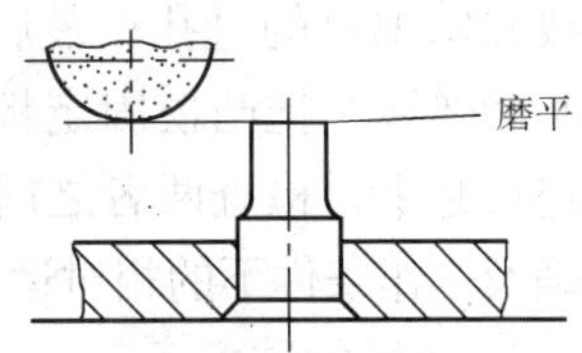

图 4-12　凸模的装配

当利用压力机压入凸模时，在刚开始压的时候就利用直角尺对凸模部分进行检查（图 4-14），以防止发生偏斜；到压入 1/3 处时，仍然要用直角尺进行检查，如果其垂直度符合图样的技术要求才可继续下压，直至完全压入。然后，以凸模固定板的下表面为基准，将固定板端面和凸模磨平。

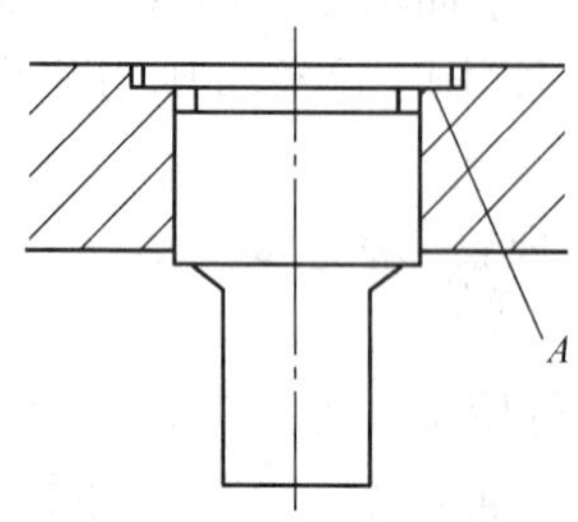

图 4-13 带凸肩的凸模

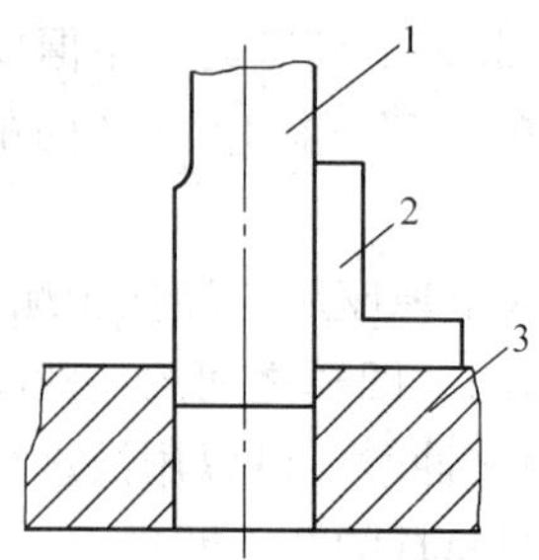

图 4-14 用直角尺检查凸模垂直度

1—凸模 2—直角尺 3—固定板

3. 弹压卸料板的装配

弹压卸料板在冲裁模具中起压料和卸料的作用。在装配时，弹压卸料板与凸模之间应保持一定的间隙，以确保卸料板在工作时能正常地活动，并且保证凸模没有阻滞现象，以防止影响压料或卸料。图 4-15 中零件 13 即卸料板。

其装配的方法如下：首先，把弹压卸料板套在已经固定在凸模固定板上的凸模上，在两者之间垫入等高垫铁，调整弹压卸料板上型孔和凸模之间的间隙，使之均匀后利用夹板固定相对的位置；然后，按照弹压卸料板上已有的螺钉孔位置在凸模固定板上投窝，拆掉夹板，划线并钻螺钉的过孔；最后，用卸料螺栓 9 和弹簧 5 把凸模固定板和弹压卸料板连接起来，检查两者之间的间隙是否正确及工作条件下的相对运动情况。

4. 凹模的装配

(1) 凹模的组合结构 冲裁模工作零件凹模也可以分为冲裁凹模和成形凹模两类。冲裁凹模用于冲孔模之类，而成形凹模主要是用于拉延模中的成形凹模等。

(2) 装配工艺 冲裁凹模常采用整体凹模、圆凹模和拼块凹模三种结构形式。圆凹模多采用过渡配合或过盈配合与凹模固定板连接；拼块凹模则是拼接在固定板槽内的一种凹模形式，常采用螺钉、销钉、斜楔等进行连接。所以，

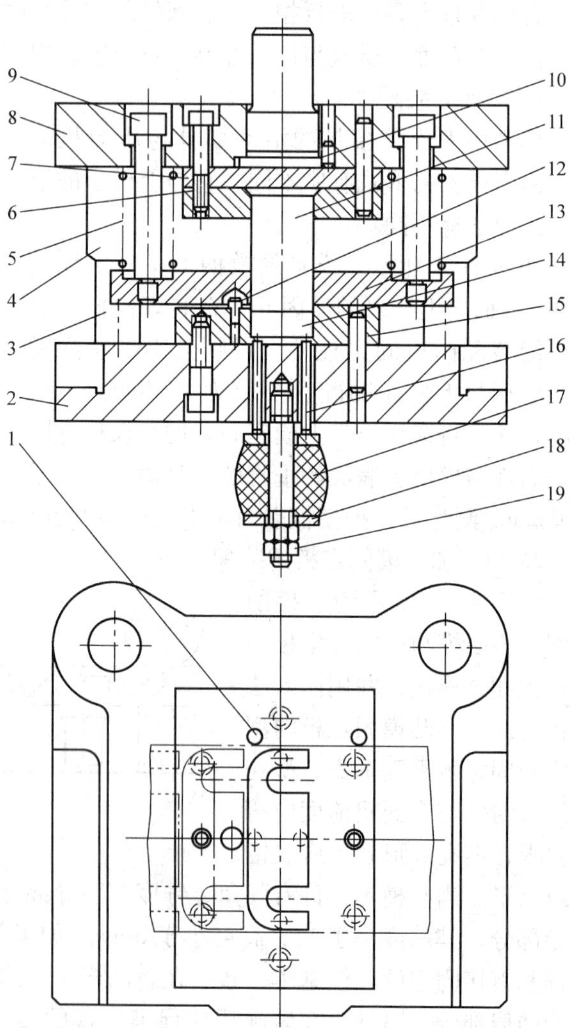

图 4-15 正装下顶出落料模

1—导料销 2—下模座 3—导柱 4—导套 5—弹簧 6—凸模固定板 7—垫板 8—上模座 9—卸料螺栓 10—圆柱销 11—凸模 12—挡料销 13—卸料板 14—顶件块 15—凹模 16—顶杆 17—橡胶 18—托板 19—螺母

经常采用圆凹模和拼块凹模这两种形式的模具，一般在固定板下面设有相应的卸料孔垫板。

四、冲裁模凸、凹模间隙的调整方法

冲裁模凸、凹模之间的间隙对冲裁制件的断面质量具有非常重要的影响。冲裁间隙是指凸、凹模工作部分尺寸之差（双面间隙），如圆凸、凹模间隙为

$$Z = D_{凹} - D_{凸}$$

式中　Z——双面间隙（mm）；

$D_{凹}$——凹模直径尺寸（mm）；

$D_{凸}$——凸模直径尺寸（mm）。

实践证明，冲裁模的间隙只有在一个合适的范围内，才会得到符合设计要求的合格冲制件，且可以降低冲裁力，延长模具的使用寿命。这一合适的间隙范围被称为冲裁模的合理间隙。实际生产中，间隙的选用应主要考虑冲裁件的断面质量和模具的使用寿命这两个因素。一般来说，当冲制件的断面质量要求较高时，选用较小的间隙值；反之，当制件的断面质量要求不高时，应尽量地加大间隙值，以提高模具的使用寿命。

冲裁模合理的间隙值见表4-5。

表4-5　冲裁模合理的间隙值（双边）　　（单位：mm）

材料种类	材料厚度 t				
	0.1～0.4	0.4～1.2	1.2～2.5	2.5～4	4～6
低碳钢、黄铜	0.01～0.02	(7%～10%) t	(9%～12%) t	(12%～14%) t	(15%～18%) t
高碳钢	0.01～0.05	(10%～17%) t	(18%～25%) t	(25%～27%) t	(27%～29%) t
磷青铜	0.01～0.04	(8%～12%) t	(11%～14%) t	(14%～17%) t	(18%～20%) t
铝及铝合金（软）	0.01～0.03	(8%～12%) t	(11%～12%) t	(11%～12%) t	(11%～12%) t
铝及铝合金（硬）	0.01～0.03	(10%～14%) t	(13%～14%) t	(13%～14%) t	(13%～14%) t

因此，冲裁模装配过程中，必须将凸、凹模刃口四周的间隙调整得很均匀，只有这样才能保证装配质量，才能使冲制件达到设计要求的尺寸精度和表面质量，并能提高模具的使用寿命，对增加卸料力、推件力和冲裁力以及提高冲制件的断面质量都有利。

调整间隙是在模具的上、下模座都已经分别装配好以后，利用导柱和导套的导向来完成的。调整时，一般是先将凹模固定，通过调整凸模的位置来达到调整间隙的目的。

调整间隙的方法有以下的几种：

(1) 透光法　此方法适合一些小型的模具。在装配过程中，可以将整套模具翻过来，模柄在下，可以夹持在台虎钳上，在光源下可通过下模座上的落料孔观察凸模的位置。当间隙不均匀的时候，用铜棒轻轻地敲击凸模固定板的侧面，以调整凸模的位置，达到调整凸、凹模之间间隙的目的。这种方法操作简便，但不容易掌握，需要有经验的工人才能调整。

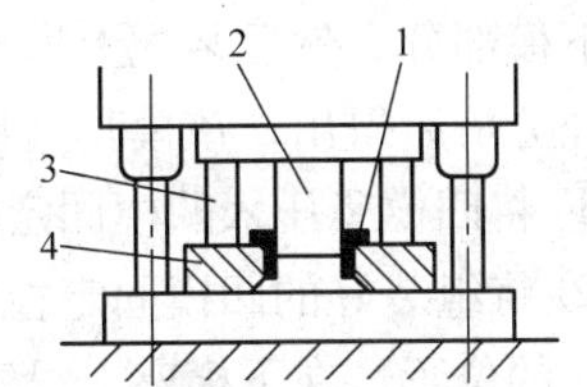

图4-16　用垫片法调整凸、凹模配合间隙
1—垫片　2—凸模　3—等高垫铁　4—凹模

(2) 垫片法　这种方法是在凹模刃口的四周适当的地方放置铜或铝垫片。此时，凹模在下方，刃口处放上垫片，如图4-16所示，将凸模置于凹模中，垫片的厚度等于单边的间隙值，并根据间隙的不同相应地放置不同片

数，观察凸、凹模之间的间隙是否均匀，不均匀时可以用同样的方法敲击凸模固定板进行间隙的调整，直到间隙均匀为止。

（3）切纸法　这种方法可精确进行间隙的调整。它是在模具装配好后，用一张薄厚均匀的纸代替冲制件的毛坯，放置在刃口处，用铜锤敲击模柄使模具闭合，进行一次试冲。根据冲制出纸的周边是否有毛刺、毛刺是否均匀等进行分析，了解凸、凹模之间间隙的情况，进行适当的调整后，继续冲纸件，再分析调整，直至间隙均匀为止。

（4）涂漆法　这种方法是在凸模刃口部分涂一层薄漆，并在哄干后使得漆的厚度等于单边间隙值，其调整的方法与垫片法相同。

（5）镀铜法　这种方法也是先在凸模刃口部分 8～10mm 长度上镀铜，镀层的厚度等于单边的间隙值。其调整的方法与垫片法相同。由于镀层会在反复的调整过程中自行脱落，所以，调整好后不用再去除凸模上的铜膜。

（6）酸腐蚀法　这种方法是先将凸、凹模制成相同的尺寸，装配好以后取下凸模，用酸腐蚀法将凸模腐蚀掉一层，达到间隙要求后再将凸模装回原来的位置。

五、冲裁模的总装配

在进行完模具的零、部件装配后，开始进行总装配。模具在使用时被安放在冲压机床上，下模座牢靠地固定在工作台上，是模具的固定部分，而上模座通过模柄的装夹和冲压机的滑块连接在一起并同时进行往复运动，是模具的活动部分。为了保证安装在上、下模座上的各部分零件能够在导柱和导套的导向作用下正常工作，要求装配人员在装配过程中必须严格保证固定部分和工作部分的正确位置，否则会出现刃口咬合、零件间的相互磨损等现象，降低模具的使用寿命，甚至导致模具不能正常地工作。因此，在装配时应正确地安排上、下模的装配顺序，否则在装配中可能出现各种困难，甚至出现无法装配的情况。

上、下模的装配顺序取决于模具的结构，可根据以下的原则来选择装配顺序：

1）无导柱模具：对于无导柱模具，其凸、凹模的间隙是在将模具装在压力机上才进行调整的，因此上、下模的装配顺序对模具的装配过程没有太大的影响。所以，此种模具的上、下模可以分别进行装配。

2）装配有模架的模具，一般先装配好模架，再装配其他模具零件。凹模装在下模座上的导柱模，一般应先装下模。

3）根据上模和下模在装配过程中所受限制的不同选择装配的顺序。如果上模部分在装配和调整时受的限制较大，就应先装上模部分，并以他为基准调整下模部分模具零件的相对位置，调整好凸、凹模间隙后，对下模部分进行定位，完成装配过程。反之，则可先装配模具的下模部分，然后装配上模部分的各个零件。

经分析后得出，该模具（图 4-4）适宜先装下模部分，其装配步骤如下：

① 将凹模 2 压入凹模固定板中，磨平底面。

② 将组装好的凹模固定板放置在下模座上，按图样要求找正位置，利用凹模固定板上螺钉孔的位置，在下模座上投窝，移去凹模固定板，在下模座上划线，进行钻孔加工，然后装上凹模固定板，调整好位置后用螺钉紧固，钻铰销孔，打入定位销进行定位。

③ 在凹模固定板上安装定位板 3。

④ 配钻卸料螺钉孔。把卸料板 4 套在已经固定在凸模固定板上的凸模 10 上，利用卸料板上的螺钉孔在凸模固定板上钻出锥窝，移去卸料板，钻凸模固定板上的螺钉过孔。

⑤ 将已经固定在凸模固定板中的凸模 10 放入凹模 2 中，在凹模 2 与凸模固定板 7 之间垫入适当高度的等高垫铁，把上模座放在凸模固定板上，将两者夹紧，在凸模固定板上投卸料螺钉窝和紧固螺钉的过孔，拆下凸模固定板后，钻孔。

⑥ 装配模柄 12。模柄是从上模座 6 的下平面向上压入的，因此必须在安装凸模固定板 7 和垫板 8 之前装配好模柄。它与上模座孔的配合一般为 H7/n6。然后，用螺钉 13 将上模座 6、垫板 8 和凸模固定板 7 及凸模 10 紧固在一起。

⑦ 调整凸、凹模的冲裁间隙。调整间隙可以采用上面介绍的几种方法进行。调整时可以使用操作比较简便的透光法，将装配好的上模部分沿导柱导套方向装好，凸模插入凹模型孔内，将整套模具翻转过来，把模柄放在台虎钳上夹紧，利用光源从凹模的落料孔观察凸模的位置，用铜棒轻轻敲击凸模固定板以调整凸模与凹模之间的间隙，直至间隙均匀为止。

调整后还可用纸作为冲压的材料，进行试冲，如纸制件上四周的毛刺不均匀或有的地方没有被切断，需重新对模具的凸、凹模间隙进行相应地调整，直到间隙均匀为止。

⑧ 调整好之后，加工各销钉孔，装入销钉定位。

⑨ 将卸料板 4 套在凸模上，装上卸料螺钉，检查其运动时的灵活性，凸模的下端面应可缩在卸料板 4 的孔内约 0.5 ~1mm 左右。经检查合格后，再装上弹簧即可。

⑩ 安装其他的零件。

⑪ 进行试冲，直至冲制出合格冲制件。

⑫ 进行调整，淬硬定位板。

⑬ 打标记交付生产使用。

六、冲裁模的调试

1. 冲裁模的调整

对模具的调整是冲裁装配过程中最后也是最为重要的一个环节，它对模具的正常使用和提高冲制件的加工质量都起着决定性的作用。冲裁模的调整包括：

1）冲裁安装前的准备工作　检查模具中各零件和组件是否齐全，熟悉冲裁模的装配图，包括各项技术要求及冲压工艺等。刃口部分应锋利，表面粗糙度应达到图样上的要求。零件上不应存在划痕、沙眼、裂纹等机械残损。导柱和导套的配合不应有阻滞现象。模具的送料、卸料机构工作正常。擦拭安装底面。

2）在冲压机上安装冲裁模　设计模具时就已经选定了冲压设备。具体选择压力机时，应考虑其各项主要技术参数，包括：额定压力，法定单位为 kN；滑块行程（拉深时，滑块行程应大于拉深件高度的 2.5 ~3 倍）；模具的闭合高度必须与压力机的装模高度相协调，否则模具将不能安装在机床上进行正常的工作；工作台的尺寸，是指工作台的长和宽，一般比冲裁模下模座大 50 ~70mm，以保证模具能正常地安装在机床上；另外，还应考虑模具的落料孔与工作台面上的孔对正，确保废料或是制件能顺畅排出。

模具安装的注意事项有：将压力机的打料装置升至最高位置，以免在调整压力机的闭合高度时被折弯；确保模具的闭合高度与所选择压力机的闭合高度相适合；检查模具上模打料杆或者下模的顶板是否符合压力机上打料装置的位置要求；在模具安装前应先将模具下模座和滑块底面擦拭干净，保证无杂物，防止影响正确安装和发生意外事故。

3）用指定的坯料在冲裁模上进行试冲，并根据冲制件的质量分析模具存在的各种缺陷，加以调整并消除缺陷。

4）排除各种可能会影响到安全生产、冲制件质量和操作的因素。

2. 冲裁模的试冲

冲裁模具在装配好后，必须在生产条件下进行试冲，并要按照设计零件的图样或是试样对冲制出的制件进行严格的检查验收。进行试冲可以通过对冲制件的检查，发现模具在制造过程中存在的各种缺陷，然后仔细地查找产生缺陷的原因，再进行试冲，直到模具能够正常工作并得到符合零件图样要求的合格冲制件为止，模具的装配过程才算结束。试冲时至少要连续冲出100～150个合格的制件，模具才能交付生产使用。

冲裁模试冲的常见缺陷及其产生原因和调整方法见表4-6。

表4-6　冲裁模试冲的缺陷及其产生原因和调整方法

冲裁模试冲的缺陷	产生原因	调整方法
送料不通畅或料被卡死	1）两导料板之间的尺寸过小或是存在斜度 2）凸模与卸料板之间的间隙过大，使搭边翻扭 3）安装侧刃时与导料板的工作面不平行，使条料卡死，如图a所示 4）侧刃和侧刃挡块不密合形成方毛刺，使条料卡死，如图b所示 a)　b) 由侧刃引起的毛刺 a）侧刃和导料板工作面不平行 b）侧刃与侧刃挡块不密合	1）根据具体情况锉修或是重新装卸料板 2）减小凸模与卸料板之间的间隙 3）重新安装导料板 4）修整侧刃挡块消除间隙
卸料不正常	1）由于装配不正确，卸料机构不能动作，如卸料板与凸模配合过紧，或是卸料板倾斜而卡紧 2）弹簧或橡皮的弹力不足 3）凹模有倒锥 4）凹模和下模座上的落料孔没有对正，造成料不能通畅地排出 5）顶出器不过长度或卸料板的行程不够	1）修整卸料板、顶板等零件 2）更换弹簧或橡皮 3）修整凹模 4）修整落料孔 5）顶出器顶件部分的长度加长，更换较长的卸料螺钉或加深卸料螺钉沉孔部分的深度
凸、凹模的刃口咬合	1）上模座、下模座、固定板、凹模、垫板等零件安装面不平行 2）凸模、导柱等零件的安装不垂直 3）凸、凹模错位 4）导柱和导套之间的间隙过大，导致导向不准 5）卸料板的孔位不正确或歪斜，使冲孔凸摸机位移	1）修整有关零件，重新安装上、下模 2）重装凸模或导柱 3）重装凸、凹模，调整位置 4）更换导柱或导套 5）修整或更换卸料板
凹模被涨裂	凹模孔有倒锥	修磨凹模具，消除倒锥现象
凸模折断	卸料板倾斜；冲裁时产生的侧向力未抵消	调整卸料板和凸模之间的安装位置；设置靠块来抵消侧向力
冲制件的毛刺较大	1）刃口不锋利或淬火硬度低 2）凸、凹模配合间隙过大或间隙不均匀	1）修磨工作部分的刃口 2）重新调整凸、凹模之间的间隙，使间隙均匀

（续）

冲裁模试冲的缺陷	产生原因	调整方法
冲制件不平	1）凹模有倒锥现象 2）顶料杆和冲制件的接触面积过小 3）导正钉和预冲孔的配合过紧，冲制件压出凹陷	1）修磨凹模刃口，消除倒锥现象 2）更换顶料杆 3）修整导正钉
落料外形和冲孔位置不正，成偏位现象	1）挡料钉位置不正 2）落料凸模上导正钉尺寸过小 3）导料板和凹模送料中心线不平行，使孔位偏斜 4）侧刃定距不准	1）修整挡料钉 2）更换导正钉 3）修整导料板 4）修磨或更换侧刃
冲制件的形状和尺寸不正确	凸模与凹模的刃口形状及尺寸不正确	修整凸模和凹模的形状及尺寸，重新调整冲裁间隙

七、模具装配与模具技术的标准化

模具是专门用于成形其他零件的单件工艺装备，所以模具标准化是模具工业化生产的基础，是实现模具现代化生产、采用互换装配法进行模具装配的技术条件。

1. 模具技术标准的作用

（1）模具标准化

1）模具标准化的意义和目的。

① 模具进行标准化可保证模具的装配精度、质量与其使用性能。只有使模具中的通用零、部件实行标准化，才有可能利用高效、精密机床和测试仪器等组成专业化生产线，从而进行模具的批量化生产。

生产实践与规律证明，只有进行专业化、批量化生产，才可以保证标准零、部件加工工艺和组装工艺的先进性与可靠性，才能保证模具中标准零、部件的加工精度和表面质量，才可能会在模具装配时实现互换性要求。

② 模具进行标准化可缩短模具制造周期、减少制造费用和提高企业效益。从市场配购标准件进行模具装配，相对于由自己制造配件，无疑会节省时间和材料，而且标准件质量好，价格便宜。使用标准件将可缩短模具制造周期，实际上是减少了各道工序的工时，特别是将会大幅度降低模具装配的工时，使得可以控制模具装配周期。实践证明，制造工时的费用与制造成本呈线性关系。因此，采用标准零、部件装配、制造模具，必将降低制造成本，缩短制造周期，以确保企业的效益。

③ 采用互换性装配法装配模具，是模具装配的发展趋势。而采用标准零、部件进行模具装配必将促进模具装配工艺技术的进步，为逐步完善模具，彻底实现互换性装配工艺，打下了一定的技术基础。

2）模具标准化工作是极具创新性和创造性的研究与设计工作。模具标准化的工作内容包括：研究、设计模具标准件；组织、指导标准件的生产与市场运营，使非标准件与标准件数量之比为最小；宣传标准，使企业能以标准为依据，对模具设计、制造精度与模具质量进行控制；提高模具标准化的程度和水平。为此必须做到以下几点：

① 研究、设计的模具标准件必须具有合理、优化的结构及良好的工艺性。

② 设计、制订的模具标准件，其尺寸系列必须分档合理、实用性强、覆盖率高。而且

模具标准件需具有广泛的通用性，从而同一系列的模具标准件用量增大，有利于进行大批量生产。

③ 研究、制订控制模具标准件的精度、质量、使用性能的理论和工艺质量标准、规范或指导性文件。

④ 为扩大模具标准化的范围，提高标准化的程度与水平，必须优化各类模具结构的研究工作，设计互换性高、更便于模具装配使用的单元组合，如大型冲模冲侧孔的标准侧冲装置、标准独立导柱（导向副）、冲孔用的标准球锁紧凸、凹模以及塑料模用的热喷嘴、排气嵌件等，都极大地提高了模具结构的合理性以及使用性能。

（2）模具技术标准

1）模具技术标准等级。模具技术标准与其他标准一样，也是分为国家标准（GB）、行业标准（JB）和企业标准三类。

其中国家标准和行业标准又分为强制性标准和推荐性标准。其中推荐性标准以“T”表示，如GB/T…、JB/T…。模具技术标准均为推荐性标准。

① 模具国家标准，是根据模具结构、制造技术条件以及其通用零部件的通用化程度等要求制订的通用性标准。其目的在于节约社会资源，使社会资源合理化配置，并用以提高模具生产技术的水平。故模具国家标准是模具企业及与之相关企业都需贯彻、执行的技术标准。

② 模具行业标准，同样是全国同一的、专业企业必须贯彻、执行的技术标准。但是，若模具标准中涉及国家标准规定的内容，必须与之相一致，或无条件地采纳并按国家标准的规定执行。

③ 模具企业标准则是根据企业模具种类、结构特点、设计与制造工艺技术条件等制订的标准、生产技术规范、技术法律。同理，凡涉及与国家标准、行业标准相同的内容时，也必须与之一致，需无条件接受并执行。

由于模具国家标准与行业标准都是推荐性标准，模具企业也可以根据企业的技术能力和条件申请延期执行与贯彻。同时，由于模具国家标准、行业标准中内容所规定的技术参数、规范和性能指标等，是根据国家现有材料、生产装备、工艺水平与条件，可达到的平均水平。因此企业标准中规定：模具产品的技术参数和工艺质量指标，出于企业声誉和市场竞争的要求，应当高于国家标准、行业标准规定的内容。其目的在于体现专业企业的综合能力和技术水平，以提高企业在同行业中的声誉和经济、技术地位，以便获得更高的企业效益。

2）模具技术标准。制订模具技术标准时，需贯彻执行国家基础标准和由国家与部门分别颁布的与模具相关的专业技术标准。常用的标准有：

极限与配合	GB/T 1803—2003
形状和位置公差　位置度公差	GB/T 13319—1991
形状和位置公差　未注公差值	GB/T 1184—1996
表面粗糙度　参数及其数值	GB/T 1031—1995
圆度测量　术语、定义及参数	GB/T 7234—2004
尺寸链　计算方法	GB/T 5847—2004
标准尺寸	GB/T 2822—2005
开式压力机型式与基本参数	GB/T 14347—1993
单双动薄板冲压液压机	GB/T 7343—1994

单动薄板冲压液压机 基本参数 GB/T 8492—1996
双动薄板拉伸液压机 基本参数 GB/T 8493—1996
单螺杆塑料挤出机 GB/T 8061—1996
塑料压力成型机 GB/T 6490—1992
塑料注射成型机 GB/T 7267—1994

常用模具材料有中碳钢、碳素工具钢和合金钢等。标准号有 GB/T 699—1999、GB/T 1298—1986、JB/T 5826—1991 等。塑料模具材料用扁钢和热轧厚钢板，标准分别为 YB/T 094—1997 和 YB/T 107—1997 等。

3）模具国际标准。国家技术监督局领导下的中国模具标准化技术委员会（简称模标委），是国际模具标准化组织 ISO TC29/SC8 的“P”（积极）成员。近 20 年来模标委参与 ISO TC29/SC8 的书面模具标准草案研究与制订、投票通过国际模具标准达 60 余项。如冲模和塑料注射模零件、模架等重要的技术标准。

现在，正面临经济全球化的时代，积极参与国际模具标准化工作，将会给我国模具技术进步、我国模具企业走向世界市场带来大量的、宝贵的模具高新技术信息，以及新的、先进的模具技术标准和成果和大量模具市场的经济信息。

2. 模具装配与标准件应用

（1）模具标准件检查 根据模具设计时制订的模具标准件明细表中所规定的标准件的品种、规格、等级（如冲模模架：滑动导向分Ⅰ级、Ⅱ级；滚动导向分0Ⅰ级和0Ⅱ级）和数量，以及在装配结构中所标明的定位、联接与固定形式等，在进行装配前必须对配购的标准件进行检查。

1）标准件检查的依据是表中所列模具工艺质量标准，即各类模具的技术条件与要求，特别是模架技术条件及其检查方法，如冲模模架精度检查（JB/T 8071—1995）等标准，是进行模具零件加工、检查配购标准件和进行模具装配的依据。因此，模具装配钳工中学习、熟悉甚至需熟记工艺质量标准中的关键内容和规定是必需的。学习、掌握模具技术标准，特别是工艺技术标准，也是模具装配钳工的基本功。

2）标准件的检查项目。

① 零件材料及其热处理性能检查。需检查确认零件材料，特别是成型工作零件材料，是否符合模具设计要求。同时，必须检查确认零件经调质、淬火或渗碳、渗氮等热处理或表面处理工艺后零件的表面硬度，需符合零件技术要求和工艺标准。

② 模具标准零件配合尺寸与形状、位置公差以及配合面的表面粗糙度检查。确认其符合模具设计和零件技术条件标准。

③ 检查模架尺寸与有效使用面积；检查冲模模架的上、下模座板上的安装平面对下模座板下平面的平行度误差；检查成型模模架定、动模之间的定位及其安装尺寸等。均需确认其符合设计与有关工艺质量标准。

（2）标准件的工艺性加工 模具装配前，当检查、验收完标准件后，需根据模具设计技术要求和技术条件对标准件进行装配工艺所要求的加工。

1）标准件上的孔系加工。加工标准件上的孔与孔系时，一般需在装配之前完成。标准件上的孔系包括：固定板上的凸模、螺钉、螺栓孔，定位销孔、推杆等的固定安装孔，导柱与导套安装孔等。装配钳工采用的精密划线法是加工孔系、保证孔距精度的一种常见的方法。划线精度要求较高时或是精密划线则通常利用坐标镗床、立式铣床、坐标磨床等机床进行，以确保划线的精度。以下是各种类型孔的加工工艺顺序：

凸模、推杆固定孔的加工工序：钻孔、扩孔、锪孔。

螺钉孔的加工工序：钻孔、倒角、攻螺纹。

螺栓孔的加工工序：钻孔、锪沉孔。

定位销孔的加工工序：配钻、配扩、配铰。

2）标准件研磨等工艺性加工。

① 如图 4-17 所示为标准模板装配工艺要求，装配时采用的标准模板上下两面，常是留有 0.3 ~0.5mm 余量的平面。若需模板两侧面作为定位基准时，均需进行精密平面磨削，以满足装配尺寸链与定位精度的要求。

② 凸模、推杆装入固定板后，凸模、推杆的圆柱头端面需与固定板下平面在同一水平面上，如图 4-18 所示经平磨以保证与垫板上平面紧密贴合，并进行紧密联接与固定。

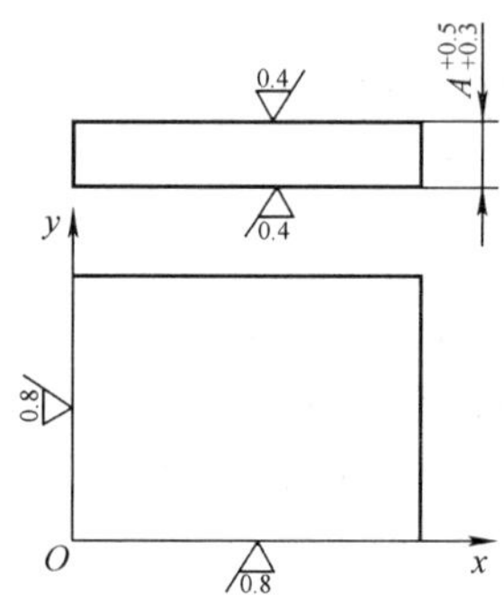

图 4-17 标准模板装配工艺要求

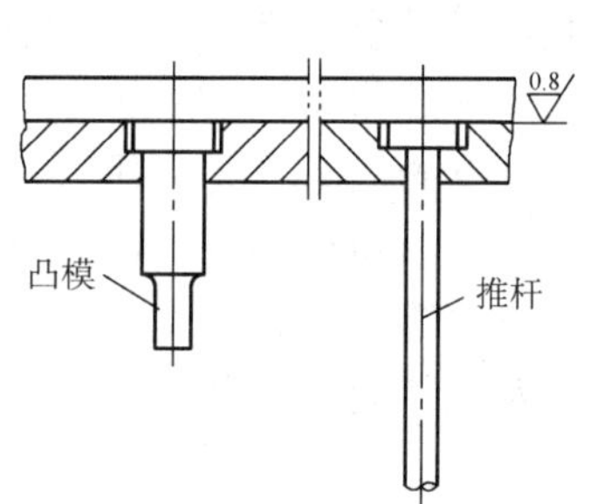

图 4-18 凸模、推杆的平磨

③ 当装配冲圆孔的凸、凹模时，常采用标准圆凸模和圆凹模。其中圆凸模的直径上常留有 0.02 ~0.05mm 的余量，采用外圆磨削来保证装配凸、凹模的冲裁间隙。

模具装配时，标准件的装配工艺性加工除孔系加工、磨削加工外，根据装配工艺要求有时还需进行研磨、抛光作业。如塑料注射模装配时采用的定、动模的圆锥定件（GB/T 4169.11—1984），即需进行锥销与锥孔之间的对研等。

同时，模具装配中对标准件进行工艺性加工时，常需采用精密工夹具。如对标准模板上的孔系进行划线加工时，应采用通用、可调性钻具；标准模板、凸模、圆锥定位件的磨削、研磨等工艺性加工，均需使用工夹具来保证装配工艺性加工的精度与表面粗糙度。

由此可见，模具装配人员不仅要求熟练地掌握模具工艺、具有高超的工艺技能，并熟知模具钳工工艺学和模具工艺质量标准，而且还需掌握常用精密加工工艺与测试技术，熟知模具制造工艺学。

八、冲裁模的检测和修理

1. 冲裁模的检测

模具零件精度是保证整套模具加工精度的核心内容，为了保证模具装配精度，模具零部件的所有图样标注尺寸都必须经过专职检查人员认真检验，或者由装配钳工逐一进行检查和验收。检测模具零件加工精度时应使用和图样标注尺寸公差精度级别相对应的检测工具和仪器，如卡尺、千分尺、角度尺、深度尺、投影仪以及各种专用测量工具等，表面粗糙度的检测应按标准进行。复杂型腔模具的自由曲面、过渡面等位置的测量应采用三坐标测量机。

采用三坐标测量机（图4-19）可以检测各种零件的尺寸精度和位置精度，可以进行各种模具中复杂曲面的测量。它可以进行直角坐标系之间或直角坐标系与极坐标系之间的转换，可以用于线性尺寸、圆度、角度、球面、线轮廓度、面轮廓度、同轴度、对称度、位置度以及遵守最大实体原则时的最佳配合等多种项目的检测。

利用光学投影仪（图4-20）可检测模具的型面。它利用光学系统将被测零件轮廓外形（或是型孔）放大后，投影到仪器荧屏上进行测量。一般对模具的凸模、凹模等零件进行检测时，在投影仪上可以利用直角坐标或极坐标进行绝对测量，也可以把测量的模具零件放大后的影像与事先准备的零件放大图样进行比较，以判断零件是否合格。

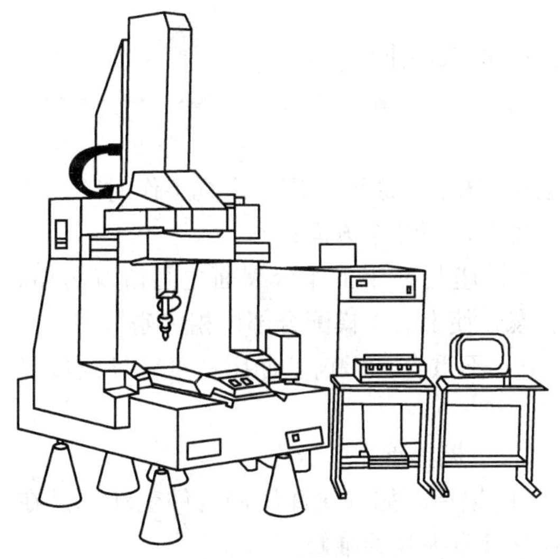

图4-19 三坐标测量机

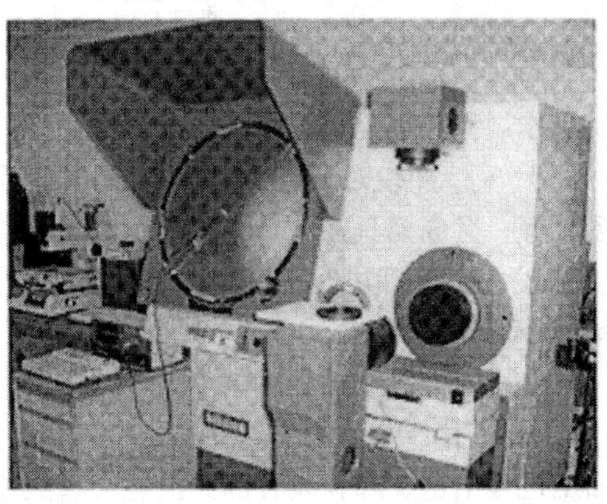

图4-20 光学投影仪

视频测量仪（图4-21）能高效地检测各种复杂工件的轮廓和表面形状及尺寸、角度、位置，特别是可以进行精密零部件的微观检测与质量控制。它适用于电子、刀夹具、精密机械零件、塑料与橡胶成品、模具、汽车、机械加工、军工、航空航天等行业及各级计量部门或车间检查站。

图4-21 视频测量仪

2. 冲裁模的修理

（1）造成冲裁模修理的主要原因 生产中造成冲裁模修理的原因很多，其中主要有以下几方面：

1）冲模零件的自然损坏。由于在实际生产过程中，冲裁模在短促的时间内承受很大的冲击力和摩擦力，使相互接触的冲模零件产生磨损，或使固定件由于激烈振动而松动，这种现象称为模具零件的自然损坏。自然损坏在以下几方面表现得比较突出：

① 导向零件的磨损。

② 凸、凹模间隙增大。

③ 定位销、挡料块及导料销的磨损。

④ 凸、凹模的刃口变钝。

⑤ 由于冲模在工作环境下长期的振动，模柄松动。

⑥ 凸模在固定板上的固定连接松动。

2）冲裁模制造方面的原因。冲模制造工艺不合理，也是造成冲裁模修理的原因，主要表现在以下几方面：

① 制造冲裁模零件的材料牌号不对。

② 凸、凹模加工后有倒锥现象。

③ 安装误差大，冲裁模装配后，凸模和凹模的中心线不重合。

④ 导向零件刚度不够。

⑤ 冲模零件热处理工艺不正确。

3）冲裁模在安装和使用方面的原因。冲裁模在冲床上安装不合理、模具工作时工人违反操作规程，也是造成冲裁模修理的原因。主要表现在以下几个方面：

① 安装冲模时，模具安装表面清理不彻底，下模座与冲床工作台表面之间留有污垢、废料等，造成模具在工作台上不能处于垂直工作状态，使上、下模配合部位相“啃”。

② 安装冲裁模时，冲床滑块中心与模具压力中心不重合，影响了冲床精度，导致模具精度降低。

③ 安装冲模后，凸模插入凹模的部位太深，增大了模具承受的压力。

④ 在生产过程中，由于操作者的原因造成模具的损坏。如一次冲压冲两件毛坯或是在加工过程中送、卸料装置的失灵也会造成模具的损坏导致模具的维修。

另外，在冲制过程中如果冲床发生故障，如操纵机构失灵也会损坏模具。

（2）冲裁模的检修原则和步骤　在使用冲裁模的过程中，如果发现主要部件损坏或失去使用精度时，应进行全面检修。

1）冲裁模检修原则。

① 更换冲模中需要更换的零件时，一定要更换符合原有零件图样的材料要求和各项技术要求规定的零件。

② 对检修后的冲模一定要进行调试。反复试冲和调整直到冲制出合格的冲制件，才可以交付生产使用。

2）冲裁模的修理步骤。

① 冲模检修前要用汽油或清洗剂清洗干净。

② 将清洗后的冲模，按原图样的技术要求检查损坏部位、损坏的情况。

③ 根据检查结果编制修理方案工艺卡片，卡片上的内容包括：冲裁模的名称、模具号、使用时间、冲模检修原因、检修前制件质量、检查结果和主要损坏部位、确定的修理方法及修理后能达到的性能要求。

④ 按修理方案工艺卡上规定的修理方案拆卸损坏部位。拆卸时，可以不拆零件的尽量不拆卸，以避免或减少再次装配时的调整和研配工作，缩短维修的工作周期。

⑤ 将拆下的损坏零、部件按修理方案卡片进行修理。

⑥ 把修理好的模具零件重新进行装配。

⑦ 将重新安装好的冲模进行试冲，检查原有的损坏故障是否已经排除，检查冲制件质量是否符合图样要求，调整维修直至故障完全排除，加工出合格冲制件为止，才能重新交付生产使用。

（3）冲模临时修理　所谓冲模的临时修理，是指冲裁模在使用过程中会发生一些小的故障，修理时没有必要把模具从压力机上拆下来，可以切断电源后直接在压力机工作台上进行的修理。冲模的临时修理主要包括以下几个方面：

1）利用储备的易损件更换已损坏的零件。储备的易损件包括两种：一种是通用的标准件，如螺钉、弹簧和橡胶、定位销等；另一种是冲模易损件，如凸模、凹模及定位装置等。这些易损件应记录在冲裁模管理卡中，以备查用。

2）用磨石刃刃磨已变钝的凸、凹模刃口。

3）紧固松动的凸模。

4）调整冲裁模间隙。

5）紧固松动的螺钉和更换失效的卸料弹簧或橡胶。

6）更换新的顶杆、卸料杆等。

（4）冲裁模常用的修理方法

1）凸、凹模刃口的修磨。凸、凹模刃口变钝使制件的断面上产生毛刺而影响制件质量。刃口修磨方法如下：

① 当凸、凹模磨损较少时，为了避免或减少拆卸对定位销和销孔配合精度的影响，一般不必将凸模卸下来修磨，可以采用规格不同的磨石，加煤油后直接在刃口面上沿一个方向反复研磨，直到刃口光滑锋利为止。

② 当凸、凹模磨损较大或已经出现崩裂现象时，应该把凸、凹模拆下来，用平面磨床对其刃口分别进行磨削加工。

2）凸、凹模间隙不均匀的修理。冲裁模间隙不均匀会使制件产生单边毛刺或局部产生第二光亮带，严重时会使凸、凹模刃口相“啃”造成较大的事故。凸、凹模间隙不均匀一般是由以下两个原因引起的：

① 导向装置刚性差，精度低，起不到导向的作用，使得凸、凹模发生偏移而引起间隙不均匀。

修理时一般是更换导向装置，有时也可对导柱、导套进行修理。方法是在导柱表面镀铬，镀铬前要先磨光导柱、导套的配合表面。镀铬后，按照原来的技术要求重新研配导柱直至合格。

② 凸、凹模定位圆柱销松动而失去定位作用，使凸、凹模移动，造成凸、凹模间隙不均匀。

修理时先把凸、凹模刃口对正，使间隙恢复到原来的均匀程度，然后用夹板夹住，把原来的销孔用铰刀扩大0.1~0.2mm，重新配装定位销，使模具间隙恢复到原来的要求。

3）凸、凹模间隙变大的修理。凸、凹模的磨损会使凸、凹模间隙变大，使冲制件产生毛刺而影响制件质量。可采用局部锻打的方法修正凸模或凹模刃口尺寸，使其恢复到原来的间隙值。

4）更换小直径的凸模。冲压过程中，由于板料在水平方向的错动，直径较小的凸模很容易折断。其更换的方法如下：

① 将凸模固定板卸下来，清洗干净，使其表面无油垢和污物。

② 把卸下的凸模固定板放在平板上，使凸模向上，利用等高垫铁垫起来。

③ 把铜棒对准凸模处，用手锤敲击铜棒，把凸模从凸模固定板中敲出来。

④ 新凸模工作部分向下，将其引进已翻转锅炉的固定板型孔内，并用手锤轻轻敲入凸模固定板中。

⑤ 用磨床磨削换好的凸模固定板组件的刃口面，直到与未更换的凸模保持在同一平面为止。

⑥ 将凸模组件装配到模具上，并调整凸、凹模间隙，试冲出合格制件方可交付生产使用。

5）大、中型凸、凹模的补焊。对于大、中型冲模，凸、凹模有裂纹和局部损坏时，用电焊法对其进行修补，电焊条和工件的材料要相同。注意修补后要进行表面退火，以免工件变形。退火后可再进行一次修整。

（5）冲裁模的维护和保管　冲裁模是比较精确而又复杂的工具，为使冲压工作顺利进行必须进行模具的维护和保管工作。

1）维护方法如下：

① 暂时不使用的冲模，应及时将其擦拭干净，并在导柱顶端的贮油孔中注入润滑油，用纸片盖上，以防止灰尘或杂物落入导套，影响导向精度。

② 在凸模与凹模的刃口部分以及导柱面上应涂防锈油，然后保存，以防生锈。

③ 为了避免卸料装置长期受压缩而失效，在模具存放保管时必须加限位木块。

④ 应在模具库保管冲模。可以将小型的模具放在架上，按一定顺序排列整齐。大型模具一般放在地上，为防止潮湿可垫上木板，以防生锈。

⑤ 模具库应干燥、通风。

⑥ 在保管冲模时应建立保管档案，由专人维护保管。

2）管理方法：模具的管理，最好采用卡片化管理方法。一种是一模一卡的“模具管理卡”，一种是一库一卡的“模具管理台账”。模具上有模具号，按模具种类和使用的机床分类保管。

第五节　弯曲模和拉深模的装配特点

一、弯曲模

弯曲模的作用是使坯料在塑性变形范围内进行弯曲，由弯曲后材料产生的永久变形获得所要求的形状。一般情况下，弯曲模的导套、导柱的配合要求可略低于冲裁模，但凸模与凹模工作部分的表面粗糙度要求比冲裁模的表面粗糙度要求要高，以提高模具寿命和制件的表面质量。在弯曲工艺中，由于材料回弹的影响，常使弯曲件在模具中弯成的形状与取出后的形状不一致，从而影响制件的形状和尺寸要求。影响回弹的因素较多，很难用设计计算来加以消除，因此在制造模具时，常要按试模时的回弹值修整凸模（或凹模）的形状。为了便于修整，弯曲模的凸模和凹模多在试模合格以后才进行热处理。另外，弯曲属于变形加工，有些弯曲件的毛坯尺寸要经过试验才能最后确定。所以，弯曲模进行试冲的目的除了找出模具的缺陷加以修正和调整外，还为了最后确定制件的毛坯尺寸。由于这一工作涉及材料的变形问题，所以弯曲模的调整工作比一般冲裁模要复杂得多。弯曲模在试冲时常出现的缺陷、产生原因及调整方法见表4-7。

表4-7 弯曲模在试冲时出现的缺陷、产生原因及调整方法

试冲的缺陷	产生原因	调整方法
制件的弯曲角度不够	1）凸，凹模的弯曲回弹角制造过小 2）凸模进入凹模的深度太浅 3）凸、凹模之间的间隙过大 4）校正弯曲的实际单位校正力太小	1）修正凸、凹模，使弯曲角度达到要求 2）加深凹模深度，增大制件的有效变形区域 3）按实际情况采取措施，减小凸、凹的配合间隙 4）增大校正力或修正凸（凹）模形状，使校正力集中在变形部位
制件的弯曲位置不合要求	1）定位板位置不正确 2）弯曲件两侧受力不平衡使制件产生滑移 3）压料力不足	1）重新装定位板，保证其位置正确 2）分析制件受力不平衡的原因并加以克服 3）采取措施增大压料力
制作尺寸过长或不足	1）间隙过小，将材料拉长 2）压料装置的压料力过大使材料伸长 3）设计计算错误或不正确	1）根据实际情况修整凸、凹模，增大间隙值 2）根据情况采取措施，减少压料装置的压料力 3）落料尺寸在弯曲模试模后确定
制件表面擦伤	1）凹模圆角半径过小，表面粗糙度不合要求 2）润滑不良使板料粘附在凹模上 3）凸、凹模之间的间隙不均匀	1）增大凹模圆角半径，降低表面粗糙度 2）合理润滑 3）修整凸、凹模、使间隙均匀
制件弯曲部位产生裂纹	1）板料的塑性差 2）弯曲线与板料的纤维方向平行 3）剪切断面的毛刺在弯曲的外侧	1）将坯料退火后再弯曲 2）改变落料排样，使弯曲线与板料纤维方向成一定的角度 3）使毛刺在弯曲的内侧，亮带在外侧

二、拉深模

1. 拉深工艺是使金属板料（或空心坯料）在模具作用下产生塑性变形，变成开口的空心制件。和冲裁模相比，拉深模具有以下特点：

1）冲裁模凸、凹模的工作端部有锋利的刃口，而拉深模凸、凹模的工作端部则要求有光滑的圆角。

2）通常拉深模工作零件的表面粗糙度（一般为 $R_a0.32 \sim 0.04\mu m$）要求比冲裁模的表面粗糙度要求要高。

3）冲裁模所冲出的制件尺寸容易控制，如果模具制造正确，冲出的制件一般是合格的。而使用拉深模时即使组成零件制造很精确，装配得也很好，但由于材料弹性变形的影响，拉深出的制件不一定合格。因此，在模具试冲后常常要对模具进行修整加工。

2. 拉深模试冲的目的

1）通过试冲发现模具存在的缺陷，找出原因并进行调整、修正。

2）最后确定制件拉深前的毛坯尺寸。为此应先按原来的工艺设计方案制作一个毛坯进行试冲，并测量出试冲件的尺寸偏差，根据偏差值确定是否对毛坯进行修改。如果试冲件不能满足原来的设计要求，应对毛坯进行适当修改，再进行试冲，直至冲出的试件符合要求。

拉深模在试冲时常出现的缺陷、产生原因及调整方法见表4-8。

表4-8 拉深模试冲时出现的缺陷、产生原因及调整方法

试冲的缺陷	产生原因	调整方法
制件拉深高度不够	1）毛坯尺寸小 2）拉深间隙过大 3）凸模圆角半径太小	1）放大毛坯尺寸 2）更换凸模与凹模，使间隙适当 3）加大凸模圆角半径
制件拉深高度太大	1）毛坯尺寸太大 2）拉深间隙太小 3）凸模圆角半径太大	1）减小毛坯尺寸 2）整修凸、凹模、加大间隙 3）减小凸模圆角半径
制件壁厚和高度不均	1）凸模与凹模间隙不均匀 2）定位板或挡料销位置不正确 3）凸模不垂直 4）压料力不均 5）凹模的几何形状不正确	1）重装凸模和凹模，使间隙均匀一致 2）重新修整定位板及挡料销位置，使之正确 3）修整凸模后重装 4）调整托杆长度或弹簧位置 5）重新修整凹模
制件起皱	1）压边力太小或不均 2）凸、凹模间隙太大 3）凹模圆角半径太大 4）板料太薄或塑性差	1）增加压边力或调整顶件杆长度，弹簧位置 2）减小拉深间隙 3）减小凹模圆角半径 4）更换材料
制件破裂或有裂纹	1）压料力太大 2）压料力不够，起皱引起破裂 3）毛坯尺寸太大或形状不当 4）拉深间隙太小 5）凹模圆角半径太小 6）凹模圆角表面粗糙 7）凸模圆角半径太小 8）冲压工艺不当 9）凸模与凹模不同心或不垂直 10）板料质量不好	1）调整压料力 2）调整顶杆长度或弹簧位置 3）调整毛坯形状和尺寸 4）加大拉深间隙 5）加大凹模圆角半径 6）修整凹模圆角，降低表面粗糙度 7）加大凸模圆角半径 8）增加工序或调换工序 9）重装凸、凹模 10）更换材料或增加退火工序，改变润滑条件
制件表面拉毛	1）拉深间隙太小或不均匀 2）凹模圆角表面粗糙度大 3）模具或板料不清洁 4）凹模硬度太低，板料有粘附现象 5）润滑油质量太差	1）修整拉深间隙 2）修光凹模圆角 3）清洁模具及板料 4）提高凹模硬度进行镀铬及氧化处理 5）更换润滑油
制件底面不平	1）凸模或凹模（顶出器）无出气孔 2）顶出器在冲压的最终位置时顶力不足 3）材料本身存在弹性	1）钻出气孔 2）调整冲模结构，使冲模达到闭合高度时，顶出器处于刚性接触状态 3）改变凸模，凹模和压料板形状

第六节 塑料模的制造

用于塑料制品成型的模具简称为塑料模。在当今社会中，模具行业的发展，尤其是大型塑料注塑模的设计技术与制造水平，通常可以标志这一个国家工业化的发展程度。我国塑料模的发展极其迅速，与国外一些模具行业发展较快国家的差距已经很小。随着工业技术发展要求的不断提高，模具技术也在更新换代，突飞猛进。而塑料制品的更新要比模具技术的发展快很多。因此，塑料模对满足塑料加工工艺要求起着重要的作用。塑料模技术包括模具的设计技术、材料的选择、加工制造技术和模具维修等多方面技术。另外，随着制造技术的不断发展，塑料模的设计和制造水平也随之不断地跨越新的台阶。随着计算机技术在塑料模方面的应用，塑料模 CAD/CAM/CAE 集成化技术使得计算机程序控制系统与机械加工实现了完美的一体化协调控制，大大提高了模具的加工制造精度，缩短了模具的制造周期，使一些高新的设计理念在实际加工中得以实现。

一、塑料模的分类

按照塑料制品成型加工方法的不同，通常可将塑料模分为以下六大类型。

1. 注塑模具

用于塑料制件注塑成型的模具通称为注塑模，或称为注射模。注塑工艺是将颗粒状的固体塑料加在注射机的料筒内进行预热，然后在螺杆机构内进一步加热，形成熔融状态。经过一段时间的保温、冷却和硬化过程成型，最后取出塑料制件。这种模具一般主要是用于热塑性塑料制品的成型加工，但近些年来也用于热固性塑料的成型加工，随着塑料工业的不断发展，塑料注射模已经渐渐成为塑料制件生产制造的主要手段之一。它用途较广，市场占有率较大，且有较大的发展空间。

2. 压塑模具

用于塑料制件压缩成型的模具简称压塑模。压塑成型是将固体塑料的原料在模具型腔中加热、加压，使固体塑料熔融成糊状后充满型腔，再经过保温、冷却成型。压塑模主要用于成型热固性塑料制品，有时也用于流动性差的热塑性塑料制品的成型。另外，用于冷压成型聚四氟乙烯件的模具称为压锭模。这种模具的制造较为容易，且设备简单。

3. 挤塑模具

用于连续挤出成型塑料型材的模具通称挤塑模，简称模头，俗称机头。挤塑成型工艺是将塑料在加料室内预热，然后在压力下熔融的塑料经过浇注系统以较高的速度挤入型腔，从而得到所需要的制件形状。主要用于压制较长的塑料棒材、管材、薄膜、片材、电线电缆包覆、单丝、复合型材及异型材的成型加工，也可用于中空制品的型坯成型，此种模具称为型坯模。挤塑模是一类用途广泛、种类繁多的塑料模具。

4. 传递模具

用于塑料制件传递成型的模具称为传递模，或称压注模，俗称挤胶模。传递模多用于热固性塑料制品的成型。

5. 中空吹塑模

将被挤出或注射出来的、尚处于塑化状态的管状型坯，趁热放置于模具型腔内，立即在管状型坯中心通以压缩空气，致使型坯膨胀而紧贴于模腔壁上，经冷却硬化后即可得一中空制品。此种塑料制品成型方法所用的模具称为中空吹塑模。中空吹塑模主要用于热塑性塑料的中空容器类的制品成型。

6. 热成型模具

热成型模具通常以单一的阴模或阳模形式构成。将预先制备的塑料片材周边紧压于模具周边上，并加热使之软化，然后于紧靠模具一侧抽成真空，或在其反面充以压缩空气，使塑料片材紧贴于模具上，经冷却定型后即得一热成型制品。凡此类制品成型所用的模具，通称热成型模具。

二、塑料模具的主要组成部分和零件

设计制造和装配塑料模具，首先要对塑料模具的结构进行分析，一般塑料模具的结构都是由定模部分、动模部分、成型部分、浇注系统、卸料部分、加热和冷却装置、排气和溢出装置以及侧向抽芯机构等几大部分组成。

1）定模部分：固定式塑料模的定模部分固定在液压机的固定工作台上或注射机的固定模板上，整个工作过程始终不动；移动式塑料模多固定在上模或下模部分。

2）动模部分：固定在液压机的活动工作台上或安装在注射机的动模板上，通过机床的运动使模具活动部分闭合和张开，完成塑料模具加工的过程，在开模时取出塑料制件。

3）成型部分：是成形制件的几何形状的模具工作部分，构成塑料件外形的部分被称为型腔，构成塑料件内孔或者槽的部分称为型芯，无论是型芯还是型腔，一般都固定在塑料模具的动模部分上，这样可以使塑料制件在冷却收缩时，不被凹模部分带走，而是留在动模上，这样便于取出塑料制件。

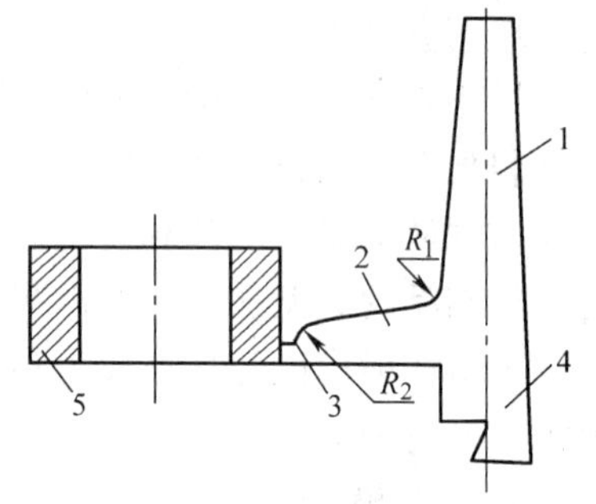

图 4-22 浇注系统

1—主浇道 2—分浇道 3—进料口 4—冷却穴 5—塑料件

4）浇注系统：注射模具和压注模具都有浇注系统（图 4-22）。浇注系统是指模具中从注射机喷嘴起到型腔入口为止的塑料熔体的流动通道，是用来保证熔融状态的塑料能平稳地充满型腔，制成需要的塑料件。浇注系统应有良好的排气性能，它一般由主浇道、分浇道、进料口、冷料穴（图 4-23）组成。分浇道和浇口的连接方式也有很多种类型，如图 4-24 所示。不同截面形状分浇道的性能及其等效尺寸见表 4-9。

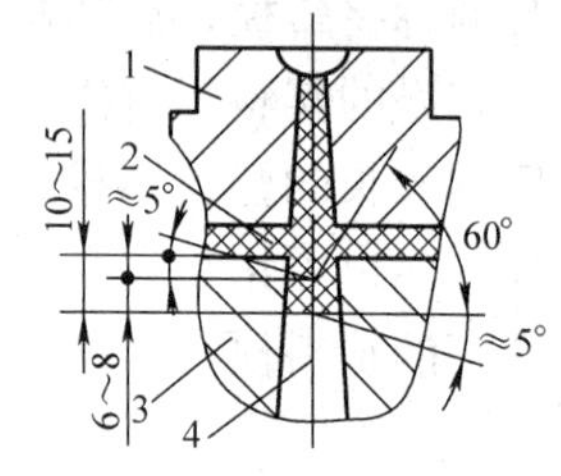

Z形拉料构

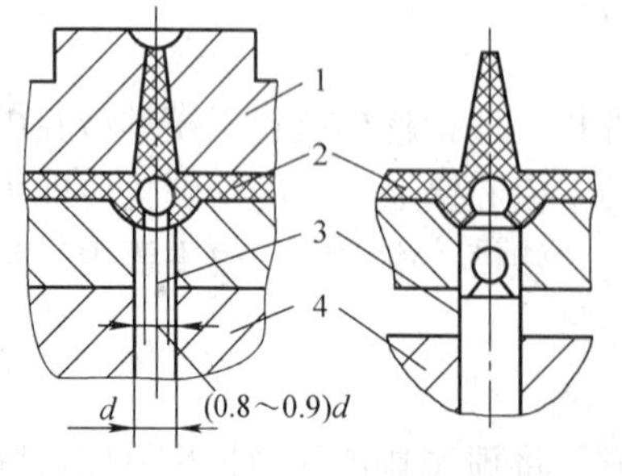

球头形拉料

倒锥形

图 4-23 冷料穴的形式

1—定模 2—冷料井 3—动模 4—控料杆

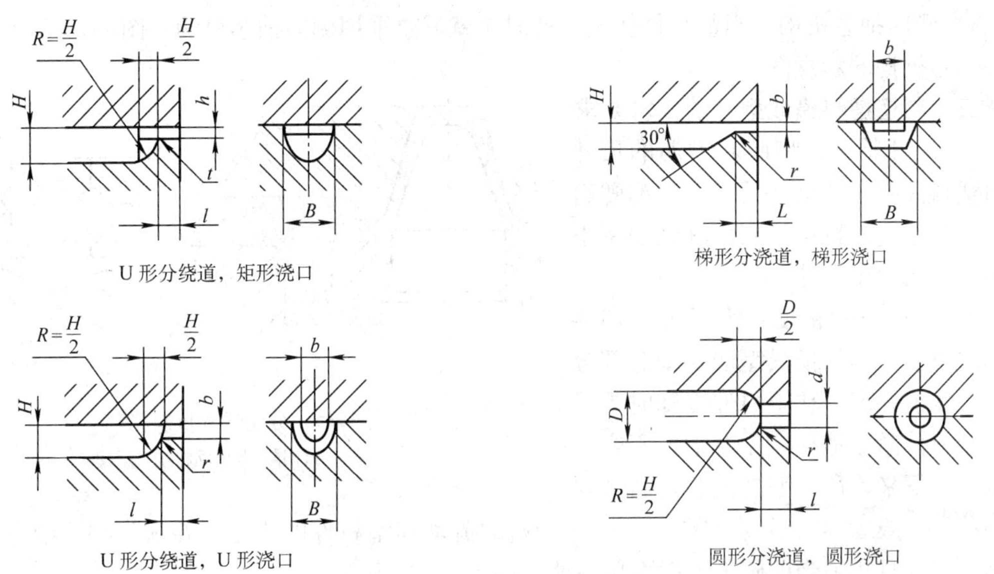

U 形分绕道，矩形浇口　　梯形分浇道，梯形浇口

U 形分绕道，U 形浇口　　圆形分浇道，圆形浇口

图 4-24　分浇道与浇口的连接方式

表 4-9　不同截面形状分浇道的性能及其等效尺寸

浇道截面形状	名称	圆　形	正六边形	U　形	正方形	梯形	半圆形
	图形及尺寸代号						
使截面均为 πR^2 时应取的尺寸		$D=2R$	$H=0.953D$ $B=1.1D$	$r=0.459D$ $H=0.918D$	$B=0.886D$	$H=0.76D$ $B=1.14D$	$r=\sqrt{2}R$ $d=\sqrt{2}D$
效率（$P=S/L$）	通用表达式	$0.25D$	$0.217B$	$0.25H$	$0.25B$	$0.287H$	$0.153d$
	使 $S=\pi R^2$ 时的 P 值	$0.25D$	$0.239D$	$0.230D$	$0.222D$	$0.213D$	$0.217D$
热量损失		最小	小	较小	较大	大	最大
加工性能		难	难	易	易	易	易
等效尺寸使效率值均为 0.25D 时应取的尺寸		$D=2R$	$B=1.152D$	$r=R$ $H=D$	$B=D$	$H=0.871D$ $B=1.307D$	$r=1.634R$ $d=1.634D$

成型热固性塑料不需要冷料穴，而是采用反料槽或分流锥，使塑料能平稳地改变流动方向，如图 4-25 所示。

5）卸料装置：固定式塑料模的卸料装置多放在动模部分上，以便开模后取出塑料件。该装置由推板、推杆、固定板等零件组成。

6）加热和冷却装置：使模具能够保持要求的温度，保证塑料件顺利成型。成型热固性塑料的模具不需要冷却装置。

7）排气和溢出装置：一般多在分型面上开出一定宽度的浅槽，以排出型腔内的气体，溢出多余的塑料，保证塑料件质量。

8）侧向抽芯机构：当塑料件侧壁有孔时，就需要采用侧向抽芯机构。图4-26所示为斜导柱抽芯机构的示意图。

三、制造塑料模成型件的技术要求

1）尺寸精度：型腔和型芯的尺寸是由塑料件的尺寸决定的，要根据塑料固有的热胀冷缩特点，利用其收缩率来计算，从而得出尺寸。

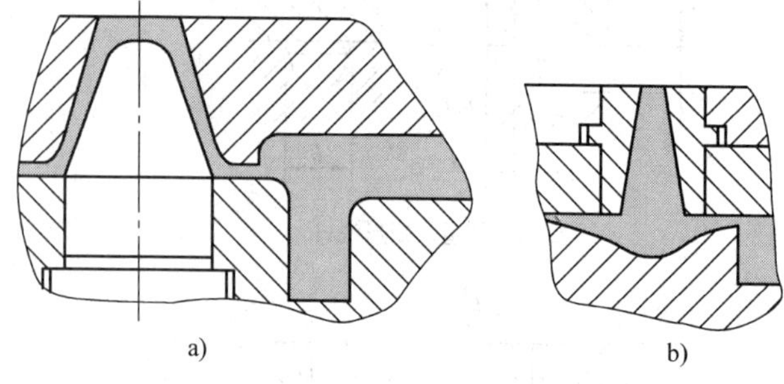

图4-25　分流锥和反料槽

a）分流锥　b）反料槽

2）几何形状精度：为了方便塑料件的取出，在塑料模具型腔、型芯部分制出了脱模斜度。在塑料件冷却时为了避免塑料件紧紧地抱在型芯上，不容易将制件取下来，所以型芯的脱模斜度要大一些，一般为30′～1°。另外，为便于塑料的流动和塑料件的成型，要求浇注系统有一定的槽形，并且用适当的圆弧平滑而均匀地连接。

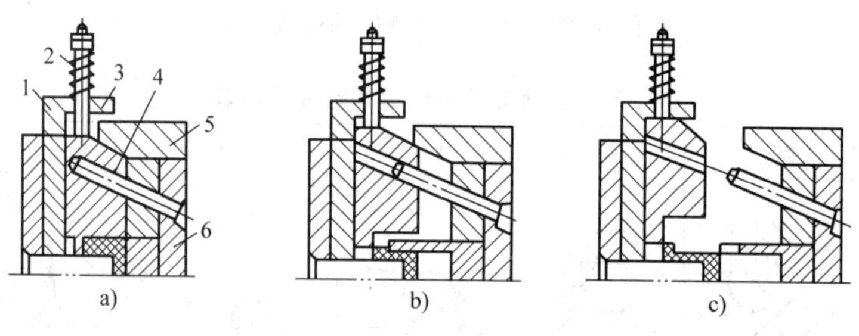

图4-26　斜导柱抽芯机构

a）合模位置　b）中间位置　c）开模位置

1—动模板　2—弹簧　3—滑块　4—斜导柱　5—锁紧楔　6—定模板

3）硬度：塑料模的成形件在高温下进行工作并受塑料中腐蚀物质的作用，所以要求其具有一定的硬度、耐磨性、抗腐蚀性和不粘结塑料的性能。形状简单的凸模、凹模型芯用T8A、T10A制造，形状复杂并且尺寸精度要求较高的模具零件，可以用合金工具钢CrWMn、3Cr2W8V等制造，淬火硬度为50～55HRC。为了提高塑料模成形件工作表面的耐磨性和抗蚀性，还可以在工件热处理后镀一层厚度约为0.005～0.01mm的铬层。

4）相互位置精度：塑料模的动模和定模（上模和下模）的相对位置都是由导柱和导套来保证的。所以导柱、导套的孔位要一致，成形孔、镶件孔、型芯固定板上的型芯孔等也都要与导柱、导套孔保持一定的位置精度，这样模具在装配以后，才能运动灵活，保证动模和定模的相对位置准确。

5）要求塑料模的成形表面和浇注系统的表面粗糙度为R_a0.4～0.1μm。

四、塑料模的装配

1. 塑料模的装配顺序和装配内容

塑料模的装配顺序有两种：一种是当动、定模在合模后有正确的配合要求，互相易于对中时，以其主要工作零件如型芯、型腔和镶件等作为装配基准，在动、定模之间对中后才加工导柱、导套；另一种是当塑料件结构形状使型芯、型腔在合模后很难找正相对位置，或者是模具设有斜滑块机构时，通常要先装好导柱、导套作为模具的装配基准。塑料模装配的主要内容包括型芯（凸模）的装配、型腔（凹模）的装配、导柱和导套的装配等几大部分。本章节中我们以塑料注射模为例。

2. 注射模标准模架的选择

注射模的结构虽然各有差异，但是其共性也很多，因此使用标准模架具有省工、省时和降低成本的重大意义。我国于1990年颁布实施了GB/T 12556.1—1990（塑料注射模中小型模架）和GB/T 12555.1—1990（塑料注射模大型模架）两项国家标准。

（1）中小型模架 GB/T 12556.1—1990标准规定，模架周界尺寸范围为小于或等于560mm×900mm，且模架结构形式为品种型号，即基本型为A1、A2、A3、A4四个品种，派生型分为P1～P9九个品种，如图4-27、图4-28所示。

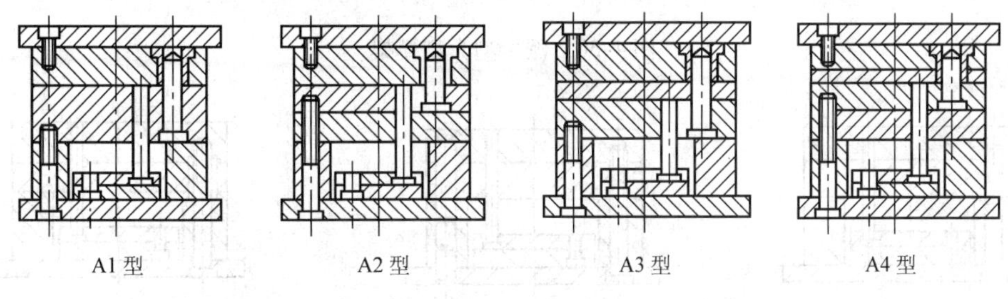

图4-27 中小型模架基本类型

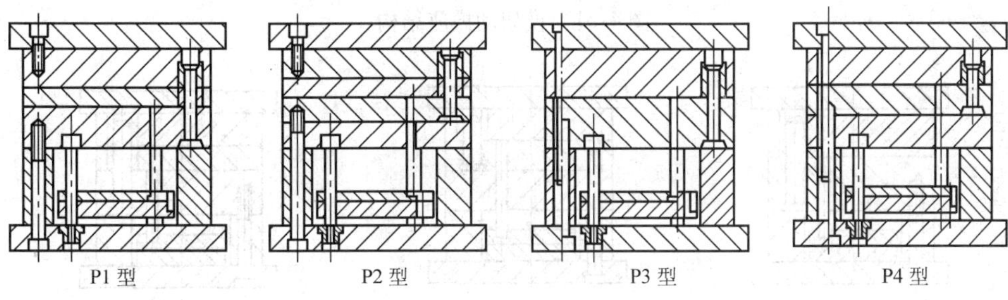

图4-28 派生型大型模架

（2）大型模架 GB/T 12555.1—1990标准规定，模架周界尺寸范围为：630mm×630mm～1250mm×2000mm，主要用于大型热塑性塑料注射模。模架品种有A型、B型组成的基本型和由P1～P4组成的派生型，共六个品种，其本类型如图4-29所示。

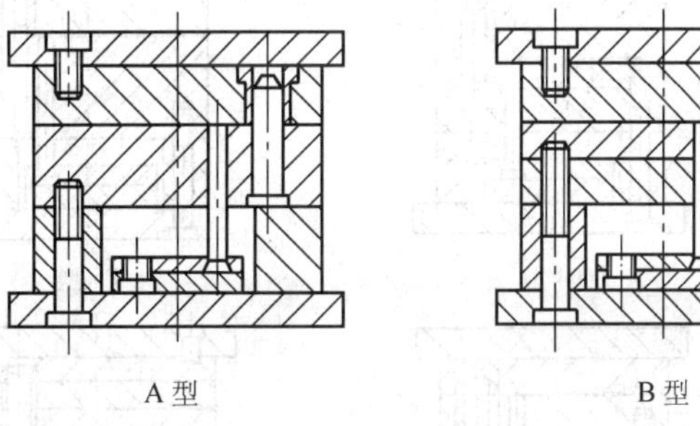

图4-29 大型模架基本类型

大型模架组成零件，除全部采纳国家标准GB/T 4169—2006（塑料注射模零件）外，其超出该标准所规定零件尺寸范围的，则按照尺寸系列国家标准的规定，结合我国模具设计实际采用的尺寸，并参照国外先进企业标准，建立和大型模架相匹配的专用零件标准。和中小型模架一样，以模板每一宽度尺寸为系列主参数，并各配1组尺寸，形成

24 个尺寸系列。按同品种、同系列采用的模板厚度 A、B 和垫板高度 C，划分为一系列的规格供模具设计与制造者选用。派生型大型模架如图 4-30 所示，模架动模座结构如图 4-31 所示，派生型中小型模架如图 4-32 所示。

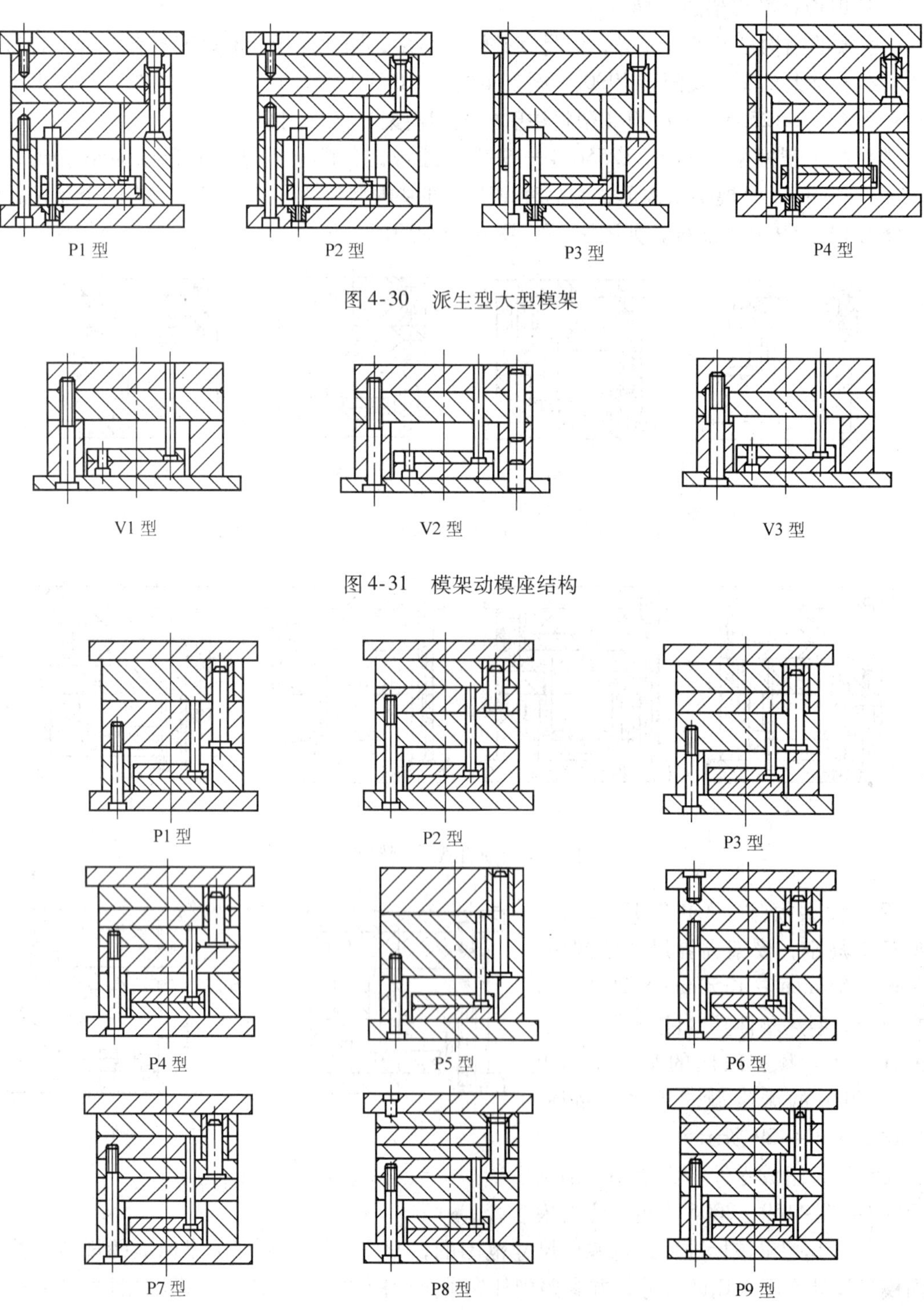

图 4-30　派生型大型模架

图 4-31　模架动模座结构

图 4-32　派生型中小型模架

3. 塑料注射模的分类

塑料注射模的分类方式较多，各分类方法及类型如下：

(1) 按注射机形式分类　有卧式注射机用、立式注射机用、直角式注射机用及组合式注射机用注射模等。

(2) 按分型面分类　有垂直分型面、侧面分型面及抽芯、多分型面、自动卸螺纹、定模顶出注射模等。

(3) 按浇注系统分类　有废料（冷流道）和无废料（热流道）注射模。无废料注射模又包括绝热流道模和热流道模。

(4) 按塑料性质分类　有热塑料注射模和热固性注射模。

4. 塑料注射模具的装配及配作的总过程

(1) 装配前的准备

1) 分析模具总装图和零件图。掌握模具中各个零件的作用、特点及其在装配过程中的各项技术要求，以及装配中相互关联的零、部件的尺寸计算。

2) 检验所有待装配的零件，确定哪些零件有配作加工内容。

3) 确定装配基准。

① 以导柱、导套或模具模板的侧面基准为装配基准面，进行修整和装配。若采用标准模架一般都属于这种情况，相当于把所有零件放置到模体的相应位置上，并通过模体将整个模具连接。

② 以注射模中主要零件如型芯、型腔和镶块等作为装配的基准件，模具的其他零件都依照装配基准件进行配制和装配。

4) 清理模具零件。清洁、退磁、规整模具零件。

(2) 装配及配作　装配工作是按照规定的技术要求，将若干零件结合成组件并进一步结合成部件直至整个产品的工艺过程。此工艺过程分别叫做组装、部装和总装。在装配过程中，有直接的装配，还有配作加工、修配调整加工等。

(3) 检验　即在装配完成后进行全面的检验，以确定模具是否满足要求。

(4) 试模及修正　将装配好的模具送注射车间试模或通过试模器试模，以确定模具的质量是否合格。并在确定需要修正后再进行试模，直至检验合格为止。

(5) 入库　将合格的模具送入仓库储存。

5. 典型塑料注射模的装配

(1) 型芯（凸模）的装配　型芯与固定板的组装工艺要点见表4-10。由于塑料模的结构不同，所以表4-10中所列的型芯（凸模）在固定板上的固定方式也有所不同。

表4-10　型芯（凸模）和固定板的组装工艺要点

类　型	装配结构简图	工 艺 要 点
型芯与通孔固定板的组装	A R0.3	1) 型芯压入前，通常在固定板的孔口加工出工艺倒角，有利于型芯压入和保证型芯的垂直度 2) 对于尖角部位，可将型芯尖角修成 R0.3 倒弧或将固定板尖角部用锯条修出窄槽 3) 型芯压入过程中，要经常检查型芯的垂直度和方位

（续）

类　型	装配结构简图	工 艺 要 点
嵌入式型芯的组装	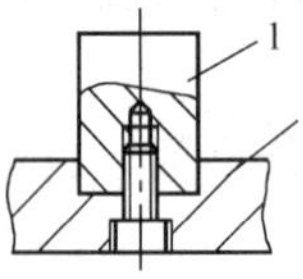	1）型芯1的装配端应倒角 2）当固定板2的沉孔与型芯的配合尺寸有偏差时，要按合模的相对位置确定修整方向和修整量。一般修整型芯较为方便
螺钉固定式型芯的组装	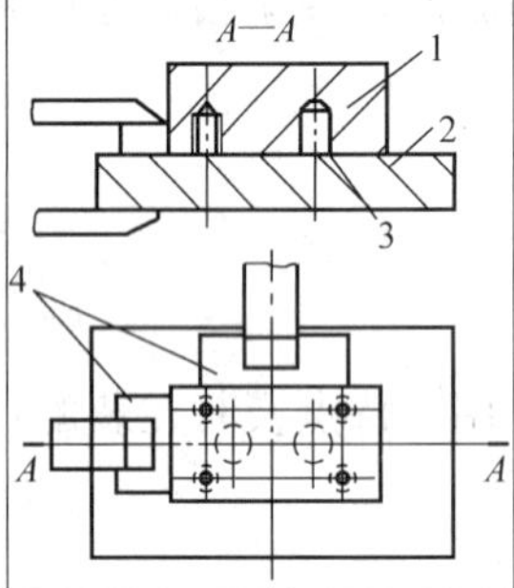	1）大型芯1与固定板2的连接，通常采用螺钉或销钉 2）型芯的相对位置，可以导柱导套中心作为基准或以模板侧面为基准来确定。具体方法如左图所示，用定位块4作型芯位置的粗定位，用红丹粉将型芯上螺孔位置复印到固定板上，然后钻孔、锪孔 3）对淬硬型芯上的销钉孔，则在型芯的销钉位置压入不淬硬的钉套3，待型芯准确定位后，再按固定板上相应销钉孔位置钻、铰到销钉套上，销钉和销钉套的配合长度仅需3～5mm，以便于拆卸型芯
螺钉连接式型芯的组装	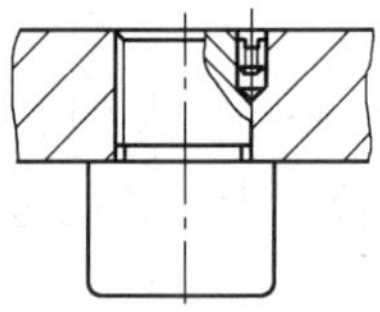	1）适用于阀形型芯的固定，具有模具紧凑、工艺简单的特点 2）不对称型芯的螺纹旋到终点时，型芯和固定板往往有角度偏差，此时可采用修磨固定板厚度或修磨型芯固定台肩平面的方法进行调整，或在型芯位置固定好后再加工型芯的不对称型面 3）型芯固定好后，加工紧定螺钉孔用紧定螺钉锁紧，防止型芯转动
螺钉连接式型芯的组装	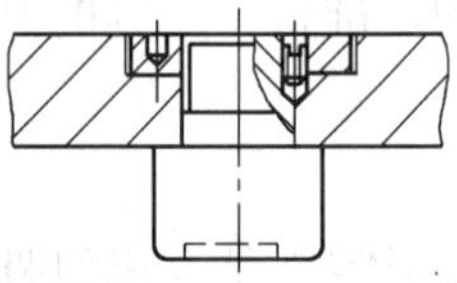	1）型芯上设有过盈配合段，起型芯定位作用，组装精度比较高 2）型芯的型面位置调整好后，即用螺母紧固，用紧定螺钉锁紧，具有组装方法可靠的优点 3）组装完成后，型芯尾部和固定板装配平面一起磨平

（2）型腔（凹模）的装配　型腔与动、定模板的组装工艺要点见表4-11。

表4-11　型腔与动、定模板的组装工艺要点

类　型	装配结构简图	工 艺 要 点
多腔型腔与模板的连接	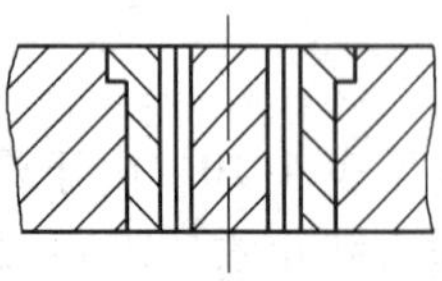	1）圆形型腔镶入模板孔中的相对位置，要求精确可靠，需要防转时，需要装入防转销 2）小型芯以淬硬的定模镶块作为组装基准，装配时用工艺销钉插入定模镶块的孔中，并套上镶块和型腔，确定型腔外形位置。根据确定的外形位置修整动模板，因此动模板上的孔应留有修整量，以纠正孔的位置偏差 3）小型芯固定板上的型芯固定孔，在型腔、镶块装配后，从镶块孔中引钻
型腔拼块的镶入	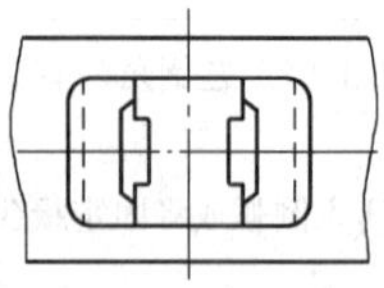	1）所有拼合面要用红丹粉对研。检查贴合程度，在压入模板后应尽量避免再加工 2）模板上拼块型腔的固定孔一般要留有余量，以拼块拼合时的最终尺寸来修整，修整时型腔固定孔应垂直于基面，压入时经常检查垂直度，固定孔应保证型腔拼块镶入时有足够的过盈量 3）为了在压入时平稳，不使拼块进入固定板时有先后，压入时应在拼块上放一平垫块

(3) 过盈配合零件的装配 其工艺要点见表4-12。

表4-12 过盈配合零件的装配工艺要点

类 型	装配结构简图	工 艺 要 点
对拼模块导钉的装配	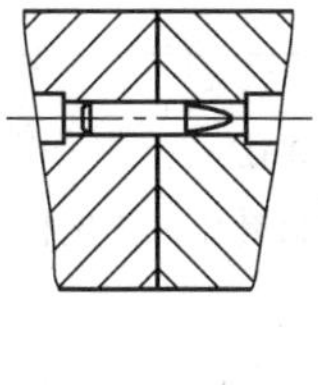	1) 对拼模块进行热处理后，对拼面要用红丹粉研磨 2) 以型腔为基准，将两拼块合拢后用研磨棒修整导钉孔尺寸和孔距 3) 在一模块上压入导钉，另一模块用研磨棒将孔研制与导钉或H8/h7或H8/h7配合 4) 二模块以导钉定位，对拼合拢，修整型腔、对拼后的外形尺寸和锥度
精密件的压入	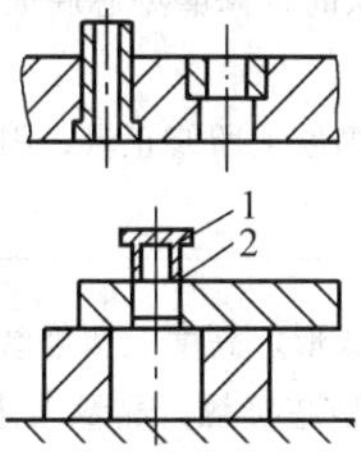 1 2	1) 引导锥一般设在模板上，若将引导镶设在嵌件上，则嵌件应加长，压入后再将引导锥部分磨去 2) 沉孔中压入的嵌件，引导锥或圆角均设在嵌件上 3) 薄壁嵌件要严格控制过盈量，过盈量过大会引起孔径缩小。一旦孔径缩小时，可用研磨棒研正 4) 直径大、高度低的嵌件，不能采用引入性而采用小圆角。压入时可用百分表测量嵌件端面与模板平面之间的平行度来间接检查垂直度。也可用导向芯锥1引导；工件2压入
精装配合件的压入	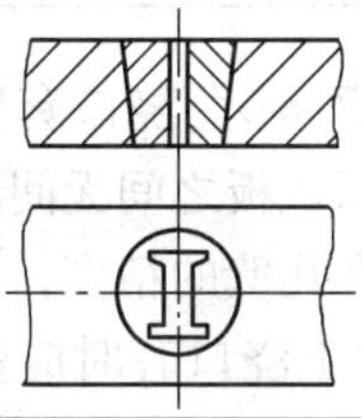	1) 对拼外锥面配合状态，用红丹粉研配检验 2) 对拼件型腔与模板孔的相对位置，可在未压紧时进行测量与调整 3) 锥面配合的预应力，由压入量控制 4) 压入件两端面均应留余量，压入后再将两端面和模板一起磨平

(4) 导柱与导套的装配

1) 导柱与导套属于模具的导向零件，主要起导向作用，从而使模具动模、定模能正确且无阻滞地相对滑动。动、定模的导柱、导套孔的孔距精度应控制在0.01mm以内。因此，必须使用坐标镗床对动、定模上导柱、导套孔进行镗孔加工。在没有坐标镗床的情况下，比较普遍的方法是采用工艺定位销钉将动、定模叠在一起，在车床、铣床或镗床上一起进行镗孔加工。装配好的导柱、导套如图4-33所示。

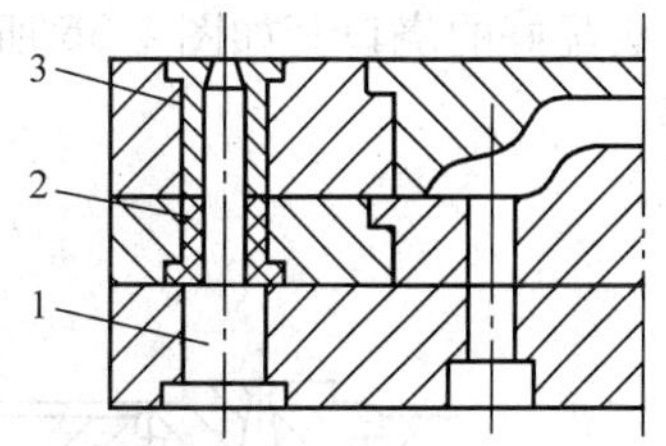

图4-33 装配好的导柱、导套
1—导柱 2、3—导套

2) 对于较小尺寸的模具，以型芯、型腔为基准，将动、定模板结合在一起，用内圆磨床修磨孔。

3) 当导柱与导套被分别压入动、定模板后，必须保证导柱的垂直度，并使开模和合模时导柱、导套间滑动畅快、自如，没有阻滞现象。

4) 对于淬硬模板上的导柱、导套孔，可用坐标磨床进行磨孔加工。

装配中的各种修磨方法举例见表4-13。

表 4-13 装配中的各种修理方法举例

修磨要求	示意图	修磨方法
消除型腔与型芯固定板间的间隙		1）修磨型芯工作面 A（只适用于型芯工作面为平面） 2）在型芯和固定板台阶孔内加入垫片 3）在固定板与型腔之间设限位块
修磨后浇口套高出固定板 0.02mm		A 面应高出固定板平面 0.02mm B 面修磨方法是先将浇口套压入固定板后磨平，再拆下浇口套将固定板磨去 0.02mm
埋入式型芯修磨后保证尺寸 a		当 A、B 面上无凹凸形状时，可根据高度尺寸修磨 A 或 B 面 当 A、B 面有凹凸形状时，修磨型芯底面或垫薄片来调整尺寸 a 在零件加工时，型芯高度上留修正量，固定板沉孔深度量加工至下限尺寸
修磨型芯斜面，使合模后型面互相贴合		小型芯斜面必须先磨成形，高度上留修磨余量。型芯装入合模后，使小型芯与定模型芯接触，测量出修磨量 $h'-h$，然后修磨小型芯

（5）浇口套的装配　浇口套与定模板的配合一般采用 H7/m6。浇口套压入模板后，其肩台应和孔底面贴紧。由于要求浇口套在压入后与相配合的固定板之间无间隙，所以不允许浇口套的导入端有锥度，但为了防止在浇口套压入时破坏配合孔壁的精度，可以在导入端倒出小圆角，以使浇口套能顺畅地压入，如图 4-34 所示。在加工浇口套时应留有装配后去除小圆角的加工余量，压入后可采用磨床对高出固定板的浇口套端面进行磨削加工，如图4-35 所示。最后再使修磨后的浇口套稍微退出，将固定板磨去 0.02mm，重新将浇口套装回原位。装配好的浇口套如图 4-36 所示。肩台对定模板的高出量（0.02mm）也可采用上述方法修磨。

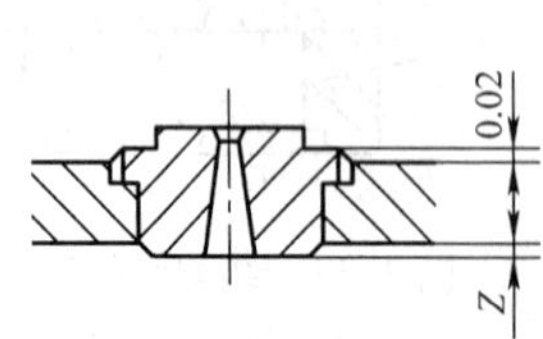

图 4-34　压入后的浇口套

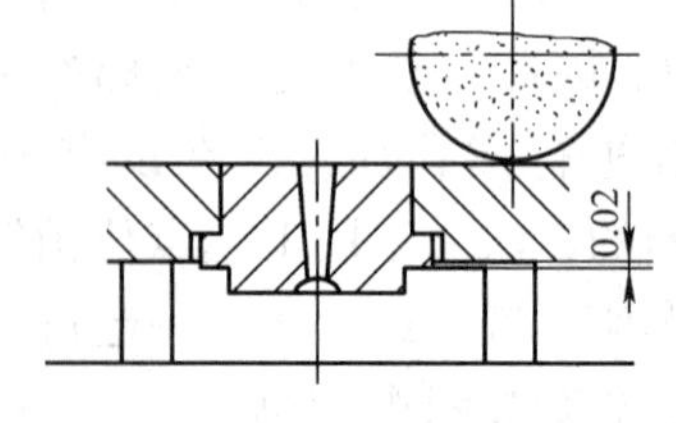

图 4-35　修磨浇口套

（6）滑块抽芯机构的装配　圆形的滑块型芯穿过型腔镶块，如图 4-37 所示。

其装配工艺要点为：首先测量出尺寸 a 与 b，然后按照实际加工所得到的尺寸在滑块相应位置镗型芯安装孔。

滑块抽芯机构装配通常以凹模的型面为基准，因此它的装配要在凹模装配好后再进行。

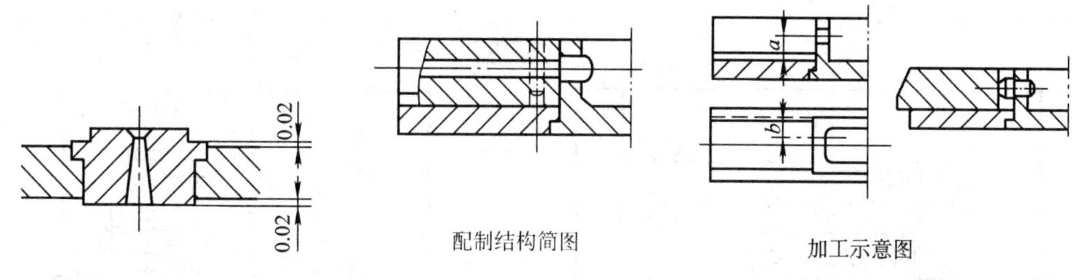

图4-36 装配好的浇口套

图4-37 滑块抽芯机构的装配结构简图

6. 注射模装配用工具

注射模装配通常可在钳工工作台上，利用钳工的工具进行装配加工。此外，对于大型模具可以用专门的模具翻转机，以方便进行模具的翻转和装配。模具在装配过程中同样需要天车或叉车等运输工具。

7. 塑料模装配实例

图4-38所示为热塑性塑料注射模的装配图，其装配的基本要求是：模具闭合后，主分型面间的间隙值必须控制在塑料溢料间的间隙以内，防止产生飞边。同时，还应当保证模具正常的排气。装配后模具安装平面的平行度误差不大于0.05mm。导柱、导套滑动应精确。合模时，推件机构、推杆和卸料板的动作必须保持同步，且运动到位。模具上下平面的平行度误差不大于0.05mm，分型面处需密合。

装配时以分型面密合处作为该模具的装配基准，装配工艺如下：

1）在装配进行之前，将模具中主要零件按图样检验，同时对其他零件进行尺寸的检验，并擦拭干净。

2）修整定模17与卸料板18分型曲面的密合程度。

3）将定模17、卸料板18和动模固定板7叠合在一起，并用夹板夹紧，镗导柱与导套孔，在孔内压入工艺定位销后，加工侧面的垂直基准。

4）利用定模17的侧面垂直基准确定定模17上实际型腔的中心，作为以后加工的基准，分别加工定模17上的小型芯孔、镶块型孔的线切割工艺穿丝孔和镶块台肩面。修磨定模型腔部分，并压入镶块组装。

5）利用定模型腔的实际中心，加工型芯固定型孔的线切割穿丝孔，并进行线切割型孔的加工。

6）在定模卸料板和动模固定板7上分别压入导柱与导套，并确保其导向的可靠性，活动畅快，滑动灵活，无阻滞现象。

7）用螺孔复印法和压销钉套法，紧固定位型芯在动模固定板7上。

8）过型芯引钻、铰动模固定板上的顶杆孔。过动模固定板引钻顶杆固定板上的顶杆孔。

9）加工限位螺钉孔、复位杆孔，并组装顶杆固定板。

10）组装垫块3与动模具固定板7。

11）在定模座板14上加工螺孔、销钉孔和导柱孔，并将浇口套13压入定模座板上。

12）装配定模部分。

13）装配动模部分，并修整顶杆和复位杆长度。

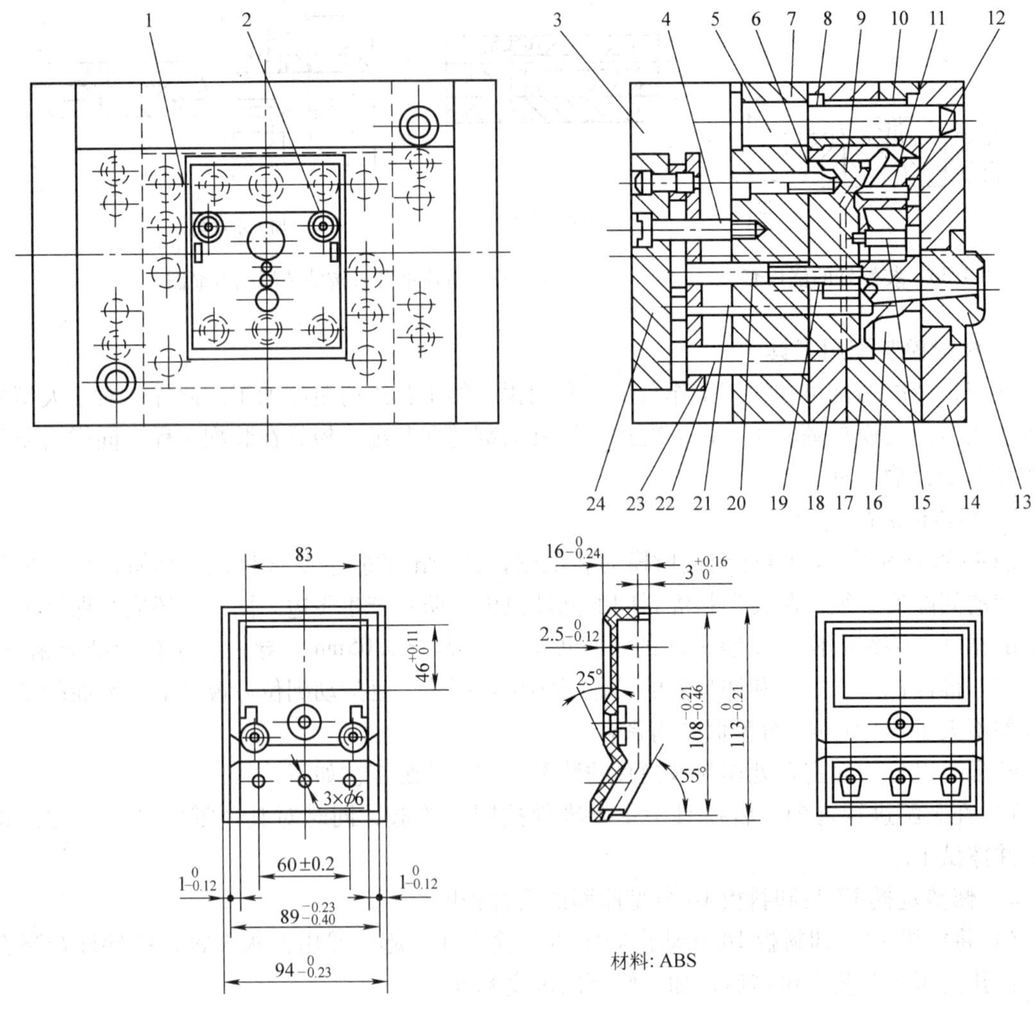

图 4-38 热塑性塑料注射模装配图

1—矩形推杆 2—嵌件螺杆 3—垫块 4—限位螺杆 5—导柱 6—销套 7—动模固定板 8、10—导套 9、12、15—型芯 11、16—镶块 13—浇口套 14—定模座板 17—定模 18—卸料板 19—拉料杆 20、21—推杆 22—复位杆 23—推杆固定板 24—推板

14）装配完毕进行试模。

15）合格后打标记，交验入库。

8. 试模

模具在装配完成后，必须要进行试模，才能交付生产使用。

（1）试模的目的 一是通过观察试注射成型的塑件的质量故障，检查模具仍存在缺陷的原因，查明并加以排除；另外还可以对模具设计中不合理的部分进行评定，以提高今后成形工艺的设计和制造水平。

（2）试模的顺序

1）装模。在模具装配好还未装在注射机之前，按设计图样对模具进行检验，以便发现问题，及时进行修理，减少不必要的重复安装和拆卸。在对模具的固定部分和活动部分进行分开检查时，要做好表注方向的记号，以免合模具时把方向弄错，影响最终的合模和试模。

模具尽量整体安装，进行吊装工作时一定要注意操作人员的安全，协调一致，密切配合。当模具定位圈装入注射机上定模板的定位圈座后，以极慢的速度合模，由动模板将模具轻轻压紧，然后装上压板。通过调节螺钉，将压板调整到与模具的安装基面基本平行后压紧，如图 4-39 所示。

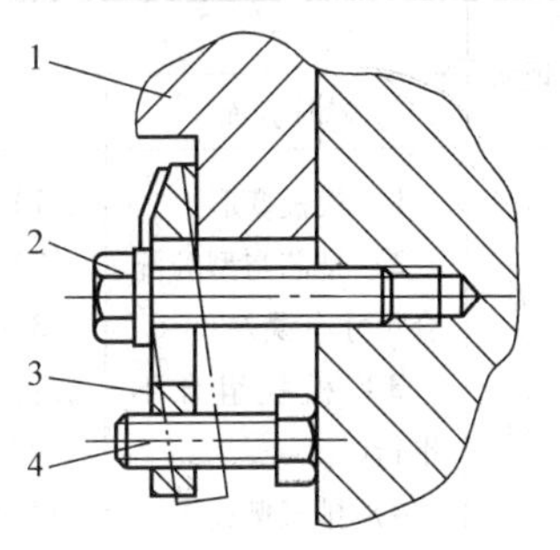

图 4-39 模具的紧固
1—座板 2—压紧螺钉
3—压板 4—调节螺钉

图 4-39 所示有双点划线部分的安装绝不能出现。压板的数量可以根据模具的大小进行调节，一般为 4～8 块。

在模具被紧固后可慢慢启模，直到动模部分停止后退，这时应调节机床的顶杆使模具上的推杆固定板和动模支承板之间的距离不小于 5mm，以防止顶坏模具。

为了防止制件溢边，又保证型腔能适当排气，合模的松紧程度很重要。由于目前还没有锁模力的测量装置，因此对注射机的液压柱塞—肘节锁模机构，主要是凭目测和经验调节。

试模前必须对设备的油路、水路以及电路进行严格、彻底的检查，并按规定保养设备，作好开机前的一切准备工作。

2）试模、试注射。做完上述的装模工作，根据设计时的要求选择合适的原料，按照推荐的工艺参数将料筒和喷嘴加热，观察料流，准备试模。

模具安装完毕，试模前要对模具进行预热。模具预热的方法大致有两种：一是利用模具本身的冷却水孔，通入热水进行加温；二是外加热法，即将铸铝加热板安装在模具外部，从外向内进行加温，这种方法加热快，但消耗热量大。

对于中小型模具，可以依靠注射料的热量传递给模具，使之提高模温。采用注射不困难的原料无需进行模具的预热。

当料筒中的塑料达到熔融状态以及模具达到预热温度时，就可以进行试注射。

观察试注射成型塑件的质量故障，找出原因，调整后再试注射成型，直至达到最佳状态。

模具常出现的需修整的问题有：型腔尺寸精度超差，错腔、脱模斜度不合理，型腔表面的表面粗糙度值大；浇注系统不合理；排气不畅；脱模困难、抽拔力不足；导向精度差；配套部分不完善等。

注射成型塑料制品的缺陷及原因见表 4-14。

表 4-14 常见注射成型塑料制品的缺陷及原因分析

现象	原因				
	模具方面	设备方面	工艺条件	原材料	制品设计
注塑不满	1）流道太小 2）浇口太小 3）浇口位置不合理 4）排气不佳 5）冷料穴太小 6）型腔内有杂物	1）注塑压强太低 2）加料量不足 3）注塑量不够 4）喷嘴中有异物	1）塑化温度过低 2）注塑速度太慢 3）注塑时间太短 4）喷嘴温度过低 5）模温太低	1）流动性差 2）混有异物	壁太薄

（续）

现象	原　因				
	模具方面	设备方面	工艺条件	原材料	制品设计
溢边	1）模板变形 2）型芯与型腔配合尺寸有误差 3）模板组合不平行 4）排气槽过深	1）锁模力不足 2）模板闭合未紧 3）锁模油路中途卸荷 4）模板不平行，拉杆与套磨损严重	1）塑化温度过高 2）注塑时间过长 3）加料量太多 4）注塑压强过高 5）模温太高 6）模板间有杂料	流动性过高	
缩坑	1）流道太细小 2）浇口太小 3）排气不良	1）注塑压强不够 2）喷孔堵有异物	1）加料量不足 2）注塑时间过短 3）保压时间过短 4）料温过高 5）模温过高 6）冷却时间太短	收缩率太大	厚薄不一致
熔接痕	1）浇口太小 2）排气不良 3）冷料穴小 4）浇口位置不对 5）浇口数目不够	注塑压强过小	1）料温过低 2）模温过低 3）注塑速度太慢 4）脱模剂过多	1）原料未预干燥 2）原料流动性差	壁厚过小
尺寸不稳定	1）浇口尺寸不均 2）型腔尺寸不准 3）型芯松动 4）模温太高或未设水道	1）控温系统不稳 2）加料系统不稳 3）液压系统不稳 4）时间控制系统有毛病	1）注塑压强过低 2）料筒温度过高 3）保压时间变动 4）注塑周期不定 5）模温太高	1）牌号品种有变动 2）颗粒大小不均 3）含挥发物质	壁太厚
翘曲	1）浇口位置不当 2）浇口数量不够 3）顶出位置不当，使制品受力不均 4）顶出机构卡死		1）料温过高 2）模温过高 3）保压时间太短 4）冷却时间太短 5）强行脱模所致		1）厚薄不匀，变化突然 2）结构造型不合理
划伤	1）型腔光洁度差 2）型腔边缘碰伤 3）镶件松动 4）顶出件松动 5）紧固件松动 6）侧抽芯未到位	拉杆与套磨损严重，移动模板下垂	1）模温过低 2）无脱模剂 3）冷却时间太长		
气泡	1）排气不良 2）浇口位置不当 3）浇口尺寸过小		1）注塑压强低 2）保压压强不够 3）保压时间不够 4）料温过高	1）含水分，未干燥 2）收缩率过大	

（续）

现象	原因				
	模具方面	设备方面	工艺条件	原材料	制品设计
龟裂	1）模芯无脱模斜度或过小 2）模温太低 3）顶杆分布不均或数量过少 4）表面光洁度差		1）料温过低 2）料温太高或停留时间太长 3）保压时间太长 4）脱模剂过多	1）牌号品级不适用 2）后处理不当	形状结构不够合理，导致局部应力集中
分层	1）浇口太小 2）多浇口时分布不合理	背压力不够	1）料温过低 2）注塑速度过快 3）模具温度低 4）料温过高分解	1）不同料混入 2）混入油污或异物	
不光泽	1）流道口太小 2）浇口太小 3）排气不良 4）型腔面不光	1）料筒内不干净 2）背压力不够	1）料温过低 2）喷嘴温度低 3）注塑周期长 4）模具温度低	1）水分含量高 2）助剂不对 3）脱模剂太多	
脱模困难	1）无脱模斜度 2）光洁度不够 3）顶出方式不当 4）配合精度不当 5）进、排气不良 6）模板变形	1）顶出力不够 2）顶程不够	1）注塑压强太高 2）保压时间太长 3）注塑量太多 4）模具温度太高		
焦点	1）浇口太小 2）排气不良 3）型腔复杂，阻料汇合慢 4）型腔光洁度差	1）料筒内有集料 2）喷嘴不干净	1）料温过高 2）注塑压强太高 3）注塑速度太快 4）停机时间过长 5）脱模剂不干净	1）料中有杂物混入 2）颗粒料中有粉末料	
变色	浇口太小	1）温控失灵 2）料筒或喷嘴中有阻碍物 3）螺杆转速高 4）“大马拉小车”	1）料温过高 2）注塑压强太大 3）成型周期长 4）模具未冷却 5）喷嘴温度高	1）材料污染 2）着色剂分解 3）挥发物含量高	
银丝纹	1）浇口太小 2）冷料穴太小 3）模具光洁度太差 4）排气不良	1）喷嘴有流涎物 2）背压过低	1）料温过高 2）注塑速度过快 3）注塑压强过大 4）塑化不均 5）脱模剂过多	1）含水分而未干燥 2）润滑剂过量	厚薄不均

9. 模具的验收、保养和入库管理

1）模具进行验收时，如能够制出完整样件就可以认定为模具整体结构基本合理。但是对于模具的其他部位仍需要进行检查，例如镶块方式、加工精度、热处理等方面的检查。首先是模具外观质量的验收，如模板机械加工的水平及外形尺寸等；其次是结构件情况、是否有易损件的备用件等。

2）模具的保养，包括及时清理残余料及污物；定期检查、上油；保持模具内外的清洁；辅助元件的定期检查等。

3）模具的入库管理要注意以下几个方面：

① 建立模具档案。见表4-15。

表4-15 模具档案内容一览表

项目	内容	项目	内容
模具名称	提供制件名称、用途；塑料品种；一模几腔、是否对称	使用状况	1）模具计划使用寿命 2）目前使用次数
进厂记录	进厂年、月、日，制造厂家名称、地址、联系人及电话	维修记录	1）生产故障发生日期、原因、处理方式 2）现场处理或事后大修，修复工期，修理结束 3）事故当事人姓名、主要维修者姓名 4）建议今后使用的注意事项
使用设备	1）定位环外径 2）顶出孔位置尺寸及孔径 3）喷嘴凹球 SR，主流道喷嘴处小孔 ϕ 4）模具整体尺寸，长×宽×高 5）顶出方式 6）可使用的注射机型号	备件备忘录	1）随模具带进备品备件数量、名称 2）现有备品备件数量 3）易损件图样 4）替补件投产计划 5）模具外购元器件生产厂家、地址、联系人及电话 6）外购件供货周期、大致价格
超吊装置	1）模具总重量 2）吊环孔规格及数量 3）吊装方式		

② 模具的存放管理。存放前要对模具进行清理和检查，并进行防锈处理。模具存放注意事项见表4-16。

表4-16 模具存放注意事项

项目	内容
立标牌	1）模具前应具有标牌，记模具名称，外形尺寸、模具重量 2）模具使用设备型号
摆样品	有条件的在模具上面应摆放样品，便于一目了然
划区域	1）同一产品配套的模具划在同一区域内，树标志说明 2）同一类产品的模具划在同一区域内存放，便于查找
润滑	关键部位应进行润滑防锈处理
锁紧存放	存放的模具一定要全部合紧模后锁紧。不可留有合模缝隙。防止异物掉入
备件存放	1）模具的备品备件应统一存入库房，做好登记 2）模具的配套件要与模具存放在一起，便于使用
定期检查	1）定期对长时间存放的模具进行检查 2）定期对存放环境进行清理

复习思考题

1. 简述互换装配法的完全互换法。
2. 装配冲裁模具的主要技术要求有哪些?
3. 冲裁模的装配要点有哪些?
4. 简述垫片法的调整过程。
5. 在冲压机上安装冲裁模的注意事项有哪些?
6. 简述导柱与导套的装配方法。
7. 简述试模的目的以及试模的顺序。

第五章 典型模具设计实例

本章应知

1. 了解冷冲压模具的设计要点。
2. 了解塑料模设计的工艺过程。
3. 了解气辅模具、粉末成形模具以及压铸模具的结构特点和用途。

本章应会

1. 掌握冲裁模具的设计方法。
2. 掌握塑料模设计的全过程。
3. 掌握级进模具的制造方法。
4. 掌握气辅模具、粉末成形模具以及压铸模具的相关知识。

第一节 冷冲模设计实例

冲裁主要是利用冲模对板料进行加工，从而使板料经分离或成形而得到制件的加工方法。它包括落料、冲孔、切口、切边、剖切、整修、精密冲裁等。冲裁所得到的工件可以直接作为零件使用，还可用于装配部件，或作为弯曲、拉深、成形、冷挤压等其他工序的毛坯使用。翻孔是在预先制好孔的工件上沿孔翻起竖立直边或在无预制孔的工件上直接翻起竖立直边的成形方法。按照工件是否有预制孔，可将翻孔分为穿刺翻孔和非穿刺翻孔。根据凹模侧壁的不同，穿刺翻孔又可分为直壁凹模和台阶侧壁凹模。

一、冲裁变形的机理

冲裁工序是利用凸模与凹模组成上、下刃口，将材料置于凹模上，凸模下降使材料变形，直至全部分离。因凸模与凹模之间存在间隙 Z，故凸模与凹模作用于材料的力分布不均匀，主要集中在凸、凹模刃口处。

冲裁既然是分离工序，必然从弹性变形、塑性变形开始，随着刃口压入材料深度的增加，塑性变形向材料内层发展，直到穿过整个材料，便使材料的一部分相对于另一部分开始移动。当塑性变形达到一定值时，刃口附近的材料就会产生裂纹，裂纹先从凹模刃口侧面处的材料开始，继而凸模刃口侧面处的材料也产生裂纹，在上下裂纹汇合后，材料就完全分离。可以将冲裁变形过程分为如下三个阶段：

（1）弹性变形阶段（图 5-1a） 凸模开始对凹模加压，由于弯矩 M 的作用，材料不仅产生弹性压缩变形，而且有穹弯，并稍微压入凹模型腔，此阶段材料内的应力状态未满足塑性变形条件，处于弹性变形阶段。

（2）塑性变形阶段（图 5-1b） 因毛坯的弯曲，凸模沿环形带继续对材料加压，当材料内的应力状态满足塑性变形条件时，材料便产生塑性变形。在塑性变形的同时，还伴有纤维的弯曲与拉伸。随着变形的增加，刃口附近产生应力集中，直到应力达到最大值（相当于材料的抗剪强度）。

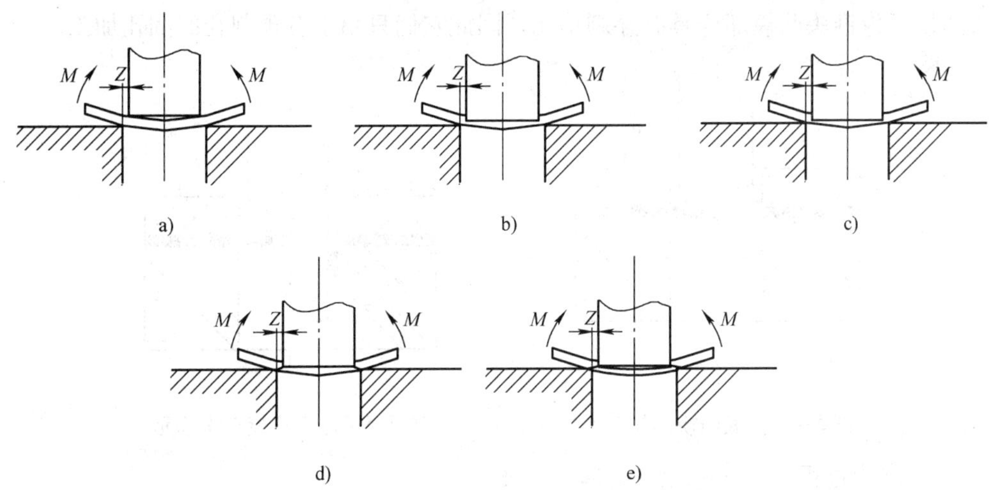

图 5-1　冲裁变形过程

（3）断裂阶段（图 5-1c、d、e）　当刃口附近应力达到破坏应力时，凸、凹模刃口侧面处的材料产生裂纹。裂纹产生后，沿最大剪应力方向向材料内层发展，直至使材料分离。

二、翻孔的变形机理

翻孔是指内孔翻边。翻孔模具是常用模具之一，其工作单元由翻孔凸模、翻孔凹模组成。翻孔模具工作单元的结构类型有多种，按照翻孔前是否有预制孔可分为穿刺翻孔结构和非穿刺翻孔结构。前者根据凹模侧壁不同又分为直壁凹模和台阶侧壁凹模，分别见图 5-2、图 5-3，后者按照翻孔凸模结构特点又分为平底翻孔、球头翻孔、椭球头翻孔、导正翻孔、校形翻孔等工作单元结构。

图 5-2 所示是穿刺式直壁凹模工作单元结构，由于翻孔前没有预制孔，所以将凸模头部设计成锥形。毛坯在凸模作用下产生局部裂孔后，随之翻成竖边，裂孔口部很不平齐，因此此种结构适合于翻孔口部质量要求低的工件。

图 5-3 所示是穿刺式台阶侧壁凹模工作单元结构，与穿刺式直壁凹模工件单元结构比较，仅在凹模侧壁有所不同。此种结构有突出的台阶，从而使翻孔口部质量有所提高。台阶上表面与口部接触，在凸模强制下口部变得较平齐。

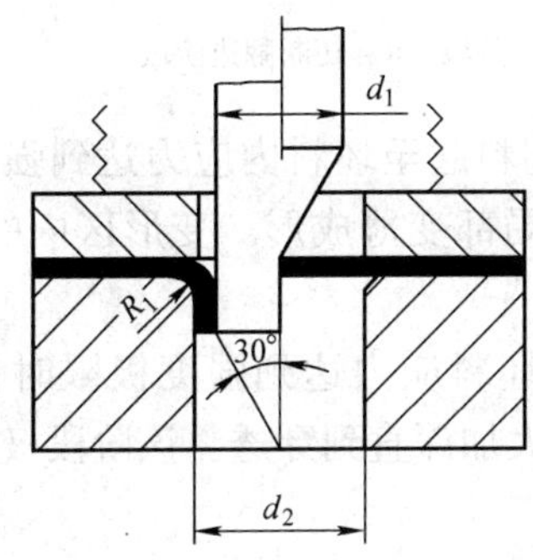

图 5-2　穿刺式直壁凹模工作单元

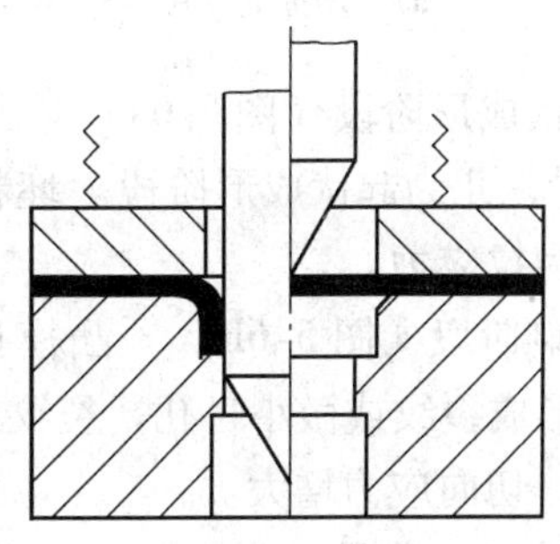

图 5-3　穿刺式台阶凹模工作单元

图 5-4 所示为平底凸模工作单元结构，图 5-5 所示为球头凸模工作单元结构。平底凸模

和球头凸模不像锥头凸模那样具有穿刺功能，因此它们只用于有预制孔的翻孔加工。

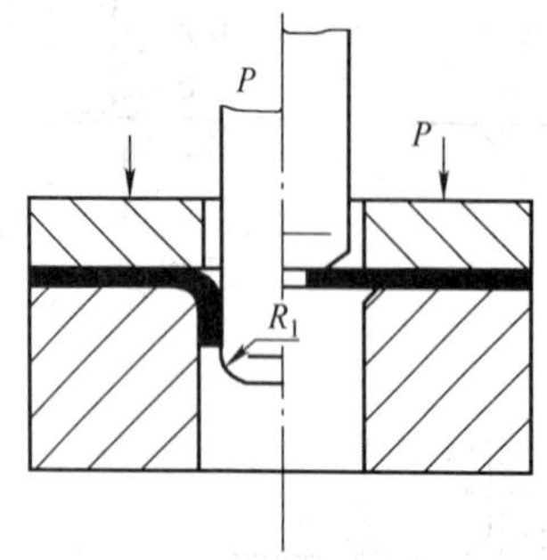

图 5-4　平底凸模工作单元

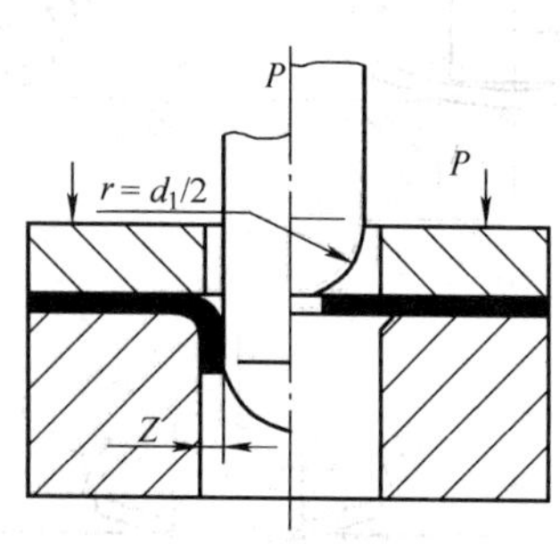

图 5-5　球头凸模工作单元

1. 穿刺翻边过程

穿刺翻边过程大致可分为四个阶段，如图 5-6 所示。

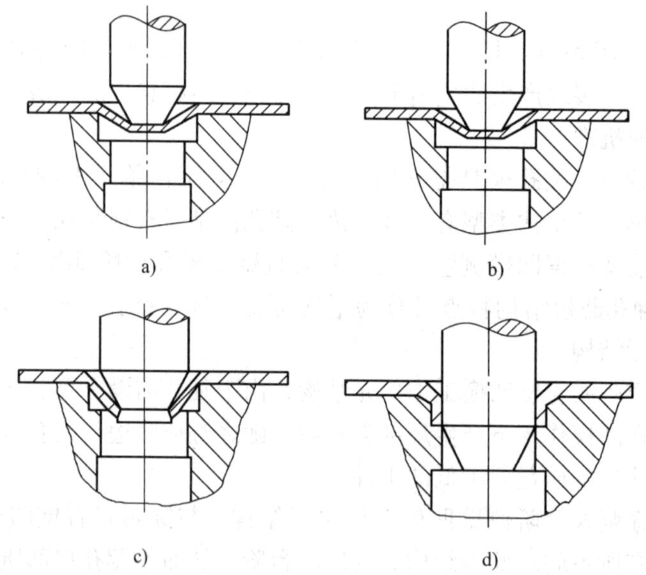

图 5-6　穿刺翻边过程

a）起伏成形阶段　b）穿刺阶段　c）翻边成形阶段　d）切断翻边阶段

（1）起伏成形阶段（图 5-6a）　凸模顶端接触坯料起至坯料内应力达到强度极限时将出现“缩颈”，此为起伏成形阶段。坯料主要靠材料局部变薄成形。变形区内的径向应力、切向应力均为拉应力。

（2）穿刺阶段（图 5-6b）　凸模顶端中部处的坯料应力达到强度极限时便出现“缩颈”现象，形成裂纹或微小盲孔，裂纹或盲孔逐渐扩大加深直到穿透。该阶段极为短暂，径向应力降低，切向应力增大。

（3）翻边成形阶段（图 5-6c）　凸模上行使孔不断扩大，其顶端逐渐穿过该孔，直到凸模锥面推挤坯料接触切断刃口。

（4）切断翻边阶段（图 5-6d）　凸模继续下行，坯料在切断刃口处分流。一部分坯料被凸模翻边段推挤进入翻边间隙，部分坯料被凸模锥面推挤下行成为余料。

2. 穿刺翻边模的结构

由于穿刺式工作单元结构翻孔前没有预制孔，所以将凸模头部设计成锥形。毛坯在凸模作用下产生局部裂孔后，随之翻成竖边。如图 5-7 所示是穿刺翻边模的结构。

（1）上模　采用了模柄、上模座、凸模垫板、凸模固定板、凸模、卸料橡皮、卸料板的组合结构。穿刺翻边可用尖顶凸模。

（2）下模　采用了凹模、凹模固定板、下模座的组合结构。凹模既起切断作用又起翻边作用。除采用如图 5-7 所示的整体式凹模外，还可采用如图 5-8 所示的组合式凹模。

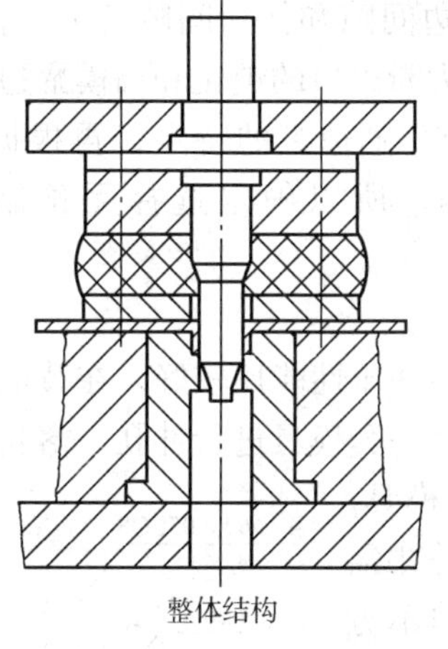

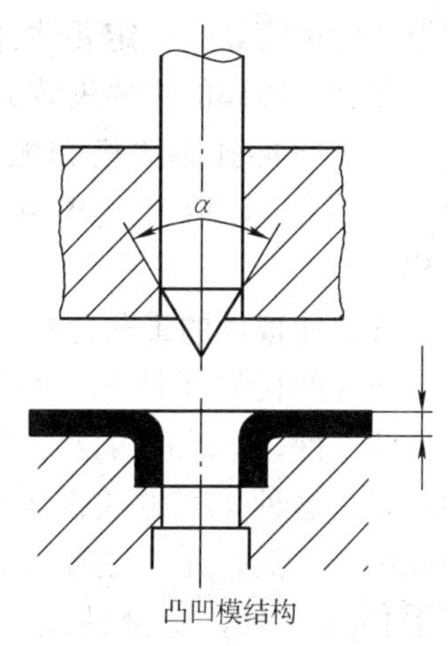

图 5-7　整体式凹模

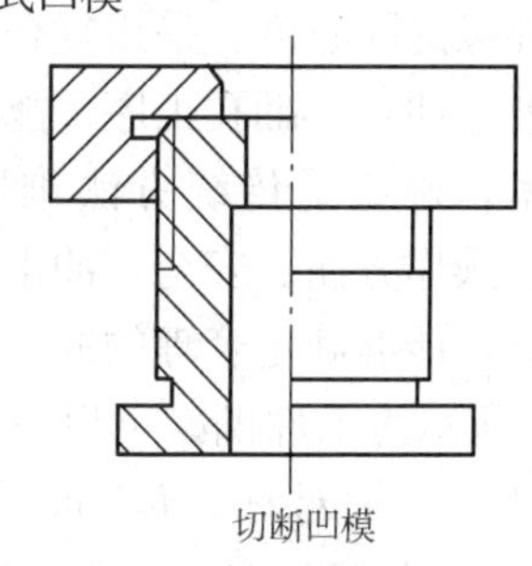

图 5-8　组合式凹模

3. 穿刺翻边模具应用中存在的问题及处理办法

穿刺翻边模具中，凸模与凹模采用 T10A 材料制成。凸模硬度为 56～60HRC，凹模硬度为58～62HRC。车削加工凸模锥面、凹模直径及其翻边圆角。磨削加工凸模直径及凹模切断刃口直径，锥顶角控制在 90°以下。

应用穿刺翻边模具，优点为翻边孔光洁，且口部平齐；缺点为竖边变薄，口部开裂，口部内缘有毛刺，主要是由翻边应力（径向拉应力和切向拉应力）引起的，另外也与翻边间隙太小有关，当翻边间隙小于坯料厚度时，凸模会对竖边挤压刮切。口部开裂主要是由翻边高度超过极限翻边高度所致，口部内缘有毛刺是由挤切间隙太大所致。保证合理的翻边间隙和挤切间隙是设计制造穿刺翻边模的要点。翻边间隙太小不仅使竖边变薄而且加重了凸模和凹模的磨损，其值最好接近于坯料的最大厚度，通常在坯料平均厚度至坯料最大厚度之间取值。挤切间隙宜取较小值，考虑工艺方面的因素，将挤切间隙控制在 0. 04mm 以下。

4. 总结

穿刺翻边是冲孔翻边的一个特例。两者相比，穿刺翻边中坯料的应力应变过程（起伏成形→穿刺→翻边→切断翻边）比冲孔翻边中坯料的应力应变过程（冲孔→翻边）复杂。但穿刺翻边不用预冲孔，其模具设计不需计算预冲孔直径，预冲孔直径直接由切断刃口直径决定，因此不仅简化了翻边模的设计计算，而且模具结构和制造工艺也更加简单，维护模具也更方便。孔的质量上也有所提高，因为翻边孔受到凸模与凹模的强力挤压，故孔的表面十分光洁。而穿刺直壁翻边模和穿刺带台阶壁翻边模相比，带台阶壁翻边模冲出的零件要比直壁翻边模冲出的零件质量好，翻边孔光洁，口部较平齐。因此带台阶壁翻边模的使用较多。在设计翻边模具时一定要注意翻边间隙和挤切间隙的大小，它们是影响翻边质量的主要因素。穿刺翻边模的主要失效方式为断刃口的钝化和凸模翻边段的严重磨损。

经分析冲孔翻边模和无预冲孔翻边模的特点，再根据零件图的要求，保证翻孔尺寸为 $\phi20^{+0.2}_{0}$，其精度要求并不高，所以确定选择无预制冲孔模中穿刺带台阶壁的翻边模。

三、冲裁件的工艺分析

垫片的材料是H68，该材料的冲压性能比较好，在黄铜类材料中其硬度是适中的。加工这样的工件，传统的方法是先利用一套模具进行冲孔、落料，然后利用第二套模具再翻孔成形。采用这种工艺方法需要两套模具，因此生产率低，并且在第二步操作中需将手伸入模具，安全性差，操作不方便。用两套模具加工，不容易保证翻孔与外缘的同心度。采用复合模一次完成落料、冲孔、翻孔工序，能大大提高生产率，避免了传统方法难以解决的问题，操作方便、安全，冲出的制件质量较好，能够确定合理的冲压方法。如图5-9所示为工件图，可以看出该工件形状简单且轴对称，ϕ20mm孔的精度等级为IT11级，ϕ6mm孔的精度等级为IT10级，材料厚度为0.5mm，其冲裁性能较好。所以根据翻边模的优缺点，可以确定采用倒装式复合模。该复合模中采用普通的冲孔、落料结构形式和穿刺带台阶的翻边模结构形式，组合成一套冲孔、落料、翻边复合模。

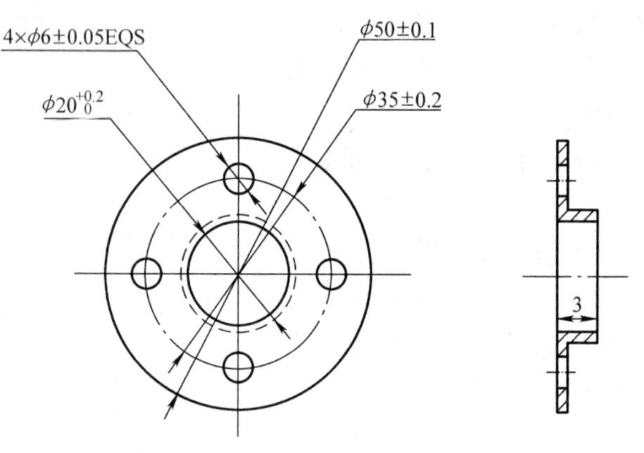

图5-9 工件图

四、确定合理的冲压方案

在冲裁工艺分析的基础上，根据冲裁件的特点，确定冲压工艺方案。

垫片的冲压加工方法可以分为落料、冲孔和翻边三道工序，由于垫片加工精度要求不太高，根据对零件的分析和所采用模具的结构形式，采用先冲孔翻边后落料的加工方案即可保证加工精度。因此选用先冲孔翻边后落料的复合冲裁方案。

五、主要工艺参数计算

1. 计算毛坯尺寸

（1）毛坯尺寸　毛坯尺寸如图5-10所示。

（2）排样　排样是指制件在板料上的布置方法，它是制定冲压工艺不可缺少的内容，直接影响材料的利用率、冲模结构、制件质量和生产率等。冲裁条料时，所产生的废料分为两类：

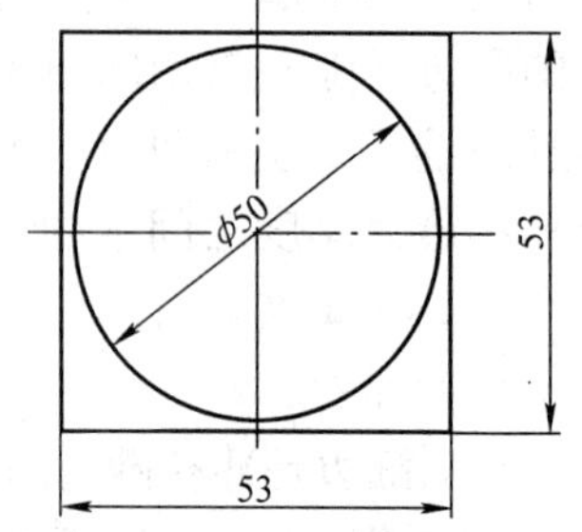

图5-10 工件尺寸图

1）工艺废料：包括工件之间和工件与条料边缘之间存在的搭边；定位需要切去的料

边；与定位孔不可避免的料头和料尾废料。

2）结构废料：由于工件结构的需要（如工件内孔的存在）而产生的废料。

排样方法主要有三种：有搭边排样；无搭边排样；少搭边排样。

当垫片形状不复杂但有内孔翻边，且精度要求不太高时采用单排有搭边排样。有搭边排样是指在板料上冲裁轮廓时板料四周都有搭边（搭边为废料），其特点是材料利用率低，但制件的质量较高且冲模寿命较长。

（3）搭边　排样时，制件之间以及制件与条料侧边之间多余的料称为搭边。搭边虽然是废料，但在工艺上起很大的作用。搭边的作用是补偿定位误差，使条料在送进时有一定刚度，从而便于送料。

搭边的大小主要与板料厚度、材料种类、制件形状、冲模结构和送料形式有关。搭边值过大，材料利用率降低；搭边值过小，在冲裁中易被拉断而使制件产生毛刺，有时还会被拉入凸模和凹模的间隙中而损坏刃口，降低模具使用寿命。垫片冲裁时，工件需内孔翻边且在其周边冲四个小孔，所以落料件的尺寸与工件的外径相等，从表 5-1 中查得最小搭边值 $a=1.5$mm。

表 5-1　冲裁金属材料的搭边值

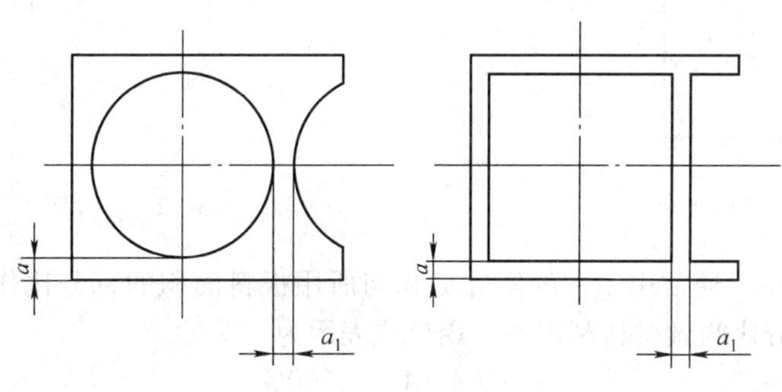

料厚 t	手工送料				自动送料	
	圆形		非圆形			
	a	a_1	a	a_1	a	a_1
≤1	1.5	1.5	2	1.5		
1~2	2	1.5	2.5	2	3	2
2~3	2.5	2	3	2.5		
3~4	3	2.5	3.5	3	4	3
4~5	4	3	5	4	5	4

（4）条料宽度　如图 5-11 所示。其计算公式为

$$B=b+2a_1$$

式中　B——条料宽度（mm）；

b——制件垂直于送料方向的宽度（mm）；

a_1——制件与材料侧边和搭边的宽度（mm）。

垫片的条料宽度为

$$\begin{aligned} B &= b + 2a_1 \\ &= 50\text{mm} + 2 \times 1.5\text{mm} \\ &= 53\text{mm} \end{aligned}$$

（5）排样图　如图 5-12 所示。

条料尺寸为 53 × L。送料步距的计算式为

$$\begin{aligned} h &= D + a_1 \\ &= 50\text{mm} + 1.5\text{mm} \\ &= 51.5\text{mm} \end{aligned}$$

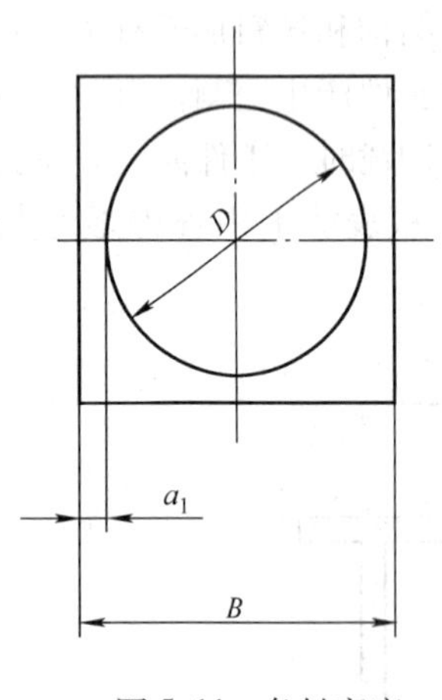

图 5-11　条料宽度

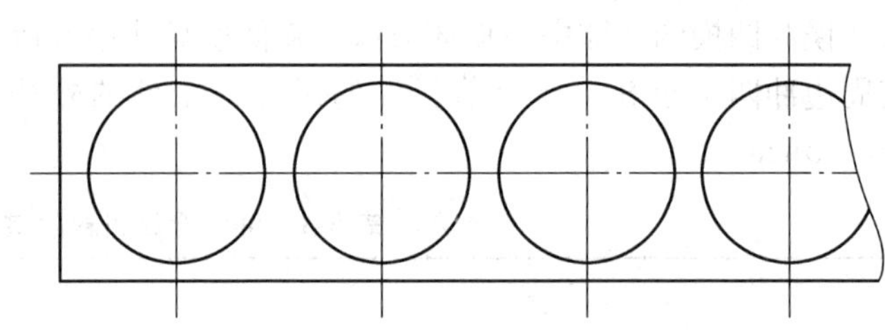

图 5-12　排样图

（6）材料利用率　通常用制件的实际面积与所用板料面积的百分比作为衡量排样合理性的指标，这个百分比叫做材料利用率，用公式表示为

$$\eta = (A_0/A) \times 100\%$$

式中　η——材料利用率；

A_0——制件面积（mm^2）；

A——板料面积（mm^2）。

单个垫片的材料利用率为

$$\begin{aligned} \eta &= (A_0/A) \times 100\% \\ &= (1963/2809) \times 100\% \\ &= 70\% \end{aligned}$$

由于垫片冲裁时产生的结构废料多，因此垫片的材料利用率不高。

2. 各部分工艺中力的计算

（1）落料力计算　计算公式为

$$F_{落} = 1.3Lt\tau$$

式中　$F_{落}$——落料力（N）；

L——工件外轮廓周长（mm）；

t——材料厚度（mm），$t = 0.5\text{mm}$；

τ——材料的抗剪强度（MPa）。由表 5-2 查得 $\tau = 240\text{MPa}$。

表 5-2　有色金属的力学性能

材料名称	牌号	材料状态	抗剪强度 τ/MPa	抗拉强度 σ_b/MPa	伸长率 δ_{10}/%	屈服强度 σ_s/MPa
纯铜	T1、T2、T3	软的	160	200	30	7
		硬的	240	300	3	—
黄铜	H62	软的	260	300	35	—
		半硬的	300	380	20	200
		硬的	420	420	10	—
	H68	软的	240	300	40	100
		半硬的	280	350	25	—
		硬的	400	400	15	250
铅黄铜	HPb59-1	软的	300	350	25	145
		硬的	400	450	5	420
锰黄铜	HMn58-2	软的	340	390	25	170
		半硬的	400	450	15	—
		硬的	520	600	5	—
锡磷青铜 锡锌青铜	QSn6.5～2.5 QSn4-3	软的	260	300	38	140
		硬的	480	550	3～5	—
		特硬的	500	650	1～2	546
铝青铜	QA17	退火的	520	600	10	186
		不退火的	560	650	5	250

由于

$$L=3.14\times50\text{mm}=157\text{mm}$$

则

$$F_{落}=1.3\times157\text{mm}\times0.5\text{mm}\times240\text{MPa}=24492\text{N}=24.49\text{kN}$$

（2）卸料力计算　计算公式为

$$F_{卸}=K_{卸}F_{落}$$

式中　$K_{卸}$——卸料力因数，由表 5-3 查得 $K_{卸}$ 为 0.02～0.06，取 $K_{卸}=0.03$。

则

$$F_{卸}=0.03\times24492\text{N}\approx734.8\text{N}$$

表 5-3　卸料力、推件力和顶出力因数

材料	料厚 t	$K_{卸}$	$K_{推}$	$K_{顶}$
钢	≤0.1	0.06～0.09	0.1	0.14
	>0.1～0.5	0.04～0.07	0.065	0.08
	>0.5～2.5	0.025～0.06	0.05	0.06
	>2.5～6.5	0.02～0.05	0.045	0.05
	>6.5	0.015～0.04	0.025	0.03
铝、铝合金		0.03～0.08	0.03～0.07	
纯铜、黄铜		0.02～0.06	0.03～0.09	

（3）翻边力计算　此模具翻边凸模的工作部分为圆锥形，且翻边时无预置孔。因此

$$F = 1.3F_{翻}$$

翻边力为

$$F_{翻} = 1.1\pi t\sigma_s (D - d_0)$$

式中　σ_s——材料的屈服强度（MPa），查表5-3得 $\sigma_s = 100\text{MPa}$；

D——翻边直径（mm），$D = 20\text{mm} + 0.5\text{mm} = 20.5\text{mm}$；

d_0——毛坯预制孔直径（mm），$d_0 = 0\text{mm}$；

t——材料厚度（mm）。

则

$$F = 1.3F_{翻} = 1.3 \times (1.1 \times 3.14 \times 0.5 \times 100 \times 20.5)\ \text{kN} = 4.6\text{kN}$$

（4）切边力计算　计算公式为

$$F_{切} = 1.3Lt\tau$$

式中　$F_{切}$——切边力（N）；

L——工件轮廓周长（mm）；

t——材料厚度（mm）；

τ——材料的抗剪强度（MPa），由表5-2查得 $\tau = 240\text{MPa}$。

由于

$$L = 3.14 \times 20\text{mm} \approx 62.8\text{mm}$$

则

$$F_{切} = 1.3 \times 62.8\text{mm} \times 0.5\text{mm} \times 240\text{MPa} \approx 9.796\text{kN}$$

（5）卸料力计算　计算公式为

$$F'_{卸} = K_{卸} F_{切}$$

式中　$K_{卸}$——卸料力因数，由表5-3查得 $K_{卸} = 0.02$。

则

$$F'_{卸} = 0.02 \times 9.796\text{kN} = 195.94\text{N}$$

（6）推件力计算　计算公式为

$$F_{推} = nK_{卸} F_{切}$$

式中　$K_{推}$——推件力因数，由表5-3查得 $K_{卸} = 0.04$；

n——工件在凹模中的个数，取 $n = 1$。

则

$$F_{推} = 0.04 \times 9.796\text{kN} = 391.8\text{N}$$

（7）冲孔力计算　计算公式为

$$F_{冲} = 1.3Lt\tau$$

式中　$F_{冲}$——冲孔力（N）；

L——工件外轮廓周长（mm）；

t——材料厚度（mm），$t = 0.5\text{mm}$；

τ——材料的抗剪强度（MPa），由表5-2查得 $\tau = 240\text{MPa}$。

由于

$$L = 3.14 \times 6\text{mm} = 18.84\text{mm}$$

则

$$F_{冲} = 1.3 \times 18.84\text{mm} \times 0.5\text{mm} \times 240\text{MPa} \approx 2940\text{N} = 2.94\text{kN}$$

$$F_{冲总} = 4 \times F_{冲} = 2.94 \times 4 = 11.76\text{kN}$$

$$F_{推} = nK_{卸} \times F_{切} = 4 \times 2.94\text{kN} \times 0.04 = 470.4\text{N}$$

故总的冲材力 $F_{总}$ 为

$$F_{总} = 24.94\text{kN} + 11.76\text{kN} + 470\text{N} + 4.6\text{kN} + 9.796\text{kN} + 391\text{N} + 195\text{N} + 734\text{N} = 52.9\text{kN}$$

3. 计算压力中心

冲裁模的压力中心就是合力的作用点，为了保证压力机和模具正常工作，模具的压力中心必须通过模柄轴线而和压力机的滑块中心重合，否则会产生偏心，形成偏心载荷。

垫片是形状对称的工件，其压力中心位于轮廓图形的几何中心，即圆心。对于形状复杂零件或多凸模冲模的压力中心，可以用解析法和图解法求解。

六、主要工作部分的尺寸计算

模具的主要工作部分是落料凹模、翻边冲孔凸凹模、翻边凸模、冲孔凸模，其工作关系如图 5-13 所示。

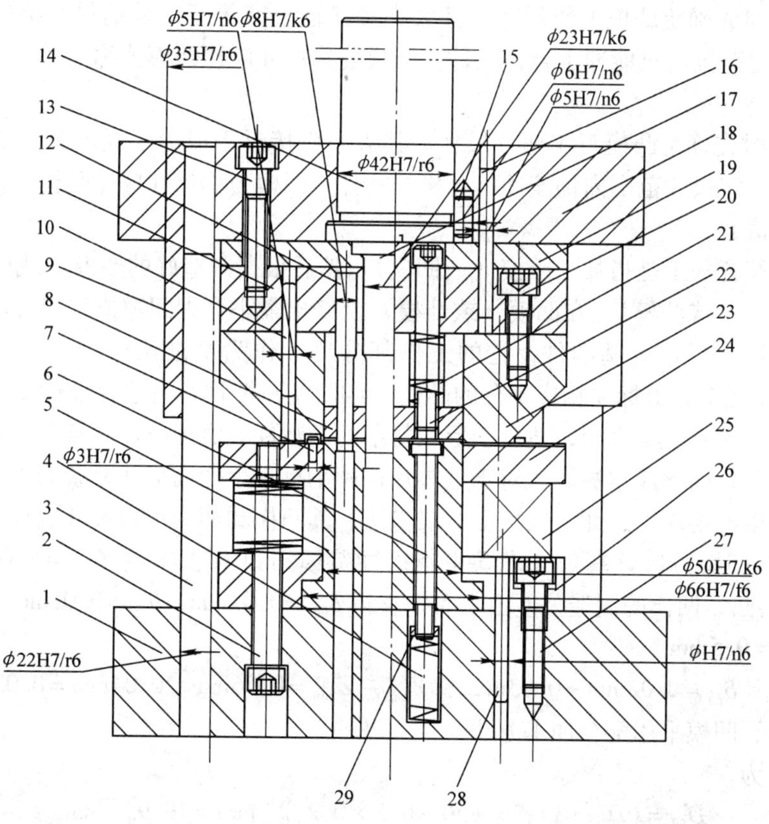

图 5-13 落料冲孔翻边复合模

1—下模座 2、22—卸料螺钉 3—导柱 4、21、25—弹簧 5—落料、冲孔、翻边凸凹模 6—顶料板 7—挡料钉 8—压料板 9—导套 10、16、28—圆柱销 11—凸模固定板 12、17—冲孔凸模 13、27—圆柱头内角螺钉 14—压入式模柄 15—定位销 18—上模座 19—垫板 20、26—凸凹模固定板 23—落料凹模 24—弹压卸料板 29—顶杆垫板工作时，从卸料板24上方送入条料，依靠挡料销来保证位置。上模下行时，压料板8由上模压下弹簧迫使压料板压紧板料，然后端部呈锥形的冲头17先进入工作进行翻孔，同时冲孔凸模12进行冲孔，当翻孔结束时，翻孔凸模与凸凹模进行挤切修边。上模继续下行，工件在压料板压紧的状态下进行落料，完成加工。上模回升时，由压料板和弹压式卸料板进行卸料。在加工过程中废料从凸凹模孔中落出。至此整个冲压工序完成。

1. 刃口尺寸计算

模具刃口尺寸精度等级是影响冲裁件尺寸精度等级的首要因素。模具的合理间隙值，也是要靠模具刃口尺寸及其精度来保证的。因此在确定凸、凹模工作部分尺寸及其制造精度时必须考虑到冲裁变形规律、冲裁件质量等级、模具磨损和制造的特点等因素。

实践证明，落料尺寸由凹模刃口尺寸决定，而冲孔件尺寸由凸模刃口尺寸决定。所以当计算凸、凹模刃口尺寸时，应按落料和冲孔两种情况分别考虑，在生产过程中，凸、凹模刃口尺寸又因磨损而发生变化，凸模越磨越小，凹模越磨越大，结果使间隙越来越大。因此，在设计和制造模具时应取最小合理间隙。

（1）落料时先确定凹模工作尺寸，其大小应接近于或等于工件的最小极限尺寸，保证凸模磨损到一定范围内仍能冲出合格工件，凸模公称尺寸应比凹模公称尺寸小一个最小合理间隙。

（2）冲孔时先确定凸模工作部分尺寸，其大小应接近于或等于孔的最大极限尺寸，保证凸模磨损到一定尺寸范围内仍能冲出合格的孔件，凹模公称尺寸应比凸模公称尺寸大一个最小合理间隙值。

凸、凹模配合加工是指加工凸模（或凹模），然后根据制造好的凸模（或凹模）的实际尺寸，配作凹模（或凸模），在凹模（或凸模）上修出最小合理间隙值。其方法是把先加工出的凸模（或凹模）作为基准件，它的工作部分尺寸作为基准尺寸，而与它配作的凹模（或凸模）只需在图纸上标注相应部分的凸模（或凹模）配作，每边保证最小间隙值。这种加工方法在工厂中被广泛采用，适合于形状复杂的冲裁件。由于凸、凹模分开加工，要求控制模具制造误差，因此成本提高。对于爪垫片这种小批量生产而形状复杂的工件，制造一套模具便能满足生产要求。因此，采用配合加工法，其凸模和凹模刃口尺寸的计算如下：

1）落料凸凹模刃口计算。按表5-4查得冲裁模刃口双边间隙 $Z_{min}=0.04mm$，$Z_{max}=0.06mm$。落料凸、凹模的制造公差由表5-5查得 $\delta_{凹}=0.03mm$，$\delta_{凸}=0.02mm$。磨损因数由表5-6查得 $x=0.5mm$。

校核：$\delta_{凹}+\delta_{凸}=0.02mm+0.03mm > Z_{max}-Z_{min}=0.06mm-0.04mm=0.02mm$

则落料凸、凹模采用配合加工方法。

凹模尺寸为

$$D_{凹}=(D-x\Delta)_0^{\delta_{凹}}=(50-0.5\times0.2)_0^{0.02}mm=49.9_0^{0.02}mm$$

凸模的尺寸按凹模尺寸配制，其双面间隙为0.04～0.06mm：

2）切边刃口尺寸计算。冲压工件切边部分尺寸为 $\phi20_{0}^{+0.2}mm$。尺寸精度为IT11级。切边间隙对切边质量和模具寿命影响较大，双边间隙Z过小则模架导向精度高，模具寿命低；Z过大则制件口部毛刺大，取 $Z=0.01\sim0.02mm$ 为宜。

表 5-4　落料、冲孔模刃口始用间隙　（单位：mm）

材料名称	45 T8、T7（退火）、磷青铜（硬）、铍青铜（硬）		10、15、20 冷轧钢带、30 钢板、H62、H68（硬）、2A12、硅钢片		Q215、Q235 钢板 08、10、15 钢板 H62、H68（半硬） 纯铜（硬） 磷青铜（软） 铍青铜（软）		H62、H68（软） 纯铜（软） 防锈铝 2B11、2A90 软铝 1A93 2A12（退火） 铜母线 铝母线	
力学性能	HBW≥190 σ_b≥600MPa		HBW＝140～190 σ_b＝400～600MPa		HBW＝70～140 σ_b＝300～400MPa		HBW≤190 σ_b≤300MPa	
厚度 t	初始间隙 Z							
	Z_{min}	Z_{max}	Z_{min}	Z_{max}	Z_{min}	Z_{max}	Z_{min}	Z_{max}
0.1	0.015	0.035	0.01	0.03	*		*	
0.2	0.025	0.045	0.015	0.035	0.01	0.03	*	
0.3	0.04	0.06	0.03	0.05	0.02	0.04	0.01	0.03
0.5	0.08	0.1	0.06	0.08	0.04	0.06	0.025	0.045
0.8	0.13	0.13	0.10	0.13	0.07	0.10	0.045	0.075
1.0	0.17	0.2	0.13	0.16	0.1	0.13	0.065	0.095
1.2	0.21	0.24	0.16	0.19	0.13	0.16	0.075	0.105
1.5	0.27	0.31	0.21	0.25	0.15	0.19	0.10	0.14
1.8	0.34	0.38	0.27	0.31	0.20	0.24	0.13	0.17
2.0	0.38	0.42	0.30	0.34	0.22	0.26	0.14	0.18
2.5	0.49	0.55	0.39	0.45	0.29	0.35	0.18	0.24
3.0	0.62	0.68	0.49	0.55	0.36	0.42	0.23	0.29

注：有 * 号处均是无间隙。

表 5-5　规则形状（圆形、方形）冲裁时凸模、凹模的制造公差　（单位：mm）

基 本 尺 寸	凸模公差 $\delta_凸$	凹模公差 $\delta_凹$
≥18	0.02	0.02
＞18～30	0.02	0.025
＞30～80	0.02	0.03
＞80～120	0.025	0.035
＞120～180	0.03	0.04

表 5-6　因　数　x

材料厚度 t/mm	非圆形 x 值			圆形 x 值	
	1	0.75	0.5	0.75	0.5
	工件公差 Δ/mm				
1	＜0.16	0.17～0.35	≥0.36	＜0.16	≥0.16
1～2	＜0.20	0.21～0.41	≥0.42	＜0.20	≥0.20
2～4	＜0.24	0.25～0.49	≥0.50	＜0.24	≥0.24
＞4	＜0.30	0.21～0.59	≥0.60	＜0.30	≥0.30

查表 5-4 得切边刃口双面间隙 Z_{min}＝0.03mm，Z_{max}＝0.05mm。

查表 5-5 得凸、凹模的制造公差 $\delta_凸＝\delta_凹$＝0.02mm。由表 5-6 查得 x＝0.5。

校核：$\delta_{凸}+\delta_{凹}=0.02mm+0.02mm=0.04mm>Z_{max}-Z_{min}=0.05mm-0.03mm=0.02mm$。

则切边凸、凹模采用配合加工方法。

凸模尺寸 $d_{凸}=(d+x\Delta)=(20+0.5\times0.2)mm=20.1_{-0.02}^{\ 0}mm$；

凹模的尺寸按凸模尺寸配制，其双面间隙为0.03~0.05mm。

3）翻边工作部分的尺寸计算。为了避免弹性卸料和椎件装置的行程过大，翻边凸模端部设计为圆锥形凸模，其锥角取90°。推件块还有压边的作用，故翻边凸模不需要台肩。由于翻边凸模在下行中，所以还进行挤切修边，则翻边凸模的直径 $D_{凸}=20.1_{-0.02}^{\ 0}mm$。

翻边凸模、凹模之间的单边间隙 $Z/2$ 可控制在（0.75~0.85）t，使直壁稍为变薄以保证竖边成为直壁。则翻边凸、凹模的单边间隙 $Z/2=0.85t=0.85\times0.5=0.42mm$，翻边凹模尺寸 $D_{凹}=\left(D_{凸}+2\times\dfrac{Z}{2}\right)=(20.1+2\times0.42)=20.95_{\ 0}^{+0.02}mm$

模具主要工作部分的尺寸包括落料凹模、凸凹模、冲孔凹模、翻边凸模、冲孔凸模的工作尺寸等。

4）冲孔刃口尺寸计算。对于 $\phi6\pm0.05mm$ 孔，凸凹模的制造公差查表5-5得 $\delta_{凹}=0.03mm$，$\delta_{凸}=0.02mm$，磨损因数由表5-6查得 $x=0.75mm$。则

$$\begin{aligned}d_{凸}&=(d+x\Delta)_{-\delta_{凹}}^{\ 0}\\&=(6+0.75\times0.1)_{-0.02}^{\ 0}mm\\&=6.075_{-0.02}^{\ 0}mm\end{aligned}$$

$$\begin{aligned}D_{凹}&=(d+x\Delta+Z_{min})_{\ 0}^{+\delta_{凹}}\\&=(6+0.75\times0.1+0.04)_{\ 0}^{+0.03}mm\\&=6.115_{\ 0}^{+0.03}mm\end{aligned}$$

校核：$\delta_{凹}+\delta_{凸}=0.03mm+0.02mm>Z_{max}-Z_{min}=0.06mm-0.04mm=0.02mm$

模具主要工作部分尺寸如图5-14所示。

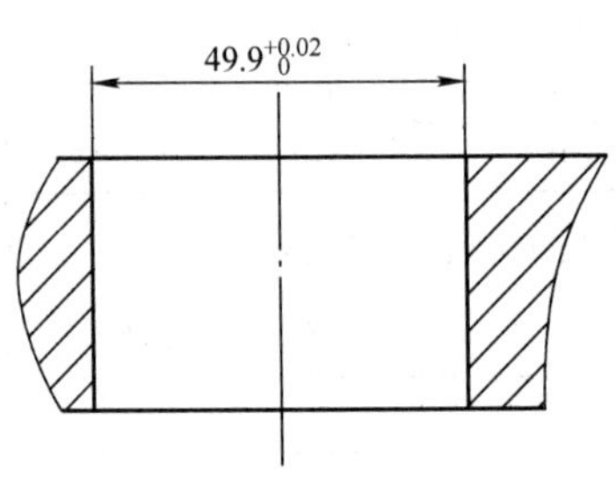

落料凹模工作尺寸

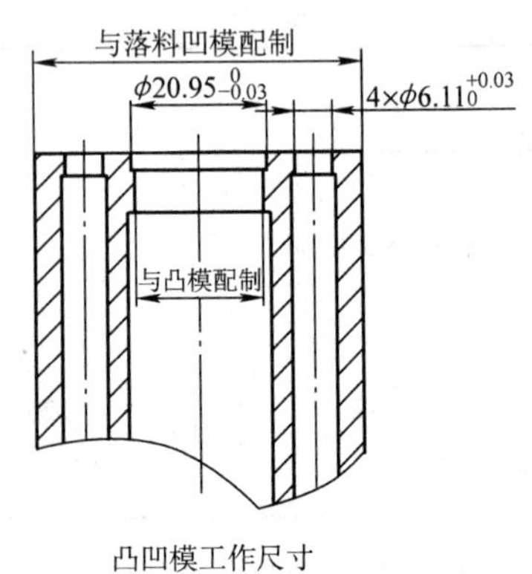

凸凹模工作尺寸

图5-14 主要工作部分尺寸

2. 弹性元件的选择和计算

1）压力要足够。即

$$F_{预}\geqslant F_{卸}/n$$

式中 $F_{预}$——弹簧的预压力（N）；

$F_{卸}$——卸料力或推件力、压边力（N）；

n——弹簧根数。

2）压缩量要足够。即

$$S_1\geqslant S_{总}=S_{预}+S_{工作}+S_{修磨}$$

式中 S_1——弹簧允许的最大压缩量（mm）；

$S_{总}$——弹簧需要的总压缩量（mm）；

$S_{预}$——弹簧的预压缩量（mm）；

$S_{工作}$——卸料板或推件块、压边圈的工作行程（mm）；

$S_{修磨}$——模具的修磨量或调整量（mm），一般取4~6mm。

3）要符合模具结构空间的要求。模具闭合高度的大小限定了所选弹簧在预压状态下的长度；上下模座的尺寸限定了卸料板的面积，也就限定了允许弹簧占用的面积，所以选取弹簧的根数、直径和长度，必须符合模具结构空间的要求。

3. 选择弹簧的步骤

1）根据模具结构初步确定弹簧根数 n，并计算出每根弹簧分担的卸料力（或推件力、切边力），即 $F_{卸}/n$。

2）根据预压力 $F_{预} \geqslant F_{卸}/n$ 和模具结构尺寸，由表 5-8 中初步选出若干个序号的弹簧，这些弹簧均需满足最大工作负荷 F_1 大于 $F_{预}$ 的条件。

3）根据所选弹簧的规格，分别计算出各弹簧的 S_1 = 自由高度 H_0 − 受负荷 F_1 时的高度 H_1。并根据负荷—行程曲线图（图 5-15），分别查出各弹簧受力为 $F_{预}$ 时的 $S_{预}$ 以及算出 $S_{总}=S_{预}+S_{工作}+S_{修磨}$。对于满足 $S_1 \geqslant S$ 要求的弹簧，即是可进行选择的弹簧。

4）检查弹簧的装配长度（即弹簧预压缩后的长度 = 弹簧的自由长度 H_0 − 预压缩量 $S_{预}$）、根数、直径是否符合模具结构空间尺寸的要求，如符合要求，则为最后选定的弹簧规格，否则需重选。这一步骤一般在绘图过程中检查。

4. 卸料弹簧的选择

根据结构初选为 4 根弹簧，卸料力 $F_{卸}=734\text{N}/4=183.5\text{N}$。按预压力 $F_{预} \geqslant 183\text{N}$ 和模具的结构尺寸，由表 5-7 查得可选序号为 29 ~ 38 的弹簧，其负荷为 $F=330\text{N}>F_{预}$。

表 5-7　圆钢丝螺旋弹簧规格

序号	弹簧外径 D/mm	材料直径 d/mm	节距 t/mm	自由高度 H_0/mm	受负荷 F_1 时的高度 H_1/mm	最大工作负荷 F_1/N	每 100 件质量/kg
12	15	1.2	3	20	10.8	46	0.187
13				30	15.8		0.268
14				40	20.8		0.351
15				50	26		0.43
16	12	1.4	4	25	14.2	60	0.29
17				35	19.4		0.391
18				45	24.7		0.5
19				55	30.0		0.592
20		1.6	3.5	30	18.1	90	0.485
21				40	24		0.63
22				50	26		0.78
23				60	35.3		0.876
24	16	2	5	25	15.3	125	0.641
25				35	20.9		0.859
26				45	26.5		1.073
27				55	32.1		1.29
28				65	37.8		1.51

（续）

序号	弹簧外径 D/mm	材料直径 d/mm	节距 t/mm	自由高度 H_0/mm	受负荷 F_1 时的高度 H_1/mm	最大工作负荷 F_1/N	每100件质量/kg
29		2.5	6	30	17.7	200	1.25
30				40	23.2		1.59
31				50	28.4		1.95
32				60	33.7		2.31
33				70	39.2		2.65
34	20	3	5.5	25	17.6	330	1.541
35				35	24		2.09
36				45	30.2		2.64
37				55	36.6		3.18
38				65	43		3.171

检验是否满足 $S_1 > S_{总} = S_{预} + S_{工作} + S_{修磨}$。其中 $S_{工作} = 1\text{mm} + 0.5\text{mm} = 1.5\text{mm}$。

如图 5-15 所示可得以下数据，见表 5-8。

故选取 37 号弹簧，外径 $D = 20\text{mm}$，钢丝直径 $d = 3\text{mm}$，自由状态下的高度 $H_{自由} = 55\text{mm}$。

弹簧装配高度 $H_2 = H_{自由} - S_{预} = 55\text{mm} - 11\text{mm} = 44\text{mm}$。

表 5-8 计算数据 （单位：mm）

弹簧序号	H	H_1	$S_1 = H - H_1$	$S_{预}$	$S_{总} = S_{预} + S_{工作} + S_{修磨}$
34	25	17.6	7.4	4	10
35	35	24	11	6.5	12.5
35	45	30.2	14.8	8	14
37	55	36.6	18.4	11	17
38	65	43	22	12.5	18.5

5. 压料弹簧的选择

压料板用于冲压件的卸料，是使工件保持平衡的关键零件，故选择弹簧时，其工作压力应加大一些。

根据结构初选 4 根弹簧，卸料力 $F_{卸} = 196.5\text{N}/4 = 49\text{N}$。按预压力 $F_{预} \geqslant 49\text{N}$ 和模具的结构尺寸，由表 5-8 查得可选序号为 20～23 的弹簧，其负荷为 $F = 330\text{N} > F_{预}$。

检验是否满足 $S_1 > S_{总} = S_{预} + S_{工作} + S_{修磨}$。

其中 $S_{工作} = 5.5\text{mm} + 0.5\text{mm} = 6\text{mm}$，如图 5-15 所示可得以下数据，见表 5-9。

表 5-9 计算结果 （单位：mm）

弹簧序号	H	H_1	$S_1 = H - H_1$	$S_{预}$	$S_{总} = S_{预} + S_{工作} + S_{修磨}$
20	30	18.1	11.9	6.5	14.5
21	40	24	16	8	16
22	50	26	24	11	19
23	60	35.3	24.7	13	21

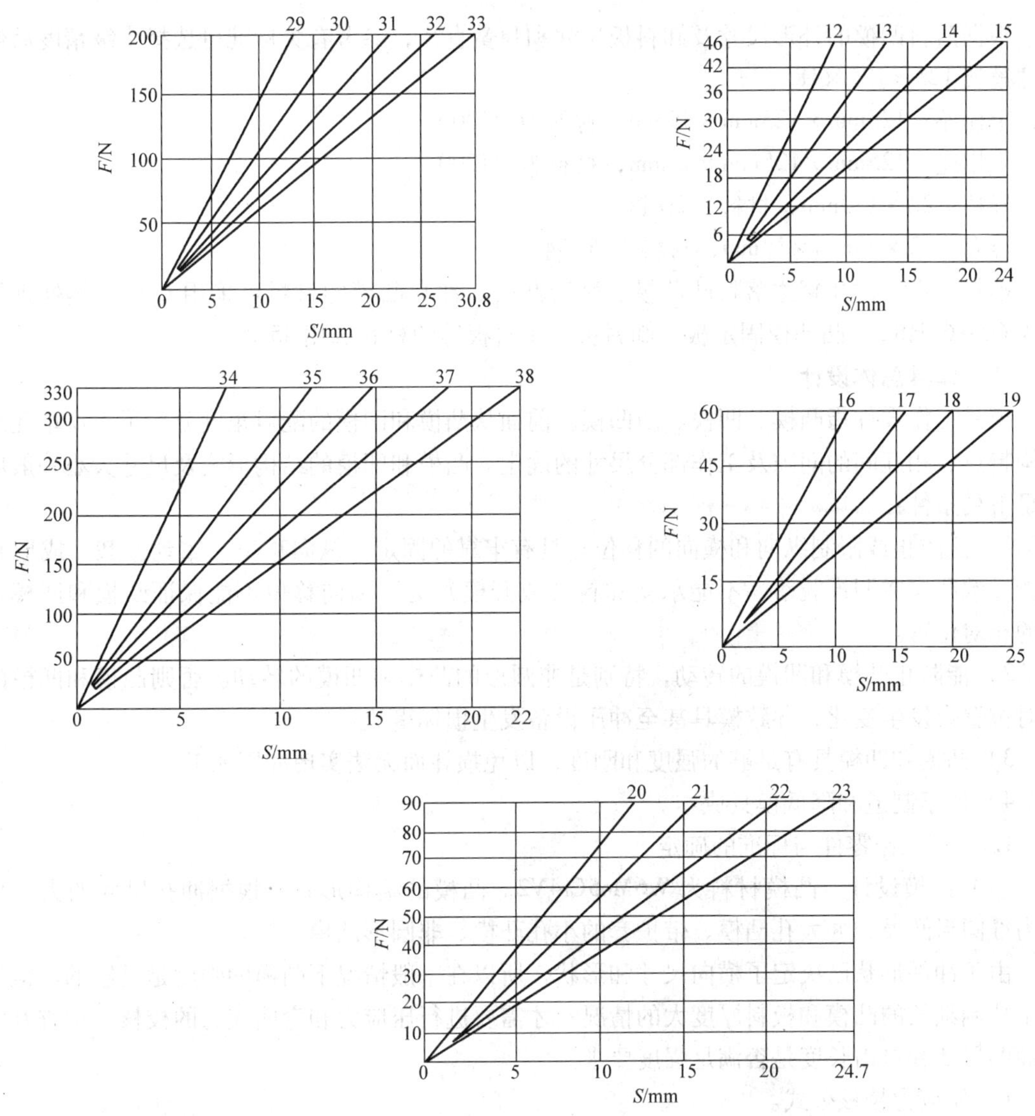

图 5-15　弹簧负荷 F 与行程 S 曲线图

故选取 22 号弹簧，外径 $D=12\text{mm}$，钢丝直径 $d=1.6\text{mm}$，自由状态下高度 $H_{自由}=50\text{mm}$。

弹簧装配高度 $H_2=H_{自由}-S_{预}=50\text{mm}-11\text{mm}=39\text{mm}$。

6. 推料弹簧的选择

推料弹簧放在推料杆的下面，当完成工作后利用弹簧将推料杆弹起可顶出裹在凸凹模上的料。该弹簧的力不要求太大，所以初定为 $\phi10\text{mm}$ 的弹簧。

根据模具结构初定为 4 根弹簧，由表 5-7 查得可选序号为 12 ~ 13 的弹簧。材料直径为 1. 2mm、节距为 3mm，其自由高度为 40mm，受最大负荷后的高度为 20. 8mm，压缩量为 19. 2mm，预压缩量为 15mm，若不符合要求可根据具体情况调整弹簧型号。

七、模架选择

该模具的结构简图如图 5-13 所示。主要由上下模座、落料凹模、冲孔翻边落料凸凹模、翻边凸模、冲孔凸模、卸料板、压料板等零件构成。

根据落料凹模的外形尺寸及卸料板尺寸和弹簧直径，参考有关标准可选择Ⅰ级精度后侧导柱模架125×125×185。

上模座：125mm×125mm×35mm，材料为HT200。

下模座：125mm×125mm×45mm，材料为HT200。

导柱：22×150mm，材料为20钢。

导套：22×85mm×33mm，材料为20钢。

落料凹模、冲孔翻边落料凸凹模、翻边凸模、冲孔凸模的材料可采用Cr12，热处理硬度为60～64HRC。凸凹模固定板、卸料板、压料板等的材料选用45钢。

八、模具总体设计

模具工作零件指凸模、凹模、凸凹模。前面从凸模和凹模的配对角度分析了工作单元的结构特点、相互间的间隙及工作部分尺寸的确定。凸模和凹模的结构形式及尺寸大小一般应满足下列条件：

1）能防止或限制纵向和横向的移位，具有牢靠的固定。纵向移位（窜动冲裁、成形），可能导致凸模或凹模脱落，不能承受卸料（或开模）力。横向移位不能保证凸模和凹模正确的相对位置。

2）能防止凸模和凹模的转动，特别是非圆形的凸模和凹模的转动。否则凸模和凹模的相对位置会发生变化，导致模具甚至冲压设备发生损坏事故。

3）凸模和凹模具有足够的强度和刚度，以免损坏而无法实现冲压加工。

4）便于制造和降低模具成本。

1. 成形工作零件与标准的确定

（1）凸模设计　凸模材料为W6Mo5Cr4V2。凸模的结构形式：根据冲孔尺寸的大小可分为准圆形凸模、冲大孔凸模、带护套的小孔凸模、非圆形凸模。

由于冲件形状已决定了横向尺寸和形状，所以在一般情况下凸模的强度是足够的。但是对于特制细长的凸模和板料厚度大的情况，才需要进行压应力和弯曲应力的校核，检查其危险面的尺寸和自由长度是否满足强度要求。

1）压应力校核公式。

圆形凸模直径　$d_{min} \geqslant 4t\tau/[\sigma_{压}]$

非圆形凸模截面积　$A_{min} \geqslant F/[\sigma_{压}]$

2）弯曲应力的校核。

① 无导向装置。圆形凸模 $L_{max} \geqslant 95d^2/\sqrt{F}$；非圆形凸模 $L_{max} \leqslant 425\sqrt{I/F}$

② 带导向装置。圆形凸模 $L_{max} \geqslant 270d^2/\sqrt{F}$；非圆形凸模 $L_{max} \leqslant 1200\sqrt{I/F}$

式中　d_{min}——凸模最小直径（mm）；

t——材料厚度（mm）；

τ——材料抗剪强度（MPa），其值可由表5-3查得；

A_{min}——凸模最窄处的截面积（mm^2）；

F——冲裁力；

$\sigma_{压}$——凸模材料的许用压力（MPa），其值可由表5-3查得；

d——凸圆最小直径（mm）；

I——凸模最小截圆的惯性矩（mm^4）。

垫片的冲孔翻边凸模中直径为 $\phi 20mm$ 的圆形凸模可参照 JB/T 8057. 2—1995 选取 B 型凸模，凸模基本尺寸为 $\phi 20mm$。

在此选用的冲孔凸模，既不属于细长杆，又不属于板料厚的零件，所以凸模的强度足够，不需进行压应力和弯曲应力的校核。

对垫片的冲孔凸模，即直径为 $\phi 6mm$ 的圆形凸模，可以根据工作实际情况设计其结构，且需要校验。

校验如下：因为工件材料为黄铜，查表 5-3 得 $\tau = 240MPa$，$\sigma_{压} = 100MPa$。

$$
\begin{aligned}
d_{min} &\geqslant 4t\tau / [\sigma_{压}] \\
&= (4 \times 0.5 \times 240/100)mm \\
&= 4.8mm
\end{aligned}
$$

因为 $d_{min} = 6.075mm \geqslant 4.8mm$，所以此直径是合格的。

$$
\begin{aligned}
L_{max} &\geqslant 95d^2/\sqrt{F} \\
&= (95 \times 6^2/\sqrt{11760})mm \\
&= 31.54mm
\end{aligned}
$$

因为 L 为 55mm，所以此长度是符合弯曲强度的。

冲孔凸模采用凸模固定板固定，凸模与固定板是紧配合（H7/m6），上端带台肩，以防拉下。

（2）凹模设计　凹模的材料为 Cr12MoV。

1）凹模结构：分为整体式和镶拼式两种，外形一般为圆形或矩形，且带有锥度或直面。为增加刚性，凹模的厚度和外形尺寸都比普通冲裁模大，凹模镶拼结构常用于大型冲裁模、冲件形状不易制造及有易损部分的级进冲模。

2）凹模刃口形式：分别为直壁式和锥形刃口。对于锥形刃口凹模，冲裁件或废料容易通过，凹模磨损后的修磨量较小，但刃口强度较低，刃口尺寸在修磨后略有增大，适合于形状简单、精度要求又高、材料厚度较薄工件的冲裁。而直壁式刃口凹模的刃口强度较高，修磨后刃口尺寸不变，但孔口容易积有工件和废料，推件力大且磨损大，适合于形状复杂且加工精度要求较高工件的冲裁。

3）凹模的固定方式：一种是锥面定位，螺钉将凹模紧固在模座的凹模内，用销钉防转，这种结构定位可靠，重复精度高，但加工复杂，适合于中、小型模具；另一种是用销钉定位，螺钉紧固，多用于大型精冲模，其结构简单，装配时凸、凹模容易对中，但重复精度不高，抗侧力差。

垫片复合模具是小型模具，而且垫片形状复杂，且加工精度要求高，因此凹模和凸凹模采用整体式结构，凹模刃口采用直壁式刃口。由于加工条件有限，选用平放式后侧导柱模架，凹模的固定采用第二种方式，即用销钉定位、螺钉紧固的固定方法。

凹模的高度和厚度可通过经验公式计算。

凹模高度计算公式如下

$$
\begin{aligned}
h &= k \times d \\
&= 0.3 \times 50mm \\
&= 15mm
\end{aligned}
$$

凹模厚度计算公式如下

$$
\begin{aligned}
c &= (1.5 \sim 2)h \\
&= (1.5 \sim 2) \times 15\text{mm} \\
&= 22.5 \sim 30\text{mm}
\end{aligned}
$$

式中 h——凹模高度（mm）；

k——系数；

d——最大直径（mm）；

c——凹模厚度（mm），标准值 c 大于等于 30 ~ 40。

由于结构需要选取凹模高度 $h = 34$mm，凹模厚度 $c = 60$mm。

凹模高度和凹模厚度是通过计算选取的，可以保证凹模有足够的强度和刚度，因此不再进行强度校核。

（3）凸凹模 凸凹模存在于复合模中，凸凹模内外缘均为刃口，内外壁之间的壁厚决定于冲裁件的尺寸，不像凹模那样可以将外缘轮廓尺寸扩大，所以从强度考虑，壁厚受到限制。凸凹模的最小壁厚受冲裁结构的影响，凸凹模装于上模时，内孔不积存废料，胀力小，最小壁厚可以小一些；凸凹模装于下模时（倒装复合模），柱形孔口，内孔积有废料，胀力大，最小壁厚要大些。目前，凸凹模的最小壁厚值一般按经验数据决定。

不积聚废料的凸凹模的最小壁厚为：

1）对于黑色金属等硬材料的工件约为工件料厚的 1.5 倍，但不小于 0.7mm。

2）对于有色金属等软材料的工件约等于工件料厚，但不小于 0.5mm。

积聚废料时凸凹模的最小壁厚见表 5-10。

表 5-10 凸凹模的最小壁厚 *a*

料厚 t/mm	0.4	0.5	0.6	0.7	
最小壁厚 a/mm	1.4	1.6	1.8	2.0	
料厚 t/mm	0.8	0.9	1.0	1.2	
最小壁厚 a/mm	2.3	2.5	2.7	3.2	

垫片复合模采用倒装复合模，凸凹模内孔有废料积聚，查表 5-10 可得凸凹模的最小壁厚为 1.6。由工件图可知，凸凹模的壁厚为 2mm，因此大于最小壁厚，满足要求。

2. 定位零件的确定

定位零件的作用是使条料或毛坯冲裁在正确的位置，从而保证冲出合格的制件，根据毛坯和模具不同的特点，必须采用不同形式的定位装置，冲模中常见的定位零件有定位板、定位销、挡料销、导料销，侧压板等。

对于带有弹压卸料板的复合模，若采用活动挡料销，在冲件时活动挡料销随凹模的下行而压入孔内，工作方便，但是要求弹压卸料板较厚。对于弹压卸料板较薄的板料，如果采用固定挡料销的形式，可在凹模的相应位置留出空间，同时满足冲件要求，而且经济性好，因此选用固定挡料销。参照 JB/T 7649.10—1994 选择 A 型固定挡料销，材料为 45 钢，基本尺寸为 $d4$，热处理硬度 43 ~ 48HRC。

3. 卸料装置的确定

压料板兼有压料和卸料两大作用，它可在冲压开始时起压料作用，结束后起卸料作用，主要用于冲薄料和要求制件平整的冲模中，其弹力可用弹簧或橡胶获得，也可以通过顶杆安装在下模座或压力机工作台下面的弹顶器或气垫获得。

弹压卸料板与凸模间的单边间隙随料厚不同而分别取 0.05mm（$t<0.5$mm）、0.10mm（t 为0.5～1mm）和 0.15mm（$t>1$mm）。当用弹压卸料板为冲模导向时，凸模与卸料板孔的配合取 H7/h6。弹压卸料板受弹簧、橡胶等零件的限制，卸料力小，主要用于料厚在1.5mm 以下薄件的卸料工作。

4. 导向装置的种类及标准的确定

模具中导向副的作用是保证上模相对于下模有一定的位置关系，分为滑动导向副和滚动导向副两类。

滑动导向副由导柱，导套组成，在中、小型模具中应用广泛。

滚动导向副由导柱、导套和钢球、保持圈组成，适于精度要求高且寿命长的模具，如高速冲裁模、精密冲裁模、硬质合金冲裁模等。

由于滚动导向副与滑动导向副相比，在滚动式导套的导柱间多了一层装在保持圈内的钢球作为滚动体，使原来的滑动摩擦变为滚动摩擦，摩擦系数小，提高模具导向副的使用寿命，但是滚动导向副的价格高，对于小批量生产的爪垫片来说，滑动导向副就能满足生产要求，与滚动导向副相比成本低，因此采用滑动导向副。

5. 推件装置的设计（顶料杆）

把制件或废料从装于上模座的凹模中推出来的零件，称为推件装置。推件装置的推力，可以利用压力机上的顶杆在顶杆横梁作用下得到，或利用上模内安装的弹簧或橡胶得到。顶件装置的顶力一般利用橡胶、弹簧或气垫顶件得到。

推件器要在能保证平稳推下制件的前提下，尽量减少受力点，为使推件力均匀分布，推件要均匀分布，且长度一致。因此，在垫片冲模中选用了四根长度一致的推件（即圆柱销）均匀分布在圆周上，推出制件。

6. 固定与支承零件的确定

（1）模柄的确定　中、小型冲模通过模柄将上模固定在压力机的滑块上，模柄的结构形式较多，主要有旋入式、压入式、凸缘式、浮动式。

凹球面模柄与凸球面垫块连接装入压力机滑块后，允许模柄有少许倾斜，可以减少滑块误差对模具导向精度的影响，一般用于带有导向装置的高精度模具。其缺点为在安装时，冲模中心很难对正滑块中心，不能纠正滑块与模柄轴心线之间的偏离。浮动式模柄适用于精冲模具，而压入式模柄与上模座孔采用 H7/js6 配合，并加销钉防转，模柄轴线与上模座的垂直度好，适用于小型冲模，在生产中常用。总体来说，选用压入式模柄较符合此模具。

（2）固定板的设计与标准　固定板用于中、小型凸模或凹模固定在模座上，按外形可分为圆形和矩形两种。其平面轮廓尺寸除应保证凸、凹模安装孔外，还应考虑螺钉和销钉孔的定位，厚度一般为凹模厚度的60%～80%。固定板孔与凸、凹模安装孔采用过渡配合（H7/m6）。压装后端面磨平，以保证冲模的垂直度。

（3）垫板的设计与标准　垫板主要用于直接承受和扩散凸、凹模传来的压力，防止模座承受过大压力而出现凹坑，影响模具正常工作。模具是否用垫板根据模座承受压力大小来确定，凸（凹）模支承端面对模座的单位压力为

$$\sigma = P/A$$

式中 P——冲裁力；

A——凸（凹）模支承端面面积。

σ 小于等于模座许用应力［σ］。另外应在凸（凹）模与模座间加经淬硬磨平的垫板，垫板厚度一般为 6 ~ 12mm，外形尺寸按固定板的形状决定。

7. 模架的种类及规格的确定

模架有专用模架，也有通用模架，采用通用模架可以缩短模具的设计与制造周期，节约模具材料，降低成本，甚至可以减少安装和更换模具的时间，特别适用于小批量、多品种、中小尺寸系列零件的生产。

模架有普通冲裁模架和精冲裁模架，经过选择比较，精冲裁模架的模座较厚较大，若在垫片复合模中使用造成极大浪费。因此选用普通冲裁模架以满足使用要求，可降低成本。

根据垫片复合模的结构，选用后侧导柱模架。

8. 绘制模具总体结构草图

九、冲压设备的选择

冲压设备是根据所完成冲压工艺的性质、生产批量的大小以及冲压件的几何尺寸和精度来选择的。单柱固定台压力机技术规格见表 5-11。

表 5-11 单柱固定台压力机技术规格

型 号		JT1 ~ 5	IJ11 ~ 16	JT11 ~ 50
公称压力/kN		50	160	500
滑块行程/mm		0 ~ 40	6 ~ 70	10 ~ 90
滑块行程次数/mm^{-1}		150	120	65
最大闭合高度/mm		170	226	270
闭合高度调节/mm		30	45	75
滑块中心至床身的距离/mm		100	160	237
工作台尺寸/mm	前后	180	320	440
	左右	320	450	650
垫板厚度/mm		30	50	70
模柄孔尺寸/mm	直径	25	40	50
	深度	40	55	80

选择压力机的型号和规格时必须满足如下要求：

1）压力机的公称压力为冲压力的 1.6 ~ 1.8 倍，如

$$F_{公} = 1.8F_{冲} = 1.8 \times 53.58 = 97\text{kN}$$

2）模具的闭合高度应在压力机的最大闭合高度和最小闭合高度之间。

3）压力机的滑块行程必须满足制件的要求。

4）为了便于模具安装，压力机工作台面的尺寸应大于模具下模座要求，一般每边大于 50 ~ 70mm。台面上的孔应能保证工件或废料漏卸。

对于冲制垫片这类零件的小型冲裁模具，主要采用机械压力机。根据现有条件，垫片复合模选用单位固定台压力机 IJ11 ~ 16。

十、模具图样设计

1）绘制模具总图。

2）绘制非标零件图。

3）列出备料清单。标准件的清单见表5-12，非标准件的清单见表5-13。

表5-12　标　准　件　　（单位：mm）

<table>
<tr><th>序号</th><th>零件名称</th><th>实际尺寸</th><th>数量</th><th>材料</th><th>硬度（淬火）</th><th>国　标</th></tr>
<tr><td>1</td><td>上模座</td><td>215×200×30</td><td>1</td><td>HT200</td><td>调质28~32HRC</td><td>GB/T 2855.6—1990</td></tr>
<tr><td>2</td><td>下模座</td><td>215×200×40</td><td>1</td><td>HT200</td><td>调质28~32HRC</td><td>GB/T 2855.6—1990</td></tr>
<tr><td rowspan="3">3</td><td rowspan="3">圆柱头内六角螺钉</td><td>M8×40</td><td>4</td><td rowspan="3">45</td><td rowspan="3">35~40HRC</td><td rowspan="3">GB/T 70.1—2000</td></tr>
<tr><td>M8×35</td><td>4</td></tr>
<tr><td>M8×25</td><td>4</td></tr>
<tr><td rowspan="2">4</td><td rowspan="2">卸料螺钉</td><td>M8×50</td><td>4</td><td>45</td><td>35~40HRC</td><td rowspan="2">JB/T 7650.5—1994</td></tr>
<tr><td>M8×70</td><td>4</td><td>45</td><td>35~40HRC</td></tr>
<tr><td rowspan="3">5</td><td rowspan="3">圆柱销</td><td>ϕ6×40</td><td>2</td><td rowspan="3">45</td><td rowspan="3">43~48HRC</td><td rowspan="3">GB/T 119.2—2000</td></tr>
<tr><td>ϕ6×45</td><td>2</td></tr>
<tr><td>ϕ6×35</td><td>2</td></tr>
<tr><td>6</td><td>挡料销</td><td>ϕ4×8</td><td>3</td><td>45</td><td>43~48HRC</td><td>GB/T 1298—1986</td></tr>
<tr><td>7</td><td>压入式模柄</td><td>ϕ40×100</td><td>1</td><td>Q235</td><td>43~48HRC</td><td>GB/T 700—2006</td></tr>
<tr><td>8</td><td>导套</td><td>ϕ33×85</td><td>2</td><td>T10</td><td>渗碳深度0.8~1.2
58~62HRC</td><td>GB/T 2861.6—1990</td></tr>
<tr><td>9</td><td>导柱</td><td>ϕ22×105</td><td>2</td><td>T10</td><td>渗碳深度0.8~1.2
58~62HRC</td><td>GB/T 2861.1—1990</td></tr>
<tr><td rowspan="3">10</td><td rowspan="3">弹簧</td><td>D25×30</td><td>4</td><td>65Mn</td><td>40~48HRC</td><td rowspan="3">GB/T 2089—1994</td></tr>
<tr><td>D12×50</td><td>4</td><td>65Mn</td><td>40~48HRC</td></tr>
<tr><td>D10×40</td><td>4</td><td>65Mn</td><td>40~48HRC</td></tr>
</table>

表5-13　非标准件　　（单位：mm）

序　号	零件名称	实际尺寸	数　量	材　料	硬度（淬火）
1	垫板	135×135×20	1	45	
2	凸凹模固定板	135×135×25	1	45	
3	顶料杆垫板	15×15×6	1	45	
4	凸模固定板	135×135×30	1	45	
5	压料板	ϕ60×20	1	T10A	
6	落料凹模	135×135×50	1	45	
7	弹压卸料板	135×135×20	1	45	
8	凸凹模	ϕ80×80	1	Cr12MoV	58~62HRC
9	顶料杆	ϕ15×80	4	T8A	
10	凸模	ϕ15×70	4	Cr12MoV	58~62HRC
11	凸模	ϕ40×80	4	Cr12MoV	58~62HRC

由于冲模的主要零件是成套性的单件、小批量生产，因此加工方法根据加工条件的改变而改变。在加工落后的条件下，模具的加工主要依靠普通机械加工并配合钳工修配完成。随着科学技术的发展，模具的加工制造技术也有了很大的进步，由一般的机械加工方法，发展到以数控机床加工为主的现代化模具加工方法，逐渐地实现模具计算机辅助设计和制造（CAD/CAM）。

十一、工艺过程卡的编写

1. 下模座（见表5-14）

表5-14 下模座工艺过程卡 （单位：mm）

工艺过程卡					
零件名称	下模座	零件编号	1		
材料	HT200	件数	1		
序号	工序名称	加工简要说明	工时	设备	工艺简图
1	毛坯	买来标准件			
2	钳工	划线。用坐标镗床或钻床按图样尺寸加工孔 $\phi22^{+0.12}_{0}$mm、4×ϕ7、4×ϕ10mm通孔，翻转下模座4×ϕ10mm通孔锪孔4×ϕ13mm深22mm，钻孔ϕ10mm深35mm。与凸凹模座固定板合在一起配作2×ϕ6mm销孔（H7），钻4×M8mm螺纹孔	2.5h	坐标镗床 钻床 Z512B 钻床 铰刀 丝锥	
日期			零件质量等级		

2. 压入式模柄（见表5-15）

表5-15 压入式模柄工艺过程卡 （单位：mm）

工艺过程卡						
零件名称	压入式模柄	零件编号	14	件数	1	
材料	Q235	毛坯	ϕ60×120			
序号	工序名称	加工简要说明		工时	设备	工艺简图
1	备料	ϕ60×120				
2	车削	粗车外圆至ϕ50mm高6mm、ϕ45mm高30mm、ϕ40mm高64mm，留0.5~0.6mm的磨削余量	30min	车床		
3	外圆磨	磨削外圆表面，保证尺寸ϕ45mm、ϕ40mm	1h	外圆磨床		
4	热处理	调质	2h			
日期			零件质量等级			

十二、冲压模具的寿命

模具由于磨损或其他形式的失效，终致不可修复而报废之前所加工的冲压件数，称为模具寿命。

冲压模具寿命有两重含义：第一，凸、凹模每一次复磨后，冲出的最大零件数称为修磨寿命；第二，凸、凹模从开始使用到不能修复时所加工冲压件的总数称为模具总寿命。

1. 模具寿命的影响因素

1）冲压工艺及冲模设计对模具寿命的影响。冲制不同材料或料厚对模具寿命的影响较大；不必要的往复送料排样法和过小的搭边值是造成模具急剧磨损和凸凹模啃伤的重要原因；模具结构形式对模具寿命有一定影响，整体式模具不可避免地存在凹凸转角，很容易产生应力集中，并出现开裂；模具几何参数对模具寿命的影响；零件的加工难度越大，模具寿命越低。

2）模具材料及其热处理：应根据被冲材料的种类，选择模具工作原件的材料，即协调好耐磨性、强度与韧性的关系，以得到较高的模具寿命。

3）模具制造质量：模具制造时，间隙、同轴度、平行度等形位公差和表面粗糙度对模具寿命影响极大。

4）模具加工工艺对模具寿命的影响：切削加工中若出现尺寸超差、尺寸过渡处没用圆角连接或表面粗糙度不符合要求等；磨削中出现磨削烧伤或磨削裂纹；电加工中的烧伤层中存在较大的拉应力，当烧伤厚度较大时会出现显著裂纹，将严重降低模具的疲劳强度、热疲劳抗力、韧力和断裂力等。

5）冲制零件不同的润滑方式影响模具寿命。

2. 寿命的评估原则

模具寿命的评估是一个综合性的问题，它包括技术性和经济性两方面含义，主要考虑以下几方面：

（1）磨损程度　凸模和凹模刃口磨损的金属体积及金属量。

（2）零件毛刺高度　模具零件周边未去除的多余金属。

（3）冲裁面质量　在冲裁面上，光洁面所占的比例。

（4）冲件成本　凸、凹磨一次复磨后，可能冲出的零件数。

十三、模具装配与调试

对于导柱复合模，一般先安装上模，然后找正下模中凸凹模的位置，按照冲孔凹模型孔加工出顶杆孔，这样既可以保证上模中推件装置与模柄中心对正，又可避免顶杆错位，而后以凸凹模为基准分别调整落料与冲孔的间隙，使之均匀，再安装其他零件。

安装顺序如下：

1）组件装配：模架的组装，模柄的装入，凸模及凸凹模在固定板上的组装。

2）总装配：先装上模，再以上模为基准装下模。

3）调整凸凹模的间隙。

4）安装其他辅助零件。

5）检查、试件。

装配过程见表5-16。

表 5-16 装配过程

序号	工　序	工艺说明
1	检查零件及组件	检查冲模各零件及组件是否符合图样要求，并检查凸凹模间隙的均匀程度，各辅助零件是否配齐
2	装配上模	1）将上模座 18 上要加工的孔加工完后，把压入式模柄 14 用压力机压入上模座 18，并将其底面磨平，防止上模对垫板压力不均匀
		2）翻转上模座 18，把冲孔凸模 17 放进垫板 19 台阶上，垫板 19 放在上模座 18 上，再将四个冲 ϕ6mm 孔的凸模 12 压入凸模固定板上，并装上卸料螺钉和弹簧与压料板相连，检查压料板的灵活程度
		3）将固定好凸模的凸模固定板 11 和落料凹模 23 合在一起作钻定位孔
		4）再将固定好的凸模固定板和落料凹模与上模座合在一起定位钻孔
		5）拆开后分别进行扩孔、铰孔，然后再用螺钉连接起来，用压板压紧，打入销钉
3	装配下模	1）在下模座 1 上放凸凹模固定板 26，装入凸凹模 5
		2）合上冲模，根据上模找正凸凹模 26 正确位置，并加工出顶杆孔螺纹孔，用螺钉连接起来
		3）按照凸凹模 26，精确找正冲孔凸模 12、17 位置。保证凸凹模 33 与冲孔凸模间隙均匀后，紧固螺钉，用压板压紧，钻销孔，打入销钉
		4）安装弹压卸料板 24，卸料螺钉 2，弹簧 25
		5）安装其他零件，顶杆 29，顶杆弹簧 4
4	试冲与调整	1）切纸试冲
		2）装机试冲

第二节　塑料模具设计实例

本节介绍双分型面塑料注射模具的设计实例。图 5-16 所示为塑料工艺品盒，塑件所用材料为 ABS。

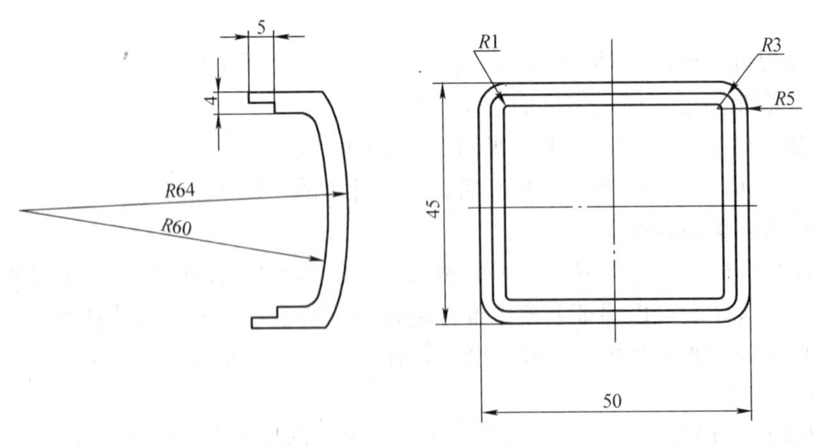

图 5-16　塑件图

以下为该塑料工艺品盒模具的设计方案。本方案系统地介绍了塑料工艺品盒模具中的各个零部件的加工工艺过程及整套模具的装配和使用。其中，涉及注射机各种参数的选取、零部件的加工方法、注射模的结构及相关的计算问题、特种加工工艺等方面内容。本设计在保证加工质量的前提下，尽量做到在提高生产率的同时把生产成本降到最低。

一、塑件材料的分析

ABS属于热塑性塑料，它的综合性能较好，冲击强度高，化学稳定性、电性能良好。ABS适于制作一般机械零件，如减摩耐磨零件、传动零件和电讯零件。

ABS的塑件脱模斜度：型腔为40′~1°20′，型芯为35′~1°。ABS的加工性能见表5-17。

表5-17　ABS的加工性能

缩写	密度/(g/cm³)	计算收缩率（%）	注射压力/MPa	适用注射机类型
ABS	1.03~1.07	0.3~0.8	60~100	螺杆、柱塞式均可

综合上述条件，又根据常用热塑性塑料的成型条件可进行如下计算：

塑件的质量计算：

$$(5\times4.5\times1.91)\text{cm}^3=42.975\text{cm}^3$$
$$(4.2\times3.7\times1.51)\text{cm}^3=23.465\text{cm}^3$$
$$42.975\text{cm}^3-23.465\text{cm}^3=19.51\text{cm}^3$$
$$19.51\text{cm}^3\times1.07\text{g/cm}^3=20.88\text{g}$$

冷凝料的质量计算：

$$(0.55\times\pi\times2)\text{cm}^3=3.454\text{cm}^3$$
$$(1\times\pi\times2.3)\text{cm}^3=7.222\text{cm}^3$$
$$(0.3\times0.4\times4.5)\text{cm}^3=0.54\text{cm}^3$$
$$3.454\text{cm}^3+7.222\text{cm}^3+0.54\text{cm}^3=11.216\text{cm}^3$$
$$11.216\text{cm}^3\times1.07\text{g/cm}^3=12\text{g}$$

计算可知，一次注射量至少需要20.88g+12g=32.88g ABS塑料，才可成型该工艺品盒。

二、注射机的选用

塑料的种类很多，其成型的方法也很多，有注射成型、压缩成型、压注成型、挤出成型等。注射成型所用模具称为注射成型模具，简称注射模。注射模主要应用于成型热塑性塑料，因此该ABS材料的工艺品盒用注射成型为最佳。注射成型所用的设备是注射机。

1. 注射机类型的选择

根据对塑件的分析，可选用XS-Z-60型热塑性塑料注射机。

该型号的注射机顶杆直径为ϕ38mm，所以应在模具的动模固定板上加工出一个大于该直径（如ϕ40mm）的孔，以便顶出工件。

2. 注射部分的选择

（1）注射压力的校核

$$p_{公}\geqslant p_{注}$$

式中　$p_{公}$——注射机的最大注射压力（MPa）；

$p_{注}$——塑件成型所需的实际注射压力（MPa）。

$$122\text{MPa}\geqslant60\sim100\text{MPa}$$

（2）模具浇口套上的主流道入口直径及球面半径的计算

$$D_2=D_1+(0.5\sim1)\text{mm}=4+0.5=4.5\text{mm}$$
$$R_2=R_1+(1\sim2)\text{mm}=12+1=13\text{mm}$$

式中 D_2——主流道入口直径（mm）；

D_1——喷嘴注口直径（mm）；

R_2——模具浇口套球面半径（mm）；

R_1——喷嘴球面半径（mm）。

3. 合模部分的选用

（1）锁模力的校核：$F_{锁} \geqslant K_{损} p_{注} A_{分}$

式中 $F_{锁}$——注射机的额定锁模力（N）；

$p_{注}$——塑件成型所需的实际注射压力（Pa）；

$K_{损}$——注射压力到达型腔的压力损失系数，一般取0.34~0.67；

$A_{分}$——塑件及浇注系统等在分型面上的投影面积（m^2）。

$$500000\text{N} \geqslant 0.67 \times 10^7 \times 0.005\text{Pa} \times 0.0045\text{m}^2 = 1507.5\text{N}$$

经计算，锁模力合格。

（2）模具闭合厚度及开模行程的校核：$H_{min} \leqslant H_m \leqslant H_{max}$

式中 H_{min}——可装模具的最小厚度；

H_m——模具闭合厚度（该模具闭合厚度为190mm，可查阅“三、模具设计详解”）；

H_{max}——可装模具最大厚度。

$$70\text{mm} \leqslant 190\text{mm} \leqslant 200\text{mm}$$

经计算，模具的闭合厚度合格。

XS-Z-60型热塑性塑料注射机的模板行程为180mm，大于设计模具的最大开距（90mm）。因此，该注射机可达到设计要求之用。

三、模具设计详解

模具的装配简图如图5-17所示。

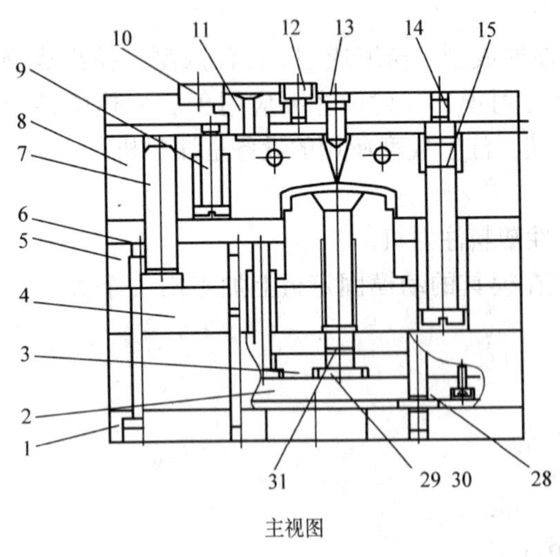

主视图

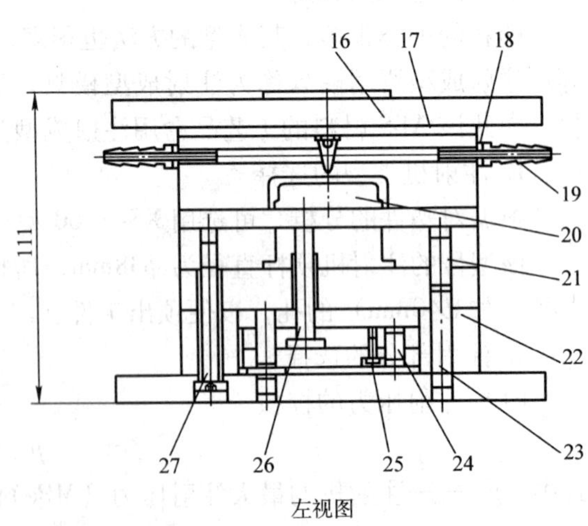

左视图

图5-17 模具的装配简图

1—动模固定板 2—推板 3—推杆固定板 4—支承板 5—动模板 6—推件杆 7—带头导柱 8—型腔 9、14—定距螺钉 10—定位圈 11—浇口套 12、25、27—内六角螺钉 13—拉料杆 15、31—弹簧 16—定模固定板 17—垫板 18—铜垫片 19—水嘴 20—型芯 21、23、24—销子 22—支脚 26—推杆 28—推板导柱 29—盘形顶杆 30—盘形顶杆头前述已知，该设计要应用注射模加工。根据对工艺品盒零件图的分析，可采用中小型模架标准（GB/T 12556—2006）中派生组合类型的模架标准，它是以点浇口和多分型面为主的结构形式，其代号取P。派生组合中动、定模固定板的连接方式（如采用螺钉、定距拉杆或定距拉板等）由承制单位自定。模具中各种零部件的具体尺寸要求可见模具装配图或零件图。

一般注射模可由以下几个部分组成：浇注系统、导向机构、脱模机构、侧向分型机构与抽芯机构、加热和冷却系统及其他零件。

对该工艺品盒注射模具的基本设计如下：

1. 成型部分

（1）分型面的确定　塑件分型面决定了模具的基本结构和飞边产生的位置，根据该塑料工艺品盒的形状要求，外表面要求精美、无明显的毛刺，所以将分型面选择在零件的止口处。这样不会影响塑件外观，既有利于脱模（应使分型面在塑料件开模时留在有脱模机构的一边，通常是在动模一侧）和排气，又使模具的加工制造更容易。

（2）型腔数的确定　设计为一模一腔。

（3）成型零件　包括定模（凹模）、动模（凸模）和型芯等零件。在注射时这类零件直接接触塑料成型制品。其精度要求较高，是注射模的核心零件。

凹模主要成型塑料件的外部形状。由于该工艺品盒的形状比较简单，尺寸也较小，所以采用整体式凹模。它是由整块金属材料直接加工而成的。这种形式的凹模结构简单，牢固可靠，不容易变形，成型的塑料件质量较好。由于零件技术要求中要求塑件的外观精美，无明显的毛刺，所以用特种加工中的电火花加工较好。

凸模主要成型塑料件的内部形状，一般固定在动模上。根据对该塑件进行整体分析，知其内形比较简单，深度不大，可以采用整体式凸模。整体式凸模的结构简单牢固，成型塑料件的质量好。在实际的加工中，采用了特种加工中的线切割加工方法，这样保证了圆弧半径、内圆弧角尺寸要求及对称度等技术要求。最后，用抛光机对凸模进行了表面抛光处理，使得塑料制件的内壁光滑、美观。它与动模板的配合为H7/m6。

2. 浇注系统

浇注系统是指模具中从注射机喷嘴开始到型腔为止的塑料流动通道，由主流道、分流道、浇口及冷料井组成，零件主要包括定位圈、浇口套等。浇注系统是注射机料筒内的熔融塑料填充到模具型腔内的通道，同时起到传递压力的作用。

（1）浇注套（浇口套）　由于主流道要与高温塑料及喷嘴接触和碰撞，所以模具的主流道部分经常设计成可拆卸更换的主流道衬套，简称浇注套或浇口套，以便选用优质钢材单独加工和热处理。

（2）点浇口　一般点浇口又称针浇口、橄榄形浇口或菱形浇口，它是一种尺寸很小的直接浇口的特殊形式。点浇口因为直径很小（一般为0.5～1.5mm），所以去除浇口后残留痕迹小，开模时浇口可自动拉断，有利于自动化操作。

（3）冷料井设计　是用来储藏注射间隔期间产生的冷料头的，防止冷料进入型腔而影响塑件质量，并使熔料能顺利地充满型腔。该模具的冷料井形状为直径ϕ10mm、厚为3mm的小圆柱型腔。

（4）拉料杆　由于塑料凝料在开模时冷凝在主流道中，应用拉料杆就可以将其从中拉出。该模具选用了球形拉料杆，这种形式主要应用于推板顶出机构。当塑料进入冷料井后，紧包在拉料杆的球形头上，开模时即可将主流道凝料从主流道中拉出。拉料杆的尾部固定在定模固定板上，当垫板运动时可将凝固在球头上的冷凝料刮下来，实现了冷凝料自动脱落的过程。

3. 脱模机构

注射机的脱模机构又称顶出机构，由顶出塑料件所需的全部结构零件组成，如顶杆、顶杆垫板、顶杆固定板等零件。脱模机构工作时应便于脱出塑件，且不允许有塑件变形、破裂和刮伤等现象。其机构要求灵活、可靠，并且更换、维修方便。

（1）顶杆　是为了从模具型腔内把塑料件顶出来的杆件。

（2）推板　是为了从模具型腔内把塑料件顶出来的板件，常用于盒类零件的顶出。推板顶在塑料件的四周边缘，顶出力大，方便可靠。

在该套模具中同时应用了盘形顶杆和推板两种形式，组成了脱模结构。盘形顶杆由两部分组成，其中的顶杆头带有60°的锥度，它和型芯中的内锥相配合，并用其前端的圆弧面顶出塑件。而且，在盘形顶杆上应用了弹簧装置，提高了顶出时的平稳程度，也起到了有效的缓冲作用。这样，盘形顶杆不但可以脱出塑件，还可以起到一定的复位作用。即当注射机的螺杆推动模具的推板和推杆固定板沿推板导柱运动时，盘形顶杆受推力也向前顶出塑件，其上的弹簧受力被压缩，与此同时，推板也在型芯上作滑动运动，顶住塑件的四边，在推杆的作用下把塑件从型芯上脱下来，以完成脱件的过程。塑件脱落后，注射机回程时，盘形顶杆上弹簧的压缩力得以释放，推动模具的推板回程，达到复位的作用。

4. 冷却及加热机构

冷却及加热机构主要包括冷却水嘴、水管通道、加热板等，主要作用是调节模具的温度，以保证塑料件的质量。加热系统主要应用于熔融黏度高、流动性差的塑料。本模具不需要加热机构，只需要冷却机构。

一般注射到模具内的塑料温度为200℃左右，而塑料固化后从模具型腔中取出时其温度在60℃以下。热塑性塑料在注射成型后，必须对模具进行有效的冷却，使熔融塑料的热量尽快地传给模具，以便使塑料冷却定型并可迅速脱模，提高塑件定型质量和生产率。

该模具采用了较简单的冷却系统——流道式冷却水冷却装置。在型腔上钻出冷却水孔，可利用加长钻头进行加工，根据规定水孔边离型腔的距离设计为10mm，直径为ϕ8mm。水孔两端与水管接头用螺纹连接，并垫以铜制密封圈，使冷却回路不至泄露。

5. 结构零件

模具的结构零件主要是固定成形零件，使其组成一体的零件。主要包括定模固定板、动模固定板、定模板和动模板等。

（1）定模固定板　固定连接定模部分并使之安装在注射机上用的板，也是镶嵌浇口套的支承板。

（2）动模固定板　固定连接动模部分并使之安装在注射机上用的板。

（3）定模板　为了镶嵌凹模（定模型芯）或直接加工成型用的板。

（4）动模板　为了镶嵌凸模（动模型芯）或直接加工成型用的板。

（5）支承板　主要是为了推（顶）板，能完成推顶动作而形成一定活动空间用的板。

模具型腔工作尺寸计算见表5-18。

表 5-18　模具型腔工作尺寸计算

尺寸部位	计算公式及过程	说　明
凹模径向尺寸	$L_M=[(1+S_{cp})L_s-3/4\Delta]^{+\delta_z}_{0}$ $=[(1+0.55\%)\times45-(3/4)\times0.2]^{+0.03}_{0}$ mm $=45.1^{+0.03}_{0}$ mm $L_M=[(1+S_{cp})L_s-3/4\Delta]^{+\delta_z}_{0}$ $=[(1+0.55\%)\times50-3/4\times0.2]^{+0.03}_{0}$ mm $=50.1^{+0.03}_{0}$ mm	式中 3/4Δ 项，系数随塑件精度和尺寸变化 L_M——凹件径向尺寸（mm）； L_s——塑件径向公称尺寸（mm）； S_{cp}——塑料的平均收缩率（%）； Δ——塑料公差值（mm）； δ_z——凹模制造公差（mm）
凹模深度尺寸	$H_M=[(1+S_{cp})H_s-2/3\Delta]^{+\delta_z}_{0}$ $=[(1+0.55\%)\times19.1-(2/3)\times0.2]^{+0.03}_{0}$ mm $=19.07^{+0.03}_{0}$ mm	式中 2/3Δ 项，有资料介绍系数为 0.5 H_M——凹模深度尺寸（mm）； H_s——塑件高度公称尺寸（mm）； δ_z——凹模深度制造公差（mm） 其余符号同上
型芯径向尺寸	$L_M=[(1+S_{cp})L_s+3/4\Delta]^{0}_{-\delta_z}$ $=[(1+0.55\%)\times46+(3/4)\times0.2]^{0}_{-0.03}$ mm $=46.4^{0}_{-0.03}$ mm $L_M=[(1+S_{cp})L_s+3/4\Delta]^{0}_{-\delta_z}$ $=[(1+0.55\%)\times41+(3/4)\times0.2]^{0}_{-0.03}$ mm $=41.4^{0}_{-0.03}$ mm $L_M=[(1+S_{cp})L_s+3/4\Delta]^{0}_{-\delta_z}$ $=[(1+0.55\%)\times37+(3/4)\times0.2]^{0}_{-0.03}$ mm $=37.3^{0}_{-0.03}$ mm $L_M=[(1+S_{cp})L_s+(3/4)\Delta]^{0}_{-\delta_z}$ $=[(1+0.55\%)\times42+(3/4)\times0.2]^{0}_{-0.03}$ mm $=42.3^{0}_{-0.03}$ mm	式中 3/4Δ 项，系数随塑件精度和尺寸的不同而变化 L_M——型芯径向尺寸（mm）； δ_z——型芯制造公差（mm） 其余符号同上
型芯高度尺寸	$H_M=[(1+S_{cp})H_s+2/3\Delta]^{0}_{-\delta_z}$ $=[(1+0.55\%)\times15.1+(2/3)\times0.2]^{0}_{-0.03}$ mm $=15.2^{0}_{-0.03}$ mm	式中 2/3Δ 项，有资料介绍系数为 0.5 H_M——型芯高度尺寸（mm）； H_s——塑件孔深度尺寸（mm）； δ_z——型芯高度制造公差（mm） 其余符号同上

6. 导向零件

导向零件主要包括导柱、导套，主要是对定模和动模起导向作用。在该套模具中，应用了带头导柱，用此种导柱可以不用导套，其导向孔直接开设在模板上，并做成通孔。另外，为了防止导柱从模板中脱出来，在导柱凸台底部需用支承板压住。

7. 紧固零件

紧固零件主要包括螺钉、销子等标准零件，其作用是连接、紧固各零件，使其成为模具整体。

模具中，动模座板、支承板、动模板、支脚采用合钻的方法，利用四个内六角螺钉和两个圆柱销连接并固定；推板、推杆固定板也采用合钻的方法，同样利用四个内六角螺钉和两个圆柱销连接并固定。圆柱销和内六角螺钉的选用参照表 5-19。

表 5-19 标准件明细表

名　　称	型　　号	件　　数	国　　标
圆柱销	$\phi8\times18$	2	GB/T 119.2—2000
	$\phi8\times30$	2	GB/T 119.2—2000
	$\phi8\times60$	2	GB/T 119.2—2000
内六角螺钉	M8×90	4	JB/T 8043.2—1999
	M4×12	4	JB/T 8043.2—1999
	M6×12	4	JB/T 8043.2—1999

四、电火花成形加工（定模型腔）

目前，特种加工广泛用于模具制造，成了模具制造中一种必不可少的加工手段。由于该塑料工艺品盒的外观要求精美，所以其型腔的制造应用了特种加工中的电火花成形加工。

电火花成形加工的原理是：工具和工件（正、负电极）之间脉冲性火花放电时，产生电腐蚀现象除去多余的金属，以达到工件的尺寸、形状和表面质量的要求。以相当高的频率连续不断地放电，工具电极不断地向工件进给，就可将工具的形状复制在工件上，从而加工出所需要的零件，整个加工表面将由无数个相互重叠的小坑所组成。

1. 尺寸精度

电火花加工时，工具电极与工件之间都存在一定的放电间隙，如果加工过程中放电间隙能保持不变，则可以通过修正工具电极尺寸来进行补偿从而获得较高的加工精度。然而，放电间隙的大小实际上是变化的。

电参数对放电间隙的影响是很大的，精加工时的单面放电间隙一般只有 0.01mm，而粗加工时的单面放电间隙可达 0.5mm 以上。

2. 形状精度

（1）斜度　电火花加工时侧面产生斜度，上端尺寸大而底端尺寸小。这是由于“二次放电”和电极损耗而产生的。

（2）圆角　采用高频窄脉冲进行精加工时，由于放电间隙小，圆角半径也可以很小，一般可以获得圆角半径小于 0.01mm 的尖棱。

3. 表面粗糙度

电火花加工的表面质量主要包括表面粗糙度、表面层组织变化及表面微观裂纹三部分。

在该套模具中型腔的加工过程中首先是用普通铣床进行粗加工，并进行孔的定位后再进行特种加工。在用电火花机床加工之前，要先加工出所需的电极。实际加工中应用了纯铜，通过加工中心利用球形铣刀加工出尺寸达到零件图技术要求的电极后，再利用电火花机床进行型腔的加工。最后利用了抛光机对型腔进行抛光处理，达到表面精度要求。

五、模具装配及配作的总过程

研究分析总装配图、零件图，了解各零件的作用、特点及其技术要求，掌握装配关联尺寸。检验待装配的所有零件，确定哪些零件有配作加工内容。确定装配基准，然后装配及配作。检验之后试模及修正，最后入库。

该套模具的装配基准是以型芯、型腔和镶块等作为装配的基准件，模具的其他零件都依照装配基准件进行配制和装配。在装配过程中，利用了摇臂钻床、台钻、压板、钻套等专用工具。模具装配好后用 ABS 塑料对模具进行试模。

六、模具的动作过程

注射机注射完成后，待塑料在模腔内冷却定型后，开启模具，注射机的动模板带动模具动模部分开始动作。由于弹簧的压缩得到释放，在弹簧力的作用下，模具从 2-2 面先分型，模具动模部分沿导柱和定距螺钉运动，拉料杆将塑件流道里的凝料和冷料井中的凝料一起带至模具定模一边。注射机继续运动，当定距螺钉的有效距离全部运动到终端，带动垫板运动，使模具 1-1 面分型，又将主流道中的凝料从浇口套中带出，当定距螺钉到达运动终端时，全部凝料一并自动脱落，模具 3-3 面分型。此时，注射机的顶杆推动模具的推板，使其带动推杆和盘形顶杆，推杆推动推件板顶住塑件的四周，而盘形顶杆则直接顶住塑件的内壁，这样就把塑件从型芯上脱离下来，完成塑件的顶出。注射机回程时，装在盘形顶杆上的弹簧释放由于顶件时受到的压缩力而推动推板沿推板导柱运动，从而使得推杆和盘型顶杆同时复位，模具的定模部分也在注射机的作用下完全复位，直至合模完毕。

七、模具的寿命

模具因磨损或其他形式失效，终致不可修复，而报废之前所加工的产品的件数，称为模具的使用寿命，简称模具寿命。

模具寿命对生产影响很大，高质量、寿命长的模具，可以提高制品的生产率及质量。其中，模具寿命的长短不但影响到模具本身的综合制造成本，而且也影响到制品的成本和工艺部门的工作量等。因此，一般要求模具有较长的寿命。

为了提高模具的寿命，可分析影响它的内在因素和外在因素，配合科学实验，找出失效原因，采取有效的措施来解决问题，例如合理地设计模具；正确地选材；开发模具新的材料，改善原材料质量；采用先进的热处理工艺，提高模具热处理质量；保证加工质量，采用新的加工方法；改进加工设备，合理使用、维护模具等。

在该套模具中设计了冷却水道，它可以使模具在工作时温差小，寿命相对有所提高，避免了模具因温度过高、强度太低而产生塑性变形。另外还设计了导向装置，由一对带头导柱进行模具的导向。采用导向装置的模具能保证在模具工作中模具零件相互位置的精度，增加模具抗弯曲、抗偏载的能力，避免模具不均匀磨损。

八、塑料注射模制造的特点及趋势

1）型腔及型芯呈立体型面。塑件的外形和内部形状是由型腔和型芯直接成型的，型腔、型芯的形状是塑件的复制，这些复杂的立体型面加工难度比较大，特别是型腔的不通孔型内成型表面加工，采用通用机床加工时，不仅要求工人技术等级高、辅助夹具、刀具多，而且加工周期长。

2）精度要求高。型腔、型芯尺寸精度一般为 IT8 ~ IT9 级，精密塑件模具的型腔、型芯尺寸精度一般为 IT6 ~ IT7 级，配合部分的精度为 IT7 ~ IT8 级。另外各机构的尺寸也要求非常准确，以使运动可靠。所以要求模具制造尽量采用高精度的制造手段和测量手段。

3）表面质量要求高。型腔、型芯的表面粗糙度一般为 $R_a0.2 \sim 0.1\mu m$，有镜面的要求表面粗糙度为 $R_a0.05\mu m$ 以下。为达到表面粗糙度要求，型腔、型芯表面精加工后必须经过严格地研磨、抛光。

4）对刀具的性能要求越来越高。由于模具材料的性能不断提高，模具加工刀具也要相应地提高，常用一些优越性能的刀具材料和改进的刀具设计。另外，为了提高加工效率，也对刀具进行重新改进，以适应模具加工快节奏的要求。

5）工艺流程长，制造时间紧。

6）模具制造一般属于单件小批量生产方式。

第三节　级进模简介

一、概述

级进模，又称为多工位级进模、跳步模、连续模，是在一副模具内，按所加工的工件分别在送料方向上设有若干等距离的冲压工位，在每个工位上设置一个或几个基本冲压工序，在不同工位上进行连续的冲压，压力机每次行程完成一部分冲压，通过连续的多次冲压，来完成冲压工件某部分的加工。利用级进模加工的半成品件如图5-18所示。

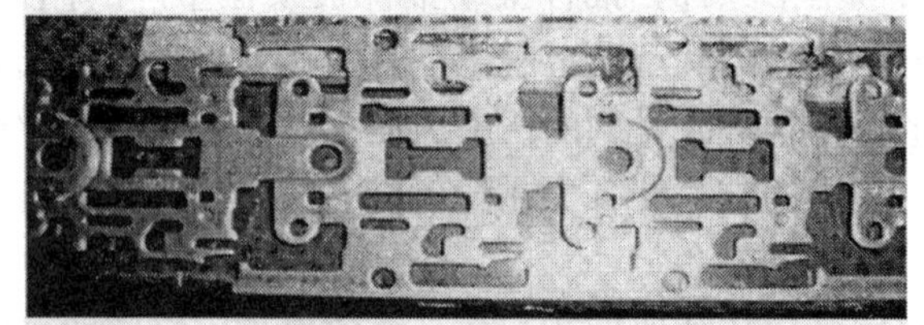

图5-18　利用级进模加工的半成品件

被加工材料都是长条状的板材。材料较厚、生产批量较小时，需要预先加工成一定宽度的条料；生产批量大时，应选择卷料。采用某种送进方法，每次送进一个步距，经逐个工位冲制后，便得到一个完整的冲压工件。在一副级进模中，不仅可以进行冲裁，还能进行弯曲、拉深和成型等加工。

级进模对材料的厚度和宽度都有严格的要求。宽度过大，条料不能进入模具的导料板或通行不畅；宽度过小则影响定位精度，还容易损坏侧刃、凸模等零件。因此，级进模对步距精度和定位精度的要求比较高，装配难度大，对零件的加工精度要求也比较高。一般来说，无论冲压零件形状怎样复杂，冲压工序怎样多，均可用一副级进模完成冲制加工。

二、级进模的特点及选用限制

（1）特点

1）由于用一副级进模可以完成包括冲裁、弯曲、成形、拉深等多道加工工序，因此用一台压力机或几台压力机同时工作（图5-19）就可完成从毛坯料到制件的各道加工工序，避免了制件制作过程中的多次定位以及其他辅助工作，从而减短了加工制造周期，提高了生产率和设备使用率。

图 5-19　多台压力机在同时进行制件加工

2）在条件允许的情况下采用级进模往往可以降低模具成本，对于工序复杂的工件应首先考虑采用级进模。虽然级进模与其他的单工序模具相比，其设计技术含量和制造成本都比较高，但是如果用多副单工序模代替一副级进模，其总造价比一副级进模要高得多。另外，采用级进模可以用一台冲床取代数台甚至十几台冲床的工作，这对提高生产率、降低制件的成本非常有利。工作中的级进模如图 5-20 所示。

3）级进模由于采用带状板料，其条料长度较长，有些级进模需要通用或专用的辅机校平装置，如图 5-21a、b 所示。

4）级进模加工的自动化程度高，操作安全。

（2）选用限制

1）一般级进模的材料利用率偏低。由于级进模加工时要采用带状板料，对于一些形状较为复杂的制件，在生产过程中会造成较多废料，所以在设计和制造过程中，应该注意材料的有效利用率。

图 5-20　工作中的级进模

2）如果工件尺寸过大、形状复杂，而且制造工位数较多，那么设计的模具体积必然较大，这时务必要考虑模具与冲床工作台面大小的匹配性。

3）级进模由于连续地进行各种冲压，必然会引起条料载体和工件的变形，一般来说级进模生产的工件精度较低。

a)

b)

图 5-21　级进模的辅机校平装置

三、级进模的设计原则

1. 产品展开计算及排样设计

分析掌握产品图样后，首先要进行产品的展开计算。展开尺寸一般是通过经验公式得来的，有的是通过计算得来的。

排样的设计过程，其实就是确定模具主要结构的过程。因此，在进行排样设计时，要全面考虑，还要多注意细节。例如：排布的空间够不够；冲裁力的分布是否合理；对于平面度要求高或成形中易形成翘曲变形的产品，应增加校平工位来确保成形要求；模具的工位数和各工位的工序内容；在排布工位顺序时，应注意前后工位不能相互影响；注意模具的步距、料宽和材料的利用率等。

2. 在级进模中，一些辅助零件或装置对模具的顺利工作起着很重要的作用。

（1）导正钉　在级进模中，导正钉直接影响产品的精度。一般在第一工位冲 2 个孔，后续工位用这 2 个孔进行双导向，来确保产品的精度。设计时，要注意导正钉的长度，即当模具在自由状态时导正钉的直臂部分伸出卸料板的长度要小于产品的一个料厚。

（2）浮料装置　级进模中若存在拉深、弯曲等工序，条料的下面就必然不平整，送进就会有障碍。因此为了避免障碍，可以在凹模上开槽或是每次冲压后都用弹顶器将条料抬高。条料的送进高度是由浮动送料钉来决定的，在设计送进高度时，应保证条料在这一高度送进时，不会被任何镶块或顶杆阻碍。浮动送料钉不仅能将条料抬起，还能对条料起导向作用。它的数量和位置要根据条料的宽度和厚度来相应地确定。

另外，为了防止误送料和废料上浮现象损伤模具，可以设计误送料和废料上浮感应报警装置。

四、级进冲裁模装配

1. 级进冲裁模精度要点

1）各组凸、凹模的冲裁间隙均匀一致。

2）对于凹模上各型孔的位置尺寸及步距，要求其加工正确、装配准确，否则冲压制件很难达到规定的要求。

3）对于凹模型孔板、凸模固定板和卸料板，三者型孔的位置尺寸必须一致，即装配后各组型孔的中心线一致。

2. 总装配要点

1）级进冲压模应该以凹模为装配基准件，装配时首先要安装固定凹模组件。

2）以凹模组件为基准安装固定凸模组件。

3）同时，以凹模组件为基准安装导料板。

4）安装固定承料板和侧压装置。

5）安装固定上模弹压卸料装置及导正销。

6）自检，钳工试模。

7）检验模具。

8）试冲。

第四节　压铸模和气辅模具

一、压铸模概述

1. 原理

压力铸造是金属液在高压下高速充型，并在压力下凝固成型的铸造方法。它的基本原理是利用高压（压射比压，是指压内金属液单位面积上所受的压力，它可以是几 MPa，也可以高达 500MPa）将金属溶液在非常短的时间（0.01 ~ 0.2s）内以极高的速度（10 ~ 120m/s）注入压铸模的型腔内，获得与型腔相符合的压铸件。压铸的特点是生产率高、生产压铸件的精度高（可达 IT8 ~ 12 级）、尺寸一致、表面光洁，是生产各种零件的一种经济的方法，应用广泛。

2. 分类

目前，可用压铸方法生产零件的金属材料有低熔点合金（铅合金、锡合金和锌合金）、高熔点轻合金（铝合金和镁合金）和高熔点重合金（铜合金、银合金和铁合金）。

常用的压铸机有热室压铸机、卧式冷室压铸机、立式冷室压铸机和全立式压铸机等。其中，热室压铸机用于压铸熔点较低的铅合金、锡合金、锌合金及镁合金，其特点是压铸机上并无熔化锅，而是通过压力室液面上压缩空气的作用，使熔化的合金自动流入料筒内；卧式冷室压铸机适用于压铸各种合金；立式冷室压铸机适用于压铸铝合金、锌合金、镁合金；全立式压铸机主要用于中小型电动机转子的压铸，也可以压铸各种合金。

图 5-22 所示是冷室机用的压铸模具，图 5-23 所示是热室机用的压铸模具。

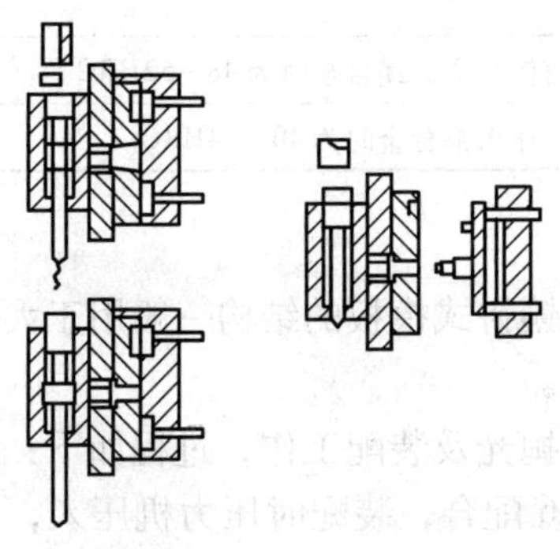

图 5-22　冷室机用模

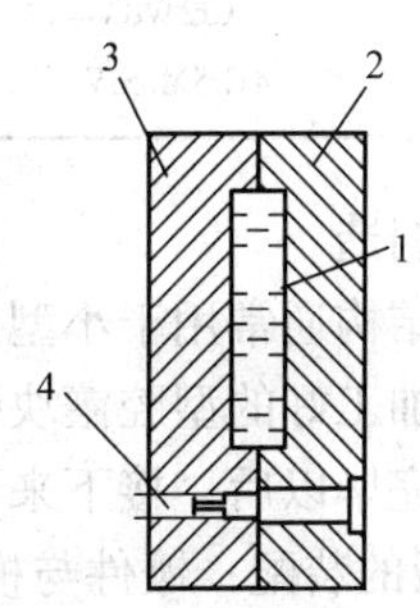

图 5-23　热室机用模

1—金属液　2—动模　3—定模　4—喷口

3. 压铸模和压铸机的关系

压铸模和压铸机的匹配关系如下：

1）压铸机应该保证压铸模正常工作时所需要的锁模力、推出力和开模力等。

2）压铸模的整体高度、各方向尺寸大小、开模距离等都应和压铸机各项指标相符合，否则影响压铸模正常的压铸工作。

3）压铸模上的浇道口直径、定位孔直径以及推出机构中各杆孔的位置应与压铸机的相应位置符合。

4）冷压式压铸机的压室应能够容纳每次压铸所需要的全部金属液。

4. 压铸模的结构组成

压铸模一般都是由动模、定模以及推出装置组成。压铸模的定模与压铸机的进料筒相连，开有铸口，横浇道设在定模或动模上都可以。动模在压铸模具工作过程中与定模闭合，压铸完毕后，模具的动模、压铸件和卸料板一起随压铸机的运动与定模分开，完成一次加工过程，最后取出制件。

为了便于压铸件的取出，在动模上装有推出装置。此外，若制件有侧向凹凸形状，则模具还应设有活动型芯和抽芯机构。压铸时，为了排除型腔内的空气，应设有排气槽，此外在远离主浇口处还设有溢流槽，其作用是便于排气，同时可防止熔液紊流，使模具各部分保持一定的温度。

5. 材料特性

压铸模是在高压、高速的工作环境下工作，从而完成压铸过程的。液体金属以高压力和高速度喷入型腔，这样使得模具的主要零件（型芯、型腔及推杆等）受到复杂的交变应力的作用，因此压铸模具材料除了具有塑料模具材料的特性外，还应具有较高的高温强度、抗氧化性、硬度、抗回火稳定性、冲击韧性以及良好的导热性和抗疲劳性等特性。

常用于制造型芯、型腔的金属材料见表5-20。

表5-20　常用于制造型芯、型腔的金属材料

压铸合金	金属材料	热处理要求
锌合金	3Cr2W8V、5CrMnMo 4CrW2Si	46～50HRC
铝合金、镁合金、 铜合金	3Cr2W8V 4Cr5MoSiV	压铸铝合金、镁合金时为48～52HRC
		压铸铜合金时为40～44HRC

二、压铸模的制造

整体式模板的结构通常用于小型及简单的压铸模。镶拼式模板的结构一般用于大型、结构复杂的模具，把加工好的型腔镶块装入模板的型孔内。

在各零件加工完毕以后，接下来要进行成型零件的抛光及装配工作，过程如下：

1）镶件与模板的装配：镶件与模板一般采用H7/h6配合，装配时压力机压入，装配后要检查分型面。

2）装配导柱、导套，保证其垂直度。

3）抛光成型件表面：为了保证压铸件表面的表面粗糙度以及便于铸件脱模，型腔和型芯、进料口、排气槽和溢料槽及浇道等表面的表面粗糙度应达到R_a0.2～0.1μm，因此抛光非常重要。

4）合模。

5）检查：一般用熔融的石蜡进行浇注，根据铸件推断出型腔的精度。

6）试模：经总装成套的模具，必须在生产条件下进行试模，并根据试模情况进行修模，直至试出合格产品。

三、压铸模的失效

压铸模的失效形式主要有拐角处开裂、尖角、磨损、劈裂、热裂纹、冲蚀等。而造成压铸模失效的主要原因有以下几个方面：

1. 压铸模材料自身的缺陷

因压铸模具是在一种高温、高压、热剧变条件下工作的模具，环境相对恶劣，在制造压铸模具时应对其材料进行一系列严格检查。尽可能地防止因材料自身的缺陷而造成模具不能达到正常的工作要求，以及在经济上造成不必要的浪费。通常检查模具材料的手段包括宏观腐蚀检查、超声波检查、金相检查等。

2. 压铸模的加工

压铸模在加工过程中，注射速度不能过快，应控制其最大注射速度不超过 100m/s，铸铝的最大压射速度不应超过 53m/s。

当注射速度过快，会造成模具材料的腐蚀，型腔和型芯上的沉积物剧增；但过慢易使铸件产生缺陷。所以在注射过程中，应在正常工作的许可范围内控制注射速度。

3. 压铸模的使用、维修与保养

模具在使用一段时间以后，由于使用脱模剂、冷却液，以及少许金属在高温工作环境下结合，使得压铸模的型腔和型芯上留有一些沉积物。在不损伤模内表面的情况下必须定时对这些沉积物进行清除，使模具保持良好的使用状态。

另外在维修模具时，焊接是模具修复中一种很常用的手段。焊接时，焊条应干净且经烘干过，要和模具钢的成分保持一致，模具与焊条要在一起预热，待表面与心部温度一致后，在保护气下进行工作。焊接修复过程中，要随时注意温度变化。模具焊接修复以后，为了去除应力还应进行回火处理。

4. 热处理

热处理直接影响模具的使用寿命。压铸模在热处理时应注意以下几点：

1）毛坯锻造后应进行退火。

2）粗加工后、精加工前，增设调质处理，硬度限制在 25～32HRC。

3）淬火时注意钢的临界点 A_{c1} 和 A_{c3} 及保温时间，防止奥氏体粗化。

4）热处理时应注意型腔表面的脱碳与增碳。脱碳会迅速引起损伤、高密度裂纹；增碳会降低冷热疲劳抗力。

5）氮化时，应注意氮化表面不应有油污，防止氮化层不均匀。

6）在两道热处理工序之间，当上一道工序中的温度降至手可触摸时即进行下道工序，不可冷却至室温。

四、气辅模具概述

（1）气体辅助注射成型　气体辅助注射成型，就是当型腔中注射了部分聚合物熔体以后，把高压氮气经主辅控制器（分段压力控制系统）直接注射入模腔内，使塑料件内部膨胀而造成中空，形成气体夹芯制品，塑件具有高的强度重量比。

（2）气体辅助注射过程　可分为注射期、充气期、气体保压期和脱模期。

（3）气体辅助注射成型的特点

1）克服了注射成型一个重要的缺陷——缩痕，提高了塑件质量。

2）成型时由于注射压力低，所以塑件中的残余应力很小，降低了废品率。减小模内压力而防止翘曲的发生。

3）大大地节省塑胶原料。

4）锁模力为一般注射成型的10%～20%。大大降低了设备的成本。

5）缩短产品生产周期。

6）可成型各种复杂形状的塑件。

7）气体、气体控制系统等使成本增加。

（4）设计气辅模具的几个基本要点

1）需要注气体的塑件壁，设计连接方式。

2）气道的大小应合适，气道的布局应均匀，与主要的料流方向一致，转角处应采用较大的圆角半径，不能形成回路。

3）冷却要均匀，尽量减小内外壁温差。

4）明确注入气体的流动方向。

5）在流道上放置流道半径合理的截流块，控制不同方向上气体流动的速度。

（5）外部气体辅助注射　气体注射技术在逐年的发展中，由传统的内部气体辅助注射发展为外部气体辅助注射。内部注射系统是直接将气体注入溶料中间，而外部注射系统则是选择特定的产品表面，将气体注入模壁及溶料之间，令气体直接加压于冷却的塑胶面，减少塑胶冷却时所产生的溶解纹及因空心模腔而引起的翘曲。外部气体辅助注射的优点主要表现在下面几个方面：

1）排除塑件的凹陷。

2）减小翘曲变形。在传统的注射过程中，保压可避免成品凹陷及收缩等缺陷，但同时却增加成品内部的应力，引致翘曲变形。但是外部气体辅助注射却引用气体在成品外部加压去排除凹陷及收缩，因此改善了翘曲变形的现象。

3）降低锁模力。外部气体辅助注射是用气体直接加压于成品表面，免除在传统注射过程中，保压压力经过流道及浇口至成品表面时的压力损耗。故此并不需要提高保压压力去补偿能量的损耗，需要的锁模力也可相应地调低。

4）减少制造周期。

随着塑料成型工艺的不断改进与发展，对模具精度的要求将越来越高。曾经精密模具的精度一般为5μm，现在已达2～3μm。不久精度为1μm的模具将上市，气辅模具及适应高压注射成型工艺的模具将随之不断地发展和突破。

第五节　粉末成形模具简介

粉末成形的主要原材料是聚乙烯，其次还有聚碳酸酯、ABS、聚苯乙烯、聚胺和氟树脂粉末等。

一、粉末成形工艺的特点

1）与其他成形方法相比，粉末成形模具比较简单，制造费用较低。由于粉末成形一般不施加压力，因此模具材料通常采用钢板和铝铸件，所以不仅模具的制造周期短，且成本也相对比较低。

2）塑件壁厚可以在规定的范围内进行调节。

3）粉末成形塑件不会像注塑件那样因材料流动的取向性而出现变形。

4）可用不同种类塑料一次进行多层成形或不同颜色塑料的多层成形。

5）对于精度较高的塑料件不适合应用。

6）常用于多品种小批量的生产或大型塑件的生产。

二、粉末成形塑件的设计

粉末成形塑件设计时的注意事项有如下几点：

1）粉末成形塑件的尺寸和公差通常为 ±0.05mm。由于粉末成形不属于加压成形系列，因此冷却速度很难得到严格的控制。所以，粉末成形工艺不适合于成形尺寸精度有较高要求或是塑料件精度要求高的场合。可实施带嵌件成形。

2）由于粉末成形的收缩率较大，在设计大型零件的时候，应将两端设计为弧形结构。另外，在塑件的角部及边缘处应避免出现锐角，以防止应力集中而破损。通常选用的圆角半径以 10mm 为宜。

3）可成形多层结构的塑件，塑件的平均壁厚也可以调节。

4）粉末成形工艺是熔融塑料在被加热和回转的模具中流动，并附在模具上。但由于这种流动力很小，所以很难使塑件内表面形成美观的光滑平面。为了获得内表面平滑的成形件，必须将塑件设计成双重壁结构的塑件，使塑件内表面也与模具面接触。

三、模具材料

制作粉末成形模具常用的材料有厚度为 1～3mm 的钢、铜等钣料。常采用钣金和焊接加工等方法。小型模具一般用厚度为 1.0～2.0mm 的钢板进行制造，大型模具一般要求钢板厚度在 2.5mm 以上。

四、粉末成形模具的设计

1）为保证塑件的壁厚均匀，在设计回转成形模具时应使模具表面加热均匀，使粉末塑料能在模具内表面自由地流动。

2）通常对于成形小型复杂形状塑件的模具或表面带有凹凸形状塑件的模具，通常用铝合金铸件制造，且表面需进行精加工。另外，大型粉末成形模具用钢板制成，外部用角钢或槽钢增强，对于焊接和模具中拼接部分的加工要十分注意。

3）需在模具上设计通气孔。一般设计在塑件的开口部位或成形后需修整的部位，如图 5-24 所示。

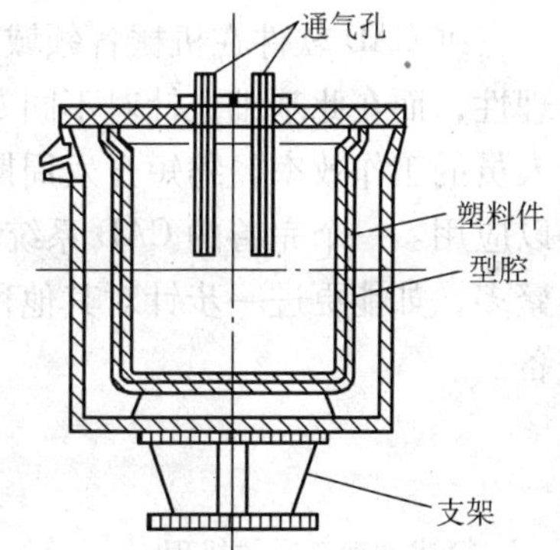

图 5-24 通气孔的设计

4）在设计成形部分薄壁粉末塑件模具和带有开口部位粉末塑件模具时应认真探讨。如在薄壁开口部位需敷贴由石棉等制成的隔热垫，以阻止模具温度在该部位上的升高。在该部位的模具内表面敷贴氟树脂等，防止该部位附有附熔融粉末塑料。并通过对模具形状和回转成形回转方法的配合，使特定部分的壁厚增加，如图 5-25 所示。

5）由于粉末成形是非加压成形，且其收缩率较大，故在设计模具前，要对所使用的粉末塑料的成形收缩率进行测定。对于有凹槽的粉末塑件（图 5-26），在设计模具时应将凹槽设计在便于脱模的方向。

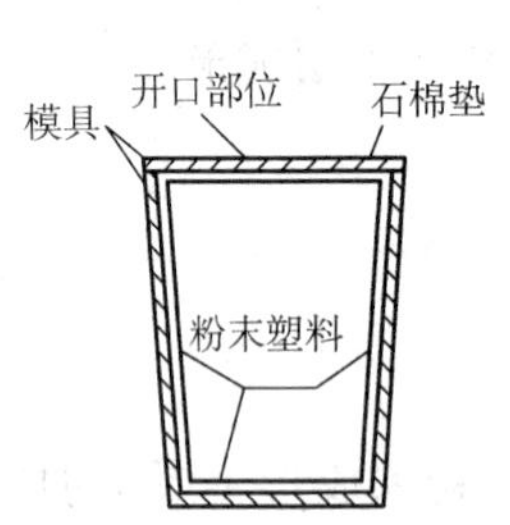

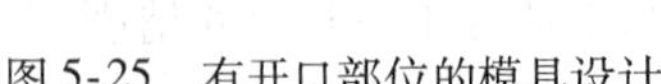
图 5-25　有开口部位的模具设计

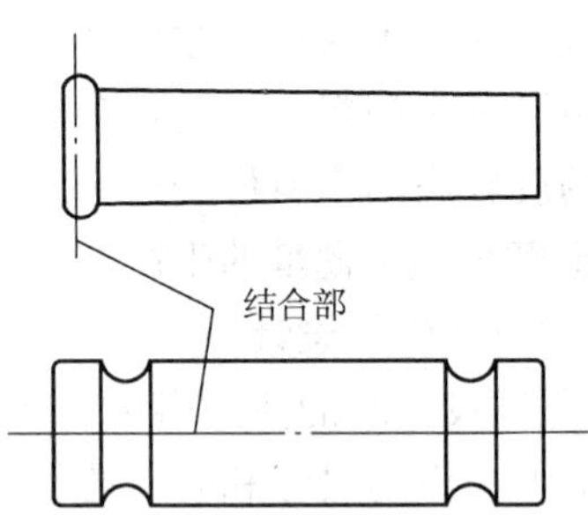

图 5-26　粉末成形加工零件

6）在回转成形中，若用加热油和熔融盐进行加热和冷却时，必须使用双层壁模具。

五、粉末冶金技术的特点及其在新材料研究中的作用

粉末冶金是制取金属或用金属粉末（或金属粉末与非金属粉末的混合物）作为原料，经过成形和烧结，制造金属材料以及各种类型制品的工艺技术。粉末冶金法与生产陶瓷有相似的地方，因此，一系列粉末冶金新技术也可用于陶瓷材料的制备。由于粉末冶金技术的优点，它已成为解决新材料问题的钥匙，在新材料的发展中起着举足轻重的作用。

粉末冶金技术可以最大限度地减少合金成分偏聚，消除粗大、不均匀的铸造组织。在制备高性能稀土永磁材料、稀土储氢材料、稀土发光材料、高温超导材料、新型金属材料方面具有重要的作用；可以制备非晶、微晶、准晶、纳米晶和超饱和固溶体等一系列高性能非平衡材料；可以容易地实现多种类型的复合，充分发挥各组原材料各自的特性，是一种低成本生产高性能金属基和陶瓷复合材料的工艺技术，还可以实现净近形成形和自动化批量生产等。

六、CAD 的应用

三维 CAD 软件在机械各领域的应用已越来越普及，这极大地提高了机械设计的效率和合理性，而在此基础上针对不同专业领域进行的有专业特点的二次开发能更进一步地提高设计人员的工作效率，缩短开发周期。经过实践，证明 CAD 技术能在粉末冶金模具设计领域得以应用。一个完善的 CAD 系统将能很好地辅助工程人员进行工作设计，粉末冶金模具种类繁多，如能更进一步针对其他种类模具开发相应的 CAD 系统模块，则将能使本系统更加完备。

复习思考题

1. 简述冲裁变形的机理。
2. 简述冲压变形的三个阶段。
3. 影响模具寿命的因素有哪些？评估的原则是什么？

4. 简述复合冲裁模具的装配过程。

5. 什么是收缩率？各种塑料材质应如何确定型腔、型芯等主要成形零件的尺寸。

6. 注射模由几个部分组成？简述浇注系统、导向机构、脱模机构、侧向分型机构与抽芯机构的基本组成。

7. 级进模的特点有哪些？

8. 简述压铸模的结构组成。

9. 气体辅助注射成型的特点有哪些？

参考文献

[1] 冯炳尧，韩泰荣，蒋文森．模具设计与制造简明手册［M］．2版．上海：上海科学技术出版社，1998.

[2] 劳动和社会保障部教材办公室．模具钳工工艺与技能训练［M］．北京：中国劳动社会保障出版社，2002.

[3] 黄毅宏，李明辉．模具制造工艺［M］．北京：机械工业出版社，1999.

[4] 许发樾．实用模具设计与制造手册［M］．北京：机械工业出版社，2002.

[5] 程培源．模具寿命与材料［M］．北京：机械工业出版社，1999.

[6] 冯晓曾，等．模具用钢和热处理［M］．北京：机械工业出版社，1998.

[7] 邹继强，刘矿陵．模具制造与管理［M］．北京：清华大学出版社，2005.

[8] 甄瑞鳞．模具制造工艺学［M］．北京：清华大学出版社，2005.

[9] 李云程．模具制造工艺学［M］．北京：机械工业出版社，2001.

[10] 模具设计与制造技术教育丛书编委会．模具制造工艺与装备［M］．北京：机械工业出版社，2003.

[11] 黄毅宏，李明辉．模具制造工艺学［M］．北京：机械工业出版社，1999.

[12] 孙凤勤．模具制造工艺与设备［M］．北京：机械工业出版社，1999.

[13] 武友德．模具数控加工［M］．北京：机械工业出版社，2005.

[14] 邱言龙．模具钳工技术问答［M］．北京：机械工业出版社，2001.

[15] 刘晋春，赵家齐，赵万生．特种加工［M］．北京：机械工业出版社，2000.

[16] 顾熙棠，金瑞琪，刘谨．金属切削机床［M］．上海：上海科学技术出版社，1994.

[17] 唐志玉．塑料挤塑模与注塑模优化设计［M］．北京：机械工业出版社，2000.

[18] 陈万林．实用塑料注射模设计与制造［M］．北京：机械工业出版社，2000.

[19] 汤忠义．成型模具设计［M］．北京：中国劳动社会保障出版社，2004.

[20] 模具实用技术丛书编委会．冲模设计应用实例［M］．北京：机械工业出版社，1999.

[21] 模具实用技术丛书编委会．塑料模具设计制造与应用实例［M］．北京：机械工业出版社，1999.